Exklusiv und kostenlos für Buchkäufer!

Ihre Arbeitshilfen online:

- Großer Eignungstest
- Textbausteine
- Checklisten
- Excelrechner
- Übersichten und Tabellen

Und so geht's:

- Einfach unter www.haufe.de/arbeitshilfen den Buchcode eingeben
- Oder direkt über Ihr Smartphone bzw. Tablet auf die Website gehen

Buchcode: WS6-EC3S

www.haufe.de/arbeitshilfen

Erfolgreiche Existenzgründung

Erfolgreiche Existenzgründung

Reinhard Bleiber

3., aktualisierte Auflage

Haufe Gruppe
Freiburg · München

Bibliographische Information der Deutschen Nationalbibliothek
Die Deutsche Nationalbibliothek verzeichnet diese Publikation in der Deutschen
Nationalbibliographie; detaillierte bibliographische Daten sind im Internet über
http://www.dnb.de abrufbar.

Print: ISBN: 978-3-648-03795-9   Bestell-Nr. 00248-0003
EPUB: ISBN: 978-3-648-03796-6   Bestell-Nr. 00248-0100
EPDF: ISBN: 978-3-648-03797-3   Bestell-Nr. 00248-0150

Dipl.-Kaufmann Reinhard Bleiber
Erfolgreiche Existenzgründung
3., aktualisierte Auflage 2013
© 2013, Haufe-Lexware GmbH & Co. KG, Munzinger Straße 9, 79111 Freiburg

Redaktionsanschrift: Fraunhoferstraße 5, 82152 Planegg/München
Telefon: (089) 895 170
Telefax: (089) 895 17290
www.haufe.de
online@haufe.de
Lektorat: Jürgen Fischer
Redaktion: Karin Lochmann, 83071 Stephanskirchen
Satz: Reemers Publishing Services GmbH, 47799 Krefeld
Umschlag: RED GmbH, 82152 Krailling
Druck: Bosch Druck, 84030 Ergolding

Inhaltsverzeichnis

1 Die ersten Schritte bei der Unternehmensgründung

Der Weg in die Selbstständigkeit bedeutet für immer mehr Menschen Selbstverwirklichung und ein eigenbestimmtes Einkommen. Die vielen Chancen aber, die eine Unternehmertätigkeit bietet, müssen bezahlt werden. Ein Existenzgründer hat es mit anderen Risiken zu tun als ein Angestellter; viel Arbeit ist ihm garantiert. Der Schritt in die Selbstständigkeit muss gut überlegt und sorgfältig vorbereitet werden. Nur dann kann er erfolgreich sein.

Der Existenzgründer muss für sich selbst prüfen, ob er wirklich das Zeug zu einem erfolgreichen Unternehmer hat. Gleichzeitig muss er beweisen, dass seine Geschäftsidee realisierbar ist. Aber auf dem steinigen Weg in die erfolgreiche Selbstständigkeit ist der zukünftige Unternehmer nicht allein. Er kann Hilfe von vielen Stellen einfordern.

1.1 Welche Qualifikationen brauchen Sie als Unternehmer?

Die Unternehmensgründung ist der erste Schritt in die Selbstständigkeit. Sie kann sich aber auch zu einem Albtraum entwickeln, erfolglos bleiben und den Druck auf den Unternehmer bis ins Unerträgliche steigern. Erfolgreiche Existenzgründungen, die noch immer der Regelfall sind, werden von Menschen durchgeführt, die einem ganz bestimmten Menschentypen zugeordnet werden können: dem Unternehmertypen.

Der Unternehmertyp

- verfügt über ganz bestimmte menschliche und charakterliche Eigenschaften,
- kann hervorragende fachliche Kenntnisse vorweisen,
- verschafft sich ihm fehlende, notwendige Fähigkeiten, um seine eigene Kernkompetenz besser in seine Umwelt einbetten zu können.

Der erfolgreiche Weg in die Selbstständigkeit beginnt mit dem Prüfen Ihrer Qualifikationen.

! ACHTUNG

In diesem Kapitel wird Ihnen so manche harte Frage gestellt. Beantworten Sie die Fragen trotzdem absolut ehrlich. Der Empfänger der Antworten sind schließlich Sie selbst. Sie dürfen sich an dieser Stelle nichts vormachen. Ehrliche Antworten zeigen Ihnen Ihre Stärken und Schwächen und können Sie vor einem langen Leidensweg bewahren. Ihre Antworten zeigen Ihnen, wo Sie noch an sich arbeiten müssen und welche Fähigkeiten Sie besonders nutzen können.

● TIPP

Am Ende dieses Kapitels finden Sie einen großen Test, der die Parameter für erfolgreiche Unternehmer sehr detailliert abfragt. Nutzen Sie diesen Test, um sich selbst besser kennenzulernen.

1.1.1   Besondere persönliche Anforderungen

Ein Unternehmer zu sein bedeutet harte Arbeit. Ein Existenzgründer muss immer wieder Entscheidungen alleine fällen; auch unter Zeitdruck. Erfolge lassen zunächst auf sich warten. Die Unternehmensidee muss ansprechend präsentiert, Menschen müssen motiviert werden. Einigen liegt das im Blut, andere müssen Selbstmotivation, Selbstmanagement und Kommunikationsfähigkeit lernen.

! ACHTUNG

Niemand will Ihre mit Sicherheit hervorragenden fachlichen Kenntnisse anzweifeln. Fachliche Kenntnisse allein reichen aber nicht aus. Sie müssen Ihre Ideen, Ihre Produkte und Ihre Leistungen verkaufen. Dazu benötigen Sie Kontakte mit Ihrer Umwelt. Diese Kontakte müssen Sie souverän und sicher aufbauen, pflegen und nutzen. Ihre Umwelt erwartet das von Ihnen.

Selbstmotivation

Als Existenzgründer haben Sie ein ganz bestimmtes Ziel: ein eigenes, erfolgreiches Unternehmen. Bis Sie dieses Ziel erreicht haben, gilt es, Risiken zu tragen, und es kann zu Niederlagen kommen, aus denen Sie die richtigen Schlüsse ziehen müssen. Erfolgreiche Unternehmer können sich trotz Niederlagen immer wieder selbst motivieren.

Zur eigenen Motivation, aber auch zur Selbstkontrolle ist es notwendig, dass Sie sich selbst Ziele setzen. Das erleichtert es Ihnen, alle Aktivitäten richtig auszurichten und zu Ergebnissen zu gelangen, die Sie als Erfolge verbuchen können.

Fahren Sie nicht einfach so zur wichtigsten Messe Ihrer Branche. Versuchen Sie, in den zwei Tagen Ihres Messebesuchs mindestens fünf potenzielle Lieferanten genauer kennenzulernen, deren Konditionen zu erfragen und ihre Lieferbereitschaft festzustellen. Durch dieses Ziel erhält sowohl die Vorbereitung als auch die Aktivität auf der Messe selbst eine Struktur und kann von Ihnen erfolgreich abgeschlossen werden.

Ein funktionierendes Ziel muss zumindest die folgenden Bedingungen erfüllen:

- Ein Ziel muss einen Zeitbezug haben (in den nächsten sechs Monaten, im kommenden Jahr usw.).
- Ein Ziel muss durch beeinflussbare Parameter beschrieben sein. Durch eine Veränderung dieser Parameter, die der Existenzgründer selbst herbeiführen kann, wird auch das Ergebnis verändert.
- Ein Ziel muss realistisch, also erreichbar sein. Von vornherein unrealistische Ziele dienen nicht einmal der Selbstmotivation.

Setzen Sie Ihre Ziele nicht zu global und auf zu weite Sicht. Kurzfristige Ziele verschaffen Ihnen Erfolgserlebnisse und zeigen Ihnen, dass Ihre Vorgehensweise richtig ist.

Als Unternehmer versucht der Existenzgründer Chancen zu nutzen. Wo Chancen sind, sind aber immer auch Risiken. Darum ist es ein wichtiges Charakteristikum des Unternehmers, dass er Risiken richtig einschätzt und bewusst eingeht. Bei fast jeder Entscheidung wägt der Unternehmer zwischen den Vor- und Nachteilen ab; es gibt immer auch mindestens eine falsche Alternative.

Die Entscheidung für den Standort eines Einzelhandelsgeschäfts birgt immer das Risiko, dass die Kunden den Standort nicht annehmen.

Die Einstellung eines Mitarbeiters birgt immer das Risiko, dass sich der neue Mitarbeiter als unfähig oder unwillig erweist.
Die Entscheidung zum Bau einer neuen Produktionshalle kann falsch sein, wenn sich der Umsatz nicht wie erwartet entwickelt.

Ein Unternehmer ist dazu in der Lage, Risiken richtig einzuschätzen und sie dann auch zu ertragen. Wer bereits bei kleinen Risiken (wie sie z. B. das Wetter für den Tag der geplanten Unternehmenseröffnung mit sich bringt) nicht richtig schlafen kann, sollte sich fragen, wie er mit wesentlich größeren Risiken umgehen will.

Die große Zahl an Entscheidungen, die ein Unternehmer fällen muss, führt unweigerlich dazu, dass er ab und an auch falsche Entscheidungen trifft. Falsche Entscheidungen münden manchmal in Situationen, die vom Unternehmer selbst als Niederlagen empfunden werden.

▶ **BEISPIELE**

- Der Mietvertrag für das neue Geschäft kommt doch nicht zustande.
- Ein Großkunde storniert einen Auftrag und kauft bei der Konkurrenz.
- Eine Open-Air-Werbeveranstaltung fällt wegen eines Gewitters buchstäblich ins Wasser.

Solche Situationen kommen immer wieder vor und müssen schnell verarbeitet werden. Wer verlorenen Chancen zu lange nachtrauert, ist nicht dazu in der Lage, neue Chancen wahrzunehmen. Wann war Ihre letzte Niederlage und wie sind Sie mit ihr umgegangen?

Eine Niederlage zu verarbeiten ist eine Aufgabe, der man sich sofort stellen muss. Aus Niederlagen und Fehlern zu lernen, ist für die Zukunft eines Unternehmens überaus wichtig. Viele Existenzgründer sind — zu Recht — von sich selbst überzeugt. Doch auch sie machen Fehler, und leider ignorieren sie ihre Fehler nur allzu häufig. Damit vertun sie die Chance, aus ihren Fehlern für die Zukunft zu lernen.

Ein erfolgreicher Unternehmer ist dazu in der Lage, auch aus Niederlagen, falschen Entscheidungen und Fehlern etwas Positives zu ziehen. Er nutzt jede

Chance, die sich ihm bietet, zum Vorteil seines Unternehmens. Dabei ist es egal, woher die Chance kommt. Sich Fehler einzugestehen und Lehren aus ihnen zu ziehen, sind wichtige Aufgaben. Können Sie das?

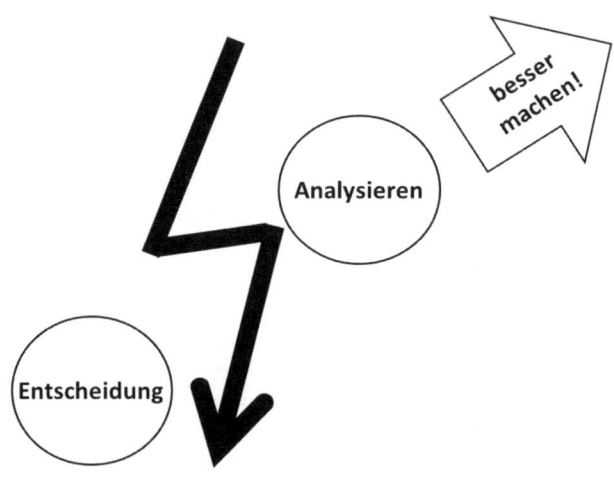

Noch schwerer, als aus eigenen Fehlern zu lernen, fällt es vielen, fremde Hilfe anzunehmen. Dazu gehört nämlich zunächst einmal die Erkenntnis, dass man Hilfe braucht und dass jemand anderes die benötigte Hilfe leisten kann. Das bedeutet zumindest grundsätzlich, dass der Helfer besser ist als derjenige, der seine Hilfe annimmt.

Nicht jeder kann alles wissen und ist für jede Aufgabe geeignet. Viele Spezialisten erledigen allein aufgrund ihrer Erfahrung bestimmte Aufgaben viel schneller und damit günstiger. Eine Einarbeitung entfällt und Sicherheit entsteht, wenn solche Helfer, Berater und Spezialisten engagiert werden. Ein erfolgreicher Unternehmer sucht sich Experten und kauft ihre Leistung, um seine eigene Leistung zu optimieren. Aber nicht jeder ist menschlich dazu in der Lage, genau das zu akzeptieren.

Die Notwendigkeit, Hilfe annehmen zu müssen, besteht durchaus auch auf dem Gebiet der fachlichen Kompetenz des Existenzgründers. Selbst wenn er der fachliche Experte ist, verlangt allein die begrenzte Kapazität seiner Person nach Hilfe. Wer das nicht akzeptiert, sollte die Entscheidung zur Selbstständigkeit ernsthaft überdenken.

Selbstmanagement

Sich selbst zu motivieren, also Verantwortung alleine zu tragen, aus Niederlagen zu lernen und sich helfen zu lassen, ist nur ein Teil der Anforderungen, die an den Unternehmer als Mensch gestellt werden. Der Unternehmer muss sich auch fragen, ob er seine Arbeit selbst managen kann. Denn auch dabei hilft ihm niemand.

Das Umfeld des neuen Unternehmens verändert sich ständig. Kunden kommen und gehen, Lieferanten orientieren sich um, neue Produkte erscheinen und bekannte Produkte verschwinden, Gesetze und andere rechtliche Anforderungen in der Gemeinde, im Land, im Bund und in der EU schaffen immer wieder neue Situationen. Damit veralten bewährte Abläufe und vorhandenes Wissen sehr schnell und müssen an die neuen Bedingungen angepasst werden.

Als Unternehmer müssen Sie dazu in der Lage sein, sich immer wieder auf neue Situationen einzustellen. Dabei können sich die Veränderungen ohne jede Vorwarnung ergeben. Nur selten haben Sie die Zeit, sich ausreichend vorzubereiten.

▶ **BEISPIEL 1**

Sie sind auf dem Weg zu einem Kunden, den Sie bereits des Öfteren besucht haben. Sie kennen den Weg, lassen also Ihr Navigationsgerät im Geschäft. Sie wissen, wie lange die Fahrt dauert, und fahren deshalb knapp los. In der Ihnen ansonsten fremden Stadt ist die bekannte Route überraschenderweise durch eine Baustelle versperrt. Wie reagieren Sie? Fahren Sie nach Gefühl und erhöhen Sie die Geschwindigkeit über das zulässige Maß oder folgen Sie den Umleitungsschildern?
In dieser Situation heißt es, einen kühlen Kopf bewahren. Selbstverständlich halten Sie nach Umleitungsschildern Ausschau und folgen der

Beschilderung, bis Sie auf bekanntes Terrain gelangen. Außerdem informieren Sie Ihren Gesprächspartner telefonisch, falls der Umweg zu einer Verspätung führt.

▶ **BEISPIEL 2**

Ein guter Kunde teilt Ihnen mit, dass er die Edelstahlbauteile, die er bislang bei Ihnen bezogen hat, in Zukunft selbst herstellen will. Sie haben gerade eine zusätzliche Maschine für die Herstellung genau dieser Teile eingekauft und dafür einen Kredit aufgenommen. Sie können jetzt deprimiert den zu erwartenden Verlust errechnen oder sich neue Optionen schaffen (neue Kunden, ein preiswerteres Angebot). Als ein erfolgreicher Unternehmer nutzen Sie vorhandene Optionen oder schaffen sich neue. Zunächst stellen Sie jedoch fest, warum Ihr Kunde diese Entscheidung getroffen hat. Können Sie seine Gründe entkräften? Wenn nicht, machen Sie sich auf die Suche nach neuen Kunden und überdenken Sie auch die Kosten Ihrer Leistung vor dem Hintergrund der neuen Erkenntnisse.

Ein wesentlicher Unterschied zwischen einer angestellten und einer selbstständigen Tätigkeit besteht in der Tatsache, dass es bei der selbstständigen Tätigkeit keinen Vorgesetzten mehr gibt, der Aufgaben verteilt und Vorgaben macht. Als Unternehmer muss der Existenzgründer von alleine wissen, was getan werden muss — in jeder Situation. Er muss dazu in der Lage sein, notwendige Arbeiten zu erkennen, seine Arbeit selbst zu organisieren und zu kontrollieren. Ein vernünftiges Arbeitspensum muss auch ohne ständige Kontrolle einer vorgesetzten Instanz geleistet werden.

❗ **ACHTUNG**

Bei einigen Existenzgründern gerät diese Anforderung zu einem Extrem in der entgegengesetzten Richtung. Der Existenzgründer arbeitet so viel, dass er ein vernünftiges Maß bei weitem überschreitet. Seine Anforderungen an die eigene Leistung setzt er viel zu hoch an. Das ist für einen gewissen Zeitraum machbar, auf Dauer führt das aber zum gesundheitlichen Ruin.

Die unternehmerische Tätigkeit des Existenzgründers besteht vorwiegend daraus, immer wieder Entscheidungen zu treffen. Wer z. B. bislang Damenmode als Angestellter verkauft hat, muss als selbstständiger Inhaber einer Boutique entscheiden, welche Produkte er bei welchen Lieferanten einkauft, welche Preise er kalkuliert und vieles mehr. Gleichgültig, in welcher Branche Sie arbeiten, als Existenzgründer müssen Sie immer zusätzlich zu der Arbeit, die Sie aus einer nicht selbstständigen Tätigkeit gewohnt sind, Entscheidungen treffen.

Viele Entscheidungen können von langer Hand vorbereitet werden (z. B. Investitionsentscheidungen). Ein großer Teil der Entscheidungen muss jedoch unter Zeitdruck gefällt werden. Unvollständige Informationen sind in solchen Situationen ein großes Problem. Das Sammeln ausreichender Informationen ist oft aus Zeit- und Kostengründen nicht möglich. Ein erfolgreicher Unternehmer ist aber dazu in der Lage, Entscheidungen schnell und ohne Verzögerung zu fällen, und trifft dabei meistens die richtige Wahl.

Entgegen der Aussage eines Sprichwortes lassen sich die meisten Probleme nicht einfach durch Liegenlassen lösen. Im Gegenteil. Verschleppte Probleme neigen dazu, sich zu verschärfen, und sie können erhebliche negative Auswirkungen auf ein Unternehmen haben.

> ▶ **BEISPIEL**
>
> Sie müssen bei einem Ihrer Kunden eine Leistung nachbessern. Deshalb hat der Kunde die letzte Rechnung noch nicht bezahlt und Sie können die heute fällige Rechnung Ihres Lieferanten nicht begleichen. Sie können jetzt einfach abwarten, bis sich der Lieferant mit einer Mahnung bei Ihnen meldet. Dann verlieren Sie aber Ihre Kreditwürdigkeit und müssen künftige Lieferungen vielleicht sogar im Voraus bezahlen.
>
> Das Liegenlassen des Problems scheint zwar im Augenblick einfacher zu sein, hat aber negative Folgen für die Zukunft Ihres Unternehmens. Sie können das Problem aber auch sofort angehen. Rufen Sie den Lieferanten an, erklären Sie ihm die Situation und machen Sie ihm einen realistischen Vorschlag zur Lösung des Problems. Der Lieferant wird Ihr Unternehmen dann nicht schlechter einschätzen und behandeln als zuvor. Vielmehr wird er den vertrauensvollen Umgang, den Sie mit ihm pflegen, schätzen.

Unternehmer scheuen keine Konflikte und schieben Probleme nicht vor sich her. Lösungen müssen sofort gefunden werden, auch wenn das unangenehme Gespräche mit sich bringt. Können Sie das?

Probleme verschwinden nur dann, wenn Lösungen gefunden werden. Unternehmerisch tätig zu sein bedeutet auch immer wieder, sich mit Kunden und Lieferanten zu einigen, Mitarbeiter anzuweisen und auch auf jedem anderen Gebiet Lösungen zu finden. Dazu sind Kompromisse notwendig. Nachgiebigkeit kann nur eine kurzfristige Strategie sein, langfristig müssen Sie auch lernen, die Interessen Ihres Unternehmens zu vertreten, ohne Ihre Partner zu verärgern.

Können Sie Lösungen für technische Probleme entwickeln? Können Sie zwischen Menschen vermitteln und sinnvolle Kompromisse finden, auch wenn Sie selbst betroffen sind?

Kommunikation

Wer nicht kommunikativ ist, also nicht mit Menschen reden, sie überzeugen und motivieren kann, wird es als Unternehmer schwer haben. Gerade in der Startphase müssen viele Menschen im Interesse des neuen Unternehmens geführt, also überzeugt und motiviert werden.

▶ **BEISPIEL**

Herr Karten, ein IT-Spezialist, hat sich im letzten Jahr selbstständig gemacht und eine hervorragende Software entwickelt, mit der auch hochkomplexe Produktionsplanungsprobleme gelöst werden können. Er ist ein wahres Genie im Umgang mit dem Computer. Trifft er jedoch auf Menschen, ist er gehemmt und nur wenig überzeugend. Er selbst kann einfach nicht verstehen, dass niemand seine wirklich gute Software kaufen will. Seine mangelnde Kommunikationsfähigkeit verhindert, dass sich potenzielle Kunden überhaupt mit seinem Angebot befassen.

Als Existenzgründer müssen Sie bei vielen Gelegenheiten Überzeugungsarbeit leisten:

- Zunächst müssen Sie Ihre Familie, Ihre Partner und Ihre Banken von Ihrer Geschäftsidee überzeugen, damit sie Sie unterstützen.
- Sie müssen potenzielle Mitarbeiter davon überzeugen, dass sie für Sie als Jungunternehmer tätig werden und sich für ein noch vollkommen unbekanntes Unternehmen engagieren.
- Sie müssen Lieferanten davon überzeugen, dass sie Ihr Unternehmen auf offene Rechnung, also auf Kredit, beliefern.
- Sie müssen Kunden davon überzeugen, dass es sich wirtschaftlich lohnt, das Produkt oder die Leistung des neuen Unternehmens zu kaufen.

Die Alternativen für Ihre jeweiligen Partner (Banken, Mitarbeiter, Lieferanten, Kunden) sind vielfältig. Als Unternehmer müssen Sie die Vorteile, die Ihre Partner haben, wenn sie mit Ihrem Unternehmen zusammenarbeiten, überzeugend darstellen können, um sich erfolgreich gegen die Konkurrenz durchzusetzen.

TIPP

Selbstverständlich können Sie sich für die Kommunikationsfunktionen Helfer holen. Sie können Verkäufer einstellen, Einkäufer und Finanzspezialisten. Aber auch Ihre Helfer müssen von Ihnen überzeugt werden. Außerdem wird gerade in der Gründungs- und Startphase von einem jungen Unternehmer verlangt, dass er sich selbst engagiert und sein Engagement auch nach außen durch Kontakte und durch Kommunikation zeigt.

In den meisten jungen und erfolgreichen Unternehmen kommt früher oder später der Zeitpunkt, an dem die Arbeit für eine Person zu viel wird. Dann müssen Mitarbeiter und andere Helfer einen Teil der Aufgaben übernehmen. Ganz gleich, ob diese Personen fest angestellt sind oder freiberuflich arbeiten, sie alle benötigen Anweisungen und Vorgaben für das Erledigen ihrer Aufgaben — sie benötigen Führung.

Führen bedeutet motivieren. Die Beteiligten werden Teil des Unternehmens, dessen Erfolge auch zu den Erfolgen der Mitarbeiter werden. Dieses Gefühl zu vermitteln, diese Einstellung zu schaffen, ist Aufgabe des Unternehmers. Gelingt es Ihnen, ersparen Sie sich detaillierte Arbeitsanweisungen, Kontrollen und Erklärungen.

Richtig geführte, motivierte Mitarbeiter sind einfach zu erkennen:

- Sie achten nicht starr auf Arbeitszeiten, erledigen Mehrarbeit dann, wenn sie anfällt, und zwar ohne Diskussionen.
- Sie lassen Vorschläge und eigene Überlegungen in ihre tägliche Arbeit einfließen.
- Sie vertuschen keine Fehler, sondern geben ihre Fehler sofort bekannt und korrigieren sie.
- Sie erledigen auch Aufgaben, die eigentlich nicht in ihren Zuständigkeitsbereich fallen.

Führungsqualitäten können Sie unter Umständen auch schon in einem Angestelltenverhältnis bewiesen haben, nämlich dann, wenn Sie Führungsverantwortung (z. B. für eine Abteilung) getragen haben.

Trotz globaler Kommunikation und vieler technischer Hilfsmittel werden die Weichen für den Unternehmenserfolg noch immer oft über lokale Kontakte gestellt.

> ▶ **BEISPIEL**
>
> **Informationen über frei werdende Ladenlokale in bester Lage erhalten Sie über den Einzelhandelsverband Ihrer Gemeinde oder von befreundeten Maklern, bevor sie in der Zeitung stehen — wenn sie überhaupt in die Zeitung gelangen.**
>
> **Dass ein erfahrener Entwickler einen neuen Arbeitgeber sucht, wird Ihnen der Kollege aus dem Tennisverein, der im gleichen Unternehmen arbeitet, erzählen, bevor es allgemein bekannt wird.**

Jeder Mensch hat Kontakte, ob er nun ein Existenzgründer ist oder nicht. Ein Unternehmer nutzt seine Kontakte, um zusätzliche Informationen für seinen Betrieb zu erhalten. Dazu werden bestehende Kontakte in Vereinen eingesetzt, neue Kontakte in Berufs- oder Branchenverbänden aufgebaut. Die dort investierte Zeit macht sich in aller Regel bezahlt. Auch eine ehrenamtliche Tätigkeit als Funktionsträger in einem solchen Verband zahlt sich — durch viele neue Kontakte und Informationen — aus.

> **! ACHTUNG**
>
> Sie müssen selbstverständlich auch Informationen weitergeben, um im Kommunikationssystem ernst genommen zu werden. Sie müssen jedoch immer abwägen, ob die gegebenen oder von Ihnen eingeforderten Informationen auch rechtlich problemlos weitergegeben werden dürfen. Denken Sie an den Datenschutz und andere rechtliche Vorschriften.

Als Unternehmer stehen Sie immer wieder im Rampenlicht. Auf einer Messe, in Gesprächen mit Banken, bei Presseveranstaltungen oder auf der Betriebsversammlung müssen Sie vor vielen und/oder wichtigen Menschen reden. Ein sicheres Auftreten ist erforderlich, um Ihre Botschaften korrekt zu vermitteln. Ein Unternehmer muss dazu in der Lage sein, sich in jeder Lebenslage positiv zu präsentieren. Nur so werden seine Aussagen und die Aussagen seines Unternehmens als ehrlich erkannt. Hier vereinen sich alle Kommunikationsfähigkeiten (Überzeugen, Führen und Kontakteschaffen) mit der Fähigkeit, das alles auch gegenüber Dritten vertreten zu können.

Anforderungen, die aus Ihrem Umfeld kommen
Jeder Mensch lebt in einem sozialen Umfeld. Er hat Familie, Freunde und Bekannte. Er hat finanzielle Verpflichtungen zu erfüllen und auf seine Gesundheit zu achten. All diese Anforderungen müssen in ein harmonisches Verhältnis zueinander gebracht werden, damit aus dem Existenzgründer ein erfolgreicher Unternehmer wird.

Ein Unternehmer zu sein wird oft mit einem hohen Einkommen gleichgesetzt. Die meisten Unternehmer verdienen aber nur unwesentlich mehr als ein gut verdienender Angestellter. Selbst in den Fällen, in denen das eigene Gehalt (der Gewinn des Unternehmens) recht hoch ist, muss mit einem schwankenden Einkommen gerechnet werden. Das gilt vor allem in der Startphase.

Verfügen Sie über Reserven, die Ihre finanziellen Verpflichtungen zumindest zeitweilig abdecken können? Bereitet Ihnen finanzielle Ungewissheit schlaflose Nächte? Können Sie mit einem unregelmäßigen Einkommen haushalten (z. B. in guten Monaten Rücklagen bilden)? Solche Fragen müssen Sie sich unbedingt stellen und ehrlich beantworten.

Die eigene Familie kann für den Existenzgründer ein großer Rückhalt sein. Sie kann Sicherheit und Unterstützung bieten. Die Familie stellt aber auch Anforderungen an die Zeit des Unternehmers. Wenn die eigenen Kinder noch klein sind, verlangen sie den Vater oder die Mutter sehr nachdrücklich. Das kollidiert mit den sehr hohen zeitlichen Belastungen während der Unternehmensgründung und in der Startphase. Als Unternehmer müssen Sie das miteinander vereinbaren können.

! **ACHTUNG**

Der Weg in die eigene Selbstständigkeit kann nur mit der Zustimmung und mit der Unterstützung der nächsten Familienangehörigen erfolgen. Ist Ihr Lebenspartner strikt dagegen, wird leider mit hoher Wahrscheinlichkeit entweder die Partnerschaft zerbrechen oder die Existenzgründung scheitern.

Ähnlich ist es mit sozialen Kontakten, die über die Familie hinausgehen. Für Freunde bleibt während der Gründung und dem Aufbau des eigenen Unternehmens wenig Zeit. Sind die Freundschaften so stark, dass sie diese Belastung überstehen? Sind Ihnen die Freundschaften so wichtig, dass Sie sich nicht voll und ganz auf die Existenzgründung konzentrieren können?

Neben den Befindlichkeiten von Familie und Freunden spielt auch die Befindlichkeit des Existenzgründers selbst eine entscheidende Rolle. Unternehmertypen haben Spaß an den Arbeiten, die eine Existenzgründung mit sich bringt. Doch dabei darf man nicht vergessen, dass die Beanspruchung sehr hoch ist. Allein die zeitliche Belastung übersteigt für lange Zeit das normale Maß bei Weitem.

Die zeitliche Belastung, die notwendige Arbeit über viele Stunden täglich, greift die körperliche Gesundheit an. Nur wer körperlich fit ist und sich auch fit hält, wird die Existenzgründung unbeschadet überstehen.

Diffiziler ist die Frage nach der seelischen Belastbarkeit. Das Lösen unzähliger Probleme, die Beschäftigung mit ungewohnten Anforderungen und vor allem die unvermeidlichen Rückschläge können die Psyche mancher Menschen negativ beeinflussen.

Andere Ratgeber zur Existenzgründung sparen die Frage nach der Belastbarkeit der Psyche des Existenzgründers aus. Dabei ist eine gesunde Einstellung zu stundenlanger Rechnerei, zu tagelanger Beschäftigung mit unsinnigen Formularen und der Reaktion auf negative Entscheidungen von Behörden, Banken, Beratern und Geschäftspartnern notwendig, um als Unternehmer zu überleben. Von Erfolg ist hier noch gar nicht die Rede. Wer sich selbst eingestehen muss, dass er empfindlich auf solche Situationen reagiert, sollte seine Entscheidung zur Selbstständigkeit noch einmal gründlich überdenken.

1.1.2   Besondere fachliche Anforderungen

Sie wollen ein Unternehmen gründen, weil Sie etwas besonders gut können, besser als viele andere. Sie können das so gut, dass Ihnen viele Menschen und Unternehmen Ihre Leistung abkaufen werden. Das, was Sie besonders gut können, ist Ihre Kernkompetenz. Sie muss Ihnen bewusst sein und genau definiert werden, denn sie bildet die Basis für Ihr Unternehmen.

▶ **BEISPIELE**

 Ein Dachdecker kann besonders gut alle Zusammenhänge erkennen, die zu einem perfekt gedeckten Dach führen. Selbstverständlich ist er auch ein guter Handwerker.

▪ Der Architekt, der nicht nur nach Anweisungen arbeiten kann, sondern eigene Ideen entwickelt und erfolgreich umsetzt, kann das am besten im eigenen Unternehmen.

▪ Ein Industriebetrieb benötigt einen Gründer, der besonders gut Bauteile in Edelstahl entwickeln und fertigen kann.

▪ Der handwerklich vielseitig talentierte Geselle gründet einen Hausmeisterservice, um sein gesamtes Können nutzbar zu machen.

▪ Ein Handelsunternehmen lebt davon, dass der Unternehmer ein Gespür für Trends hat und die richtigen Produkte einkauft.

Das Spektrum möglicher Kernkompetenzen ist groß. Die Einschätzung der eigenen Kernkompetenz muss jeder selbst vornehmen. Für eine nachgewiesene Kompetenz im Gartenbau reicht es nicht, dass Familienangehörige den Garten loben. Fremde Dritte (wie z. B. Banken und Kunden) wollen, dass die fachlichen Fähigkeiten des Existenzgründers durch die üblichen Unterlagen und Erfahrungen nachgewiesen werden.

Die schulische Ausbildung

Grundlage für jede fachliche Kompetenz ist immer die schulische Ausbildung, die in manchen Fachrichtungen bis zum Studium reicht. Dort werden grundlegende Kenntnisse vermittelt, die in vielen Bereichen als wichtig angesehen werden. Für einige Berufe sind die Schulausbildung oder das Studium notwendige Voraussetzungen für die selbstständige und unselbstständige Ausübung des Berufes (z. B. Rechtsanwalt, Physiotherapeut, Architekt).

Für die meisten Berufe mit einer Zulassungsvoraussetzung ist ein bestimmter Schulabschluss die Voraussetzung für die Teilnahme an der schulischen Ausbildung (z. B. Heilpraktiker). Nicht immer ist der Schulbesuch für die Zulassung zur Prüfung notwendig. Es sollte jedoch klar sein, dass ohne eine gewisse Grundbildung durch die Schule jede selbstständige Tätigkeit erschwert (wenn nicht gar unmöglich) wird.

Die berufliche Ausbildung

In vielen Fällen baut die Berufsausbildung auf der schulischen Ausbildung auf. Vor allem im Bereich des Handwerks ist die Gesellenprüfung im Anschluss an eine mehrjährige berufliche Ausbildung die Grundvoraussetzung für jede weitere Qualifikation. Auch in anderen Bereichen der unternehmerischen Tätigkeit kann eine absolvierte Berufsausbildung nützlich sein.

▶ **BEISPIEL**

Einem Existenzgründer, der eine kaufmännische Ausbildung erfolgreich abgeschlossen hat und der sich heute als Importeur von Spielzeug aus Asien selbstständig machen will, wird zumindest das notwendige kaufmännische Wissen unterstellt. Auch wenn die Ausbildung nichts mit der Branche des neuen Unternehmens zu tun hat, weist sie zumindest auf die Lernfähigkeit und das Engagement des Existenzgründers hin.

Die Erfahrung

Neben der Ausbildung selbst muss ein Existenzgründer auch eine gewisse Erfahrung in dem Bereich vorweisen können, in dem er ein Unternehmen gründen will. Das zeigt, dass er die in der Schule und in der Berufsausbildung erlernten Kenntnisse in der Praxis eingesetzt hat. Das zeigt auch, dass sich der Existenzgründer bereits bewährt hat und dass er sich eine Kernkompetenz in dem entsprechenden Bereich aufbauen konnte.

Der Existenzgründer muss nicht sein ganzes Leben mit der Beschäftigung verbracht haben, die jetzt zu einer selbstständigen Tätigkeit werden soll. Dennoch sind mehrere Jahre Erfahrung auch nach der Ausbildung notwendig, um Geldgeber und Kunden zu überzeugen.

Nutzen Sie Ihre Erfahrung auch dazu, um die Freude einzuschätzen, die Sie an Ihrer neuen Tätigkeit haben werden. Wer sich mit einem Geschäftsinhalt wie z. B. dem Führen eines Einzelhandelsgeschäftes selbstständig macht, ohne je als Verkäufer gearbeitet zu haben, wird vielleicht enttäuscht sein, wenn sich seine Vorstellungen nicht erfüllen. Das wäre der erste Schritt zum Scheitern des jungen Unternehmens.

Während die Schulausbildung und die Berufsausbildung das Grundlagenwissen für die selbstständige Tätigkeit schaffen, steht die Erfahrung des Existenzgründers für das angesammelte Wissen der Vergangenheit und der Gegenwart.

Schulausbildung	Berufsausbildung	Erfahrung	Weiterbildung
Grundlagenwissen		Wissen der Vergangenheit und der Gegenwart	Wissen für die Zukunft

Die Weiterbildung

Das Wissen der Gegenwart wird nicht sehr lange ausreichen, um Ihrem Unternehmen die notwendige Sicherheit für die Zukunft zu geben. Deshalb ist ständige Weiterbildung notwendig. Gerade als Unternehmer müssen Sie Ihren Kunden aktuelle und neue Leistungen bieten, sonst tut es die Konkurrenz. Deshalb sollte ein Existenzgründer schon in der Vergangenheit regelmäßig Weiterbildung betrieben haben. Kann er das nachweisen, stärkt das das Vertrauen der Menschen, die ihm Geld leihen oder die seine Produkte kaufen sollen.

Der Eignungsnachweis durch Prüfungen

Der Gesetzgeber in Deutschland glaubt, dass er den Bürger vor betrügerischen Unternehmern schützen muss. Deshalb fordert er für eine Reihe von Berufen einen Eignungsnachweis in Form einer Ausbildung und/oder Prüfung. Da bereits mehr als ein Drittel aller Unternehmensgründungen derzeit eine Erlaubnis oder bestimmte Nachweise benötigt, ist die Chance groß, dass es auch Sie betrifft. Sie sollten sich deshalb genau informieren.

- Nachweispflichtig sind selbstverständlich die Heilberufe (Arzt, Heilpraktiker, Hebamme und Physiotherapeut).
- Auch freie Berufe wie Rechtsanwalt, Architekt oder Steuerberater darf nur selbstständig und angestellt ausüben, wer einen entsprechenden Nachweis erbracht hat.
- Viele Handwerksberufe dürfen auch von Gesellen ausgeübt werden. Für die selbstständige Ausübung eines Handwerksberufes ist jedoch ein Meisterbrief notwendig.

! ACHTUNG

Wer Leistungen eines Berufes mit Anforderungen an einen Fähigkeitsnachweis selbstständig erbringt, ohne diesen Nachweis zu haben, macht sich strafbar. Darum prüfen Sie auf jeden Fall vor der Unternehmensgründung, ob eine Ausbildung oder eine Prüfung zwingend vorgeschrieben ist.

- In Handels- und Industriebetrieben ist eine selbstständige Tätigkeit nicht an eine Überprüfung der fachlichen Fähigkeiten geknüpft. Ausnahmen bestehen, wenn z. B. gefährliche Stoffe gehandelt oder produziert werden sollen.

Die Eigeneinschätzung

Mit der Beantwortung der folgenden Fragen können Sie selbst einschätzen, wie Fremde Ihre fachliche Qualität beurteilen:

Checkliste Eigeneinschätzung	
Was können Sie besonders gut?	☐
Warum können Sie das besonders gut?	☐
Haben Sie die notwendige schulische Ausbildung?	☐
Haben Sie die notwendige berufliche Ausbildung?	☐
Haben Sie mehr als drei Jahre Erfahrung nach der Ausbildung gesammelt?	☐
Haben Sie sich laufend weitergebildet?	☐
Ist Ihre Leistung qualitativ besser als der Durchschnitt?	☐
Ist Ihre Leistung quantitativ besser als der Durchschnitt?	☐
Wissen Sie wie Ihre Leistung/Ihr Produkt eingesetzt und wie es genutzt wird?	☐
Verfügen Sie über die vorgeschriebenen oder üblichen Abschlüsse und Nachweise?	☐

1.1.3 Anforderungen, die über das eigene Fachgebiet hinausreichen

Für eine Existenzgründung, die auf Dauer erfolgreich sein soll, reicht es nicht aus, dass der Existenzgründer menschliche und fachliche Fähigkeiten vorweisen kann, die über dem Durchschnitt liegen. Ein echter Unternehmer muss sich auch in angrenzenden Wissensgebieten auskennen. So sollte ein Dachdeckermeister grundsätzlich auch mit anderen Gewerken am Bau vertraut sein. Ein Mediziner sollte beispielsweise wissen, wie ein Apotheker oder ein Heilpraktiker arbeitet.

Kenntnisse, die über das eigene Fachgebiet hinausreichen, helfen dem Unternehmer, seine Arbeit besser einzuschätzen. Er kann auf vor- und nachgelagerte Aktivitäten ebenso reagieren wie auf parallel verlaufende Aktivitäten anderer Unternehmer.

▶ BEISPIEL

Durch den kurzfristigen Ausfall eines Kunden hat sich im Unternehmen von Dachdecker Buch ein Beschäftigungsloch ergeben. Erst in zwei Wochen soll die Arbeit auf einer anderen Baustelle beginnen. Hier soll das Dach einer neuen Produktionshalle gedeckt werden. Dank seines Wissens über die anderen Gewerke am Bau erkennt Buch, dass die vorbereitenden Arbeiten an der Halle fast abgeschlossen sind und die Dachdeckerarbeiten bereits anfangen könnten. Er vereinbart mit dem Bauherrn einen sofortigen Arbeitsbeginn und kann so eine Unterbeschäftigung seiner Mitarbeiter vermeiden.

Meistens interessiert sich ein Unternehmer schon von sich aus für die Nachbarbereiche seiner Arbeit. Weniger interessant, aber umso wichtiger sind zumindest Grundlagenkenntnisse in unternehmerischen Wissensgebieten.

Organisation

Als Unternehmer müssen Sie nicht nur Ihre eigentliche Tätigkeit ausüben. Sie müssen vielmehr alles, was sich um Ihre Tätigkeit herum abspielt, ebenfalls beeinflussen und so gestalten, dass der Arbeitsprozess hinsichtlich Ihrer Kosten optimal abläuft.

- In der Aufbauorganisation geht es darum, Mitarbeiter und externe Helfer hierarchisch so aufzustellen, dass Aufgaben und Verantwortungen delegiert werden können. Die Wege zwischen den Hierarchiestufen müssen kurz und effektiv sein. Trotzdem kann sich der Unternehmer nicht um jede Arbeit selbst kümmern.
- Die Abläufe für die Herstellung des Produktes, das Erbringen der Leistung und alle benachbarten Abläufe wie der Materialeinkauf, der Verkauf der Leistung, die Buchhaltung usw. verursachen hohe Kosten. Diese Kosten müssen mithilfe einer optimalen Ablauforganisation minimiert werden.

Ein Unternehmer berücksichtigt die organisatorischen Gesichtspunkte instinktiv bei jeder Entscheidung, die einen Einfluss auf die Abläufe und auf die Mitarbeiterhierarchie seines Unternehmens haben könnten. Externe Hilfe kann durch Unternehmensberater, die eine solche Organisation aufbauen, geleistet werden. Da die Strukturen eines Unternehmens einem ständigen Wandel unterliegen, müssen vergleichbare Entscheidungen immer wieder getroffen werden. Meistens ist dann kein Berater zur Stelle.

Organisatorisches Talent ist dem Menschen eigen, organisatorische Fähigkeiten können erlernt werden. Dafür gibt es Seminare, die Sie besuchen sollten, bevor Sie ein Unternehmen gründen. Im Rahmen solcher Seminare werden Sie recht bald erkennen, ob Sie etwas mit organisatorischen Fragen anfangen können oder besser auf die Hilfe eines externen Beraters zurückgreifen sollten.

Kaufmännisches Wissen

Ein Unternehmer trifft täglich viele Entscheidungen, die fast alle einen erheblichen Einfluss auf die Kosten und die Erlöse, also auf den Erfolg des Unternehmens haben. Oft muss der Unternehmer aus mehreren Alternativen diejenige mit dem besten wirtschaftlichen Ergebnis auswählen. Zeit für detaillierte Berechnungen steht meistens nicht zur Verfügung, deshalb ist unternehmerischer Instinkt gefragt.

Bei den täglich anfallenden Entscheidungen verarbeitet der unternehmerische Instinkt immer auch kaufmännisches Wissen. Denn nur so können die Auswirkungen der Entscheidungen hinsichtlich der wirtschaftlichen Ergebnisse optimiert werden.

- Wichtig ist die Kenntnis der kaufmännischen Grundbegriffe wie Kosten und Ausgaben, Erlöse und Einnahmen, Investitionen und Abschreibungen, Gewinn und Liquidität. Auch der Zusammenhang zwischen diesen Begriffen sollte einem Unternehmer bekannt sein.
- Darüber hinaus sollte ein Unternehmer die Grundlagen des kaufmännischen Rechnens (Prozentrechnung und Dreisatz) beherrschen. Doch ohne verinnerlichte Rabatt-, Zins- und Kreditberechnung werden viele Entscheidungen des Unternehmers falsch sein.

> **BEISPIEL**
>
> Einer Ihrer wichtigsten Lieferanten bietet Ihnen an, seine Rechnungen statt in 30 Tagen in 10 Tagen mit 3 % Skonto zu bezahlen. Sie müssten dafür jedoch den Kontokorrentkredit bei Ihrer Bank um diesen Betrag erhöhen, was 8 % Zinsen pro Jahr kosten würde. Ihr Lieferant verlangt eine sofortige Entscheidung am Telefon.
>
> Selbstverständlich sagen Sie Ihrem Lieferanten die Skontozahlung auf der Stelle zu. Auch Ihre Bank wird diese Entscheidung mittragen und den Betrag finanzieren, denn 3 % Skonto für 20 Tage entspricht einem Zinssatz von 54 % pro Jahr. Diesen Vorteil können Sie bedenkenlos mit 8 % Kreditzinsen bezahlen.

Kaufmännisches Wissen kann natürlich auch eingekauft werden. Steuerberater, Unternehmensberater und kaufmännische Angestellte bieten dieses Wissen an. Viele der täglich anfallenden unternehmerischen Entscheidungen enthalten aber versteckte Auswirkungen auf den wirtschaftlichen Erfolg und müssen sofort getroffen werden. Einen Unternehmer zeichnet aus, dass er die Auswirkungen seiner Entscheidungen zumindest grundlegend beurteilen kann. Ansonsten bleibt er immer von anderen abhängig und kann seine Entscheidungen nicht souverän fällen.

Recht und Steuern

Jedes Unternehmen ist fest in seine Umwelt eingebettet. Der Umgang mit anderen wirtschaftlichen und staatlichen Einheiten und mit anderen Menschen ist durch komplexe rechtliche Vorschriften geregelt. Zumindest die Grundlagen dieser Vorschriften sollte ein Existenzgründer auf jeden Fall beherrschen.

> **TIPP**
>
> Die Notwendigkeit, rechtlich begründete Entscheidungen zu treffen, beginnt bereits in der Vorbereitungsphase, die der eigentlichen Existenzgründung vorangeht. Sie müssen für Ihr Unternehmen eine Rechtsform wählen. Ausführliche Erklärungen dazu finden Sie in Kapitel 4.2.

- Jedes Unternehmen hat Pflichten gegenüber seinen Kunden, Lieferanten, Mitarbeitern, dem Staat, der Gemeinde und vielen anderen Geschäftspartnern. Diese Pflichten sind in Gesetzen und Verordnungen klar geregelt.
- Der Staat fordert seinen Anteil am Erfolg des Unternehmens in Form von Steuern. Den trotz der komplexen Steuergesetzgebung vorhandenen Gestaltungsspielraum sollte ein Unternehmer kennen, um rechtlich erlaubte Vorteile für sein Unternehmen zu nutzen.
- Auch die Ansprüche, die das Unternehmen gegenüber seinen Kunden, Lieferanten, Mitarbeitern, dem Staat, der Gemeinde und vielen anderen Geschäftspartnern hat, unterliegen dem Gesetz. Um sie durchsetzen zu können, muss ein Unternehmer wissen, welche Ansprüche er tatsächlich hat.

Grundsätzlich kann im wirtschaftlichen Geschäftsverkehr vieles auch vertraglich geregelt werden. Dazu muss der Unternehmer aber wissen, worum es geht. Nur so kann er einen Vertrag für sich optimal gestalten. Außerdem gibt es vor allem im Umgang mit Privatleuten (als Kunden, Lieferanten und Mitarbeitern) Regeln, die bestimmte vertragliche Nachteile für diesen Personenkreis ausschließen.

Niemand verlangt von einem Existenzgründer umfassende rechtliche Kenntnisse. Dafür gibt es wiederum Helfer wie selbstständige Rechtsanwälte und Steuerberater. Dennoch ist es für eigene Entscheidungen notwendig, die rechtliche Situation zumindest grundsätzlich einschätzen zu können.

▶ **BEISPIEL**

Der Gesetzgeber schreibt eine zweijährige Gewährleistungsfrist vor, die vom Hersteller oder vom Verkäufer zu leisten ist. Das scheint auf den ersten Blick eine einfache Regelung zu sein. Diese Gewährleistungspflicht kann aber im Geschäftsverkehr mit anderen Unternehmern verkürzt werden. Das geht allerdings nicht im Geschäftsverkehr mit Privatpersonen. Ist eine Verkürzung der Gewährleistungspflicht möglich, sollte der Unternehmer von dieser Möglichkeit Gebrauch machen. Gleichzeitig sollte er prüfen, ob seine Lieferanten die Verkürzung in ihren Allgemeinen Geschäftsbedingungen festgeschrieben haben. Ansonsten kann es geschehen, dass Sie gegenüber Privatpersonen mit zwei Jahren Gewährleistungsfrist handeln müssen, während Ihr Lieferant Ihnen gegenüber nur eine einjährige Frist vergütet.

Rechtliche, kaufmännische und organisatorische Grundkenntnisse gehören also zum notwendigen Wissen eines Unternehmers. Nicht immer können Berater rechtzeitig helfen; viele Entscheidungen müssen sofort getroffen werden. Ihr Instinkt muss dann dafür sorgen, dass Sie die richtigen Entscheidungen fällen.

TIPP

Die menschlichen Fähigkeiten eines Unternehmers können zwar verfeinert werden, sie müssen aber zumindest grundlegend vorhanden sein. Die fachlichen Fertigkeiten entwickeln sich über einen langen Zeitraum. Die vom Unternehmer noch zusätzlich verlangten Fähigkeiten in den Bereichen 'Organisation', 'kaufmännisches Wissen' und 'Recht' kann der Existenzgründer relativ schnell lernen.

Dazu gibt es Seminare von vielen Anbietern, z. B. von den IHK, den Arbeitgeberverbänden oder den Handwerkskammern. Auch die Meisterkurse der Handwerkskammern umfassen in der Regel genügend Stunden, die sich mit der Vermittlung dieser Kenntnisse befassen.

1.1.4 Partner müssen sich ergänzen

Trotz seiner häufigen Kontakte mit anderen Menschen ist ein Unternehmer viel allein. Das gilt sowohl für den Konzernlenker als auch für den Existenzgründer im Ein-Mann-Unternehmen. Beide müssen wichtige Entscheidungen alleine treffen. Deshalb wird oft der Ruf nach einem Partner laut.

Ein Partner im Geschäft kann weitere Vorzüge haben, wenn er z. B. die Lücken schließt, die der Existenzgründer im kaufmännischen Bereich hat.

BEISPIEL

In der Raubold und Weber GmbH haben sich zwei Partner gefunden. Jürgen Raubold ist ein exzellenter Konstrukteur von Bauteilen aus Edelstahl für Unternehmen, die Maschinen für die Nahrungsmittelindustrie bauen. Leider hat er gar kein kaufmännisches Talent. Das kaufmännische Talent bringt sein Partner Max Weber mit, der zwar von Technik nur das Notwendigste versteht, dafür aber hervorragend mit Kunden verhandeln kann.

- Partner passen gut zueinander, wenn sich ihre Fähigkeiten ergänzen (z. B. Herstellung und Verkauf, Einkauf in Asien und Verkauf in Deutschland). Hier vereinigen sich unterschiedliche fachliche Kenntnisbereiche.
- Auch die Zusammenarbeit zwischen einem fachlichen Experten und einem Unternehmertypen, der die kaufmännischen Aufgaben übernimmt, kann sehr positiv sein.
- Typisch sind auch Partnerschaften zwischen einem Unternehmertypen mit fachlichen Kenntnissen und einem Geldgeber.

Problematisch ist eine Partnerschaft zwischen zwei Personen, die über die gleichen (fachlichen) Fähigkeiten verfügen. Während sich die anderen beschriebenen Partnerschaften verstärken (der Wert der Partnerschaft ist größer als die Summe der Partner, $1 + 1 > 2$), ist das bei zwei Partnern mit gleichen Stärken nicht der Fall. Hier ist das Konfliktpotenzial größer ($1 + 1 < 2$).

Eine erfolgreiche Partnerschaft hat feste Regeln, die (für den Konfliktfall) von vornherein in einem Vertrag festgehalten werden.

1. Die Aufgabengebiete werden strikt zwischen den Partnern getrennt und definiert.
2. Nur in diesen Aufgabengebieten trägt der jeweilige Partner allein die Zuständigkeit und Verantwortung.
3. Einzelentscheidungen können an eine maximale grenze gekoppelt werden. Ist der Wert höher, müssen die Partner gemeinsam entscheiden.
4. Die zu erbringende Leistung und deren Bezahlung für jeden Partner werden geregelt.
5. Das schließt auch die Nutzung der Firmeneinrichtung für private oder andere Zecke ein (z. B. Büro für Nebentätigkeit, Transporter, Computer, Werkzeugmaschinen etc.).
6. Die Stimmanteile bei gemeinsam zu treffenden Entscheidungen werden festgelegt.
7. Für Streitigkeiten muss eine Schiedsgerichtsbarkeit bestimmt werden.

8. Die Auflösung der Partnerschaft muss in Betracht gezogen werden. Die Regeln dafür sind gleich zu Beginn der Partnerschaft festzulegen.
9. Es wird festgeschrieben, was im Falle des Todes oder im Falle einer starken Behinderung eines der Partner geschieht.

Partnerschaft bedeutet nicht immer nur den Zusammenschluss zweier Personen. Es können durchaus auch mehrere Personen an einer Existenzgründung beteiligt sein. Dann sind feste Regeln noch viel wichtiger als bei einem Zwei-Mann-Unternehmen, weil ansonsten zu viel Zeit vergeht, um Abstimmungen im Kreise aller Partner durchzuführen.

1.1.5 Der Test: Sind Sie ein Unternehmer?

Die Anforderungen an einen Unternehmer sind hoch. Für eine erfolgreiche Existenzgründung ist es unabdingbar, dass Sie die beschriebenen Anforderungen größtenteils erfüllen. Sie sollten deshalb bei Ihrer Selbsteinschätzung unbedingt ehrlich sein. Dritte werden Sie wesentlich strenger beurteilen. Wenn Sie feststellen, dass Sie wichtige Anforderungen nicht erfüllen, sollten Sie Ihre Entscheidung für eine Existenzgründung noch einmal überdenken. Vielleicht ist es besser zu warten, bis Sie sich die fehlenden Fähigkeiten angeeignet haben.

ARBEITSHILFE
ONLINE

Den folgenden Test finden Sie auch zum Download auf unserem Portal „Arbeitshilfen online". Sie können ihn von dort öffnen, ausdrucken und komfortabel bearbeiten.

Eignung kritisch hinterfragen	Eignung überprüfen	Anforderung erfüllt
Selbsteinschätzung des Existenzgründers		
Ich habe mir noch nie selbst Ziele gesetzt.	Ich habe mir hin und wieder selbst Ziele gesetzt.	Ich setze mir selbst regelmäßig Ziele.
Ich verfolge meine Ziele nur halbherzig und erreiche sie fast nie.	Einige Ziele erreiche ich, andere gebe ich auf.	Die meisten meiner Ziele erreiche ich, bei den anderen kenne ich den Grund für die Zielverfehlung.

Eignung kritisch hinterfragen	Eignung überprüfen	Anforderung erfüllt
Risiken vermeide ich, wo es geht, ich bin ein Sicherheitstyp.	Risiken erschweren das Leben, müssen aber manchmal sein.	Ich versuche zwar, Risiken zu minimieren, scheue aber nicht davor zurück, Risiken nach gründlicher Prüfung zu übernehmen.
Das Leben ist voller unnötiger Risiken, die mir den Schlaf rauben.	Risiken können meistens vermieden werden, ich versuche das auch.	Wer Chancen nutzen will, kann das nicht ohne Risiken tun.
Niederlagen nehmen mich mehrere Tage lang mit.	Ich erleide keine Niederlagen.	Niederlagen kann ich sofort verarbeiten und vergessen.
Nach Niederlagen gebe ich das Thema niedergeschlagen auf.	Wenn Ziele nicht erreicht werden, lohnt es sich meistens auch nicht, andere Wege zu versuchen.	Niederlagen bilden für mich den Anlass, es nochmals mit anderen Mitteln und auf anderen Wegen zu versuchen.
Ich weiß alles, was notwendig ist. Andere können mir nichts mehr beibringen.	Ich vermeide es, Schwächen zuzugeben und mich von anderen belehren zu lassen.	Andere Menschen verfügen auch über hervorragende Fähigkeiten, von denen ich lernen kann.
Wenn es vernünftig werden soll, muss ich es selbst tun.	Andere Menschen haben ihre eigenen Ziele, man kann ihnen nur bedingt trauen.	Ich kann nicht alles können oder selbst machen. Die Hilfe anderer nutze ich nach umfangreicher Prüfung für meine Ziele.
Ich mag keine Veränderungen.	Ich habe nichts gegen Veränderungen, obwohl sie Zeit kosten.	Ich mag Veränderungen und kann mich schnell auf neue Situationen einstellen.
Ich tue das, was man mir sagt.	Ich arbeite selbstständig, hole mir oft die Zustimmung anderer.	Ich bin es gewohnt, selbstständig bis zum Ende zu arbeiten.
Entscheidungen lasse ich andere treffen.	Entscheidungen, wenn sie schwerwiegend sind, stimme ich gerne mit anderen ab.	Ich treffe Entscheidungen schnell und sicher, auch unter Zeitdruck.

Eignung kritisch hinterfragen	Eignung überprüfen	Anforderung erfüllt
Probleme gilt es möglichst zu vermeiden.	Probleme lassen sich von mir gerne verschieben.	Probleme löse ich sofort, damit sie nicht lange liegen bleiben.
Lösungen stammen meist nicht von mir.	Meine Lösungen erweisen sich manchmal als erfolgreich.	Mir fällt es leicht, Lösungen zu finden, auch wenn einige sich als falsch erweisen.
Auch andere Menschen haben gute Ideen, die ich gerne übernehme.	Es fällt mir schwer, andere von meinen Ideen zu überzeugen.	Wenn ich von einer Idee überzeugt bin, kann ich das auch anderen vermitteln.
Ich tue das, was man mir sagt.	Führungsarbeit kann sehr schwer sein, sollen das doch andere machen.	Bevor andere mich in eine Richtung drängen, die falsch ist, übernehme ich die Führung.
Ich habe nur wenige Freunde und Bekannte.	Ich habe einige Bekannte mit interessanten Beziehungen.	Ich verfüge über viele Freunde und Bekannte, die mir helfen können und denen ich etwas zu bieten habe.
Ich halte mich lieber im Hintergrund.	Ich mag es nicht, aber manchmal muss man seine Arbeit präsentieren.	Mir macht es nichts aus, meine Arbeit vor Fremden zu präsentieren. Darin habe ich Erfahrung.
Finanzielle Abhängigkeit des Existenzgründers		
Mit meinem Geld komme ich so eben über die Runden. Ich bin deshalb auf regelmäßige Einnahmen angewiesen.	Ich kann mit meinen Einnahmen haushalten, auch wenn es manchmal schwerfällt.	Ich kann auch einige Zeit ohne regelmäßiges Einkommen auskommen.
Ich verfüge über keine finanziellen Rücklagen.	Ich verfüge über finanzielle Rücklagen, die von finanziellen Zusagen meiner Familie ergänzt werden müssen.	Ich verfüge über gute finanziellew Rücklagen.

Eignung kritisch hinterfragen	Eignung überprüfen	Anforderung erfüllt
Unterstützung für den Existenzgründer		
Meine Familie, vor allem mein Partner, steht der Selbstständigkeit skeptisch gegenüber.	Meiner Familie ist es gleichgültig, dass ich mich selbstständig machen möchte.	Meine Familie, vor allem mein Partner, ermuntern mich zu meinem Schritt in die Selbstständigkeit.
Von meiner Familie kommen nur Bedenken.	Von meiner Familie kommt kaum Hilfe.	Ich kann mit umfangreicher Unterstützung durch meine Familie rechnen.
Meine Freunde sind mir wichtig, Unterstützung wird es jedoch nicht geben.	Meine Freunde halten nichts von meiner Selbstständigkeit.	Meine Freunde unterstützen mich auf meinem Weg.
Die zeitliche Beanspruchung wird zu Problemen in der Familie und bei Freunden führen.	Ich weiß nicht, wie sich die zeitliche Belastung auf Familie und Freunde auswirken wird.	Familie und Freunde werden auch für Zeitprobleme Verständnis haben.
Leistungsfähigkeit des Existenzgründers		
Ich bin froh, wenn ich heute meinen (angestellten) Arbeitstag hinter mir habe.	Die tägliche Arbeit erfordert manchmal Mehrarbeit, die ich aber vermeide, wo es geht.	Mich stört es nicht, wenn ich regelmäßig und unregelmäßig Mehrarbeit leisten muss. Die 40-Stunden-Woche kenne ich nicht.
Ich fühle mich öfters krank, auch wenn ich deswegen nicht zuhause bleibe.	Ich bin gesund, fühle mich manchmal belastet.	Ich bin vollständig gesund.
Meine berufliche Leistung ist durchschnittlich.	Zurzeit leiste ich kaum mehr als der Durchschnitt, könnte das aber tun.	Ich bin in meiner beruflichen Leistung wesentlich besser als der Durchschnitt.

Eignung kritisch hinterfragen	Eignung überprüfen	Anforderung erfüllt
Fachliche Fähigkeiten des Existenzgründers		
Das Gebiet meiner geplanten Selbstständigkeit kenne ich nicht aus eigener Erfahrung.	Ich bin weniger als drei Jahre auf dem Gebiet tätig, in dem ich mich selbstständig machen will.	Ich habe mehr als drei Jahre Erfahrung auf dem Gebiet meiner geplanten Selbstständigkeit.
Weiterbildung ist überflüssig, weil ich alles kann.	Nur wenn mein Chef mich zwingt, werde ich mich weiterbilden. Das ist Aufgabe des Arbeitgebers.	Ich bilde mich regelmäßig weiter, auch außerhalb des Arbeitsverhältnisses und auf eigene Kosten.
Ich weiß nicht, welche Abschlüsse und Prüfungen für das von mir gewählte Gebiet vorgeschrieben sind.	Es gibt Vorschriften zu Prüfungen und Ausbildung, die ich noch nicht alle erfüllt habe.	Ich habe mich intensiv informiert. Es gibt keine Vorschriften bzw. ich erfülle alle rechtlichen Voraussetzungen.
Die Organisation kleinster Aktivitäten ist mir ein Gräuel, das lasse ich andere machen.	Ich habe schon kleinere Aktivitäten (wie z. B. Vereinsfeste) organisiert.	Ich muss immer alles organisieren, weil jeder mir diese Aufgabe zuschiebt. Es macht mir Spaß.
Ich brauche kein kaufmännisches Wissen, dazu habe ich meinen Steuerberater.	Ich muss mir das kaufmännische Wissen noch aneignen. Das schiebe ich schon lange vor mir her.	Mein kaufmännisches Wissen ist ausreichend für meine Selbstständigkeit. Ich brauche es heute schon.
Recht und Steuern betreffen mich nicht.	Ich kann mit rechtlichen Vorschriften nichts anfangen, dazu brauche ich Hilfe.	Ich werde zwar Hilfe in rechtlichen Angelegenheiten benötigen, kann aber grundsätzliche Einschätzungen selbst vornehmen.

Tab. 1: Testfragen Unternehmertyp

Wenn Sie sich bei den meisten Aussagen in der linken Spalte wieder finden, sollten Sie Ihr Vorhaben unbedingt überdenken. Das gilt auch dann, wenn hauptsächlich die Aussagen der mittleren Spalte und keine der rechten Spalte auf Sie zutreffen. Die Aussagen in der rechten Spalte stammen von erfolgreichen Unternehmern.

1.2 Ihre Idee – vom Traum zur Realität

Träume sind meist unklar, verklärend und wenig definiert. Damit Ihr Traum von der Selbstständigkeit nicht zum Albtraum wird, muss

- die Idee exakt definiert werden,
- die Idee in die Umwelt integriert werden und
- der Realitätsbezug der Idee geprüft werden.

Dazu wird die Gründungsidee auf den folgenden Seiten in kleine Teile zerlegt und beschrieben. Dann wird geprüft, mit welcher Umwelt zu rechnen ist und wie diese Umwelt auf die Idee reagiert. Den Abschluss dieses Kapitels bildet eine erste Abschätzung der wirtschaftlichen Sinnhaftigkeit der Unternehmensidee.

1.2.1 So beschreiben Sie Ihre Idee!

Für die Existenzgründung stehen Ihnen nur begrenzte Mittel in Form von Finanzen, Zeit und Engagement zur Verfügung. Diese Mittel müssen auf das Wesentliche konzentriert werden, damit der gewünschte Erfolg eintreten kann. Doch was ist das Wesentliche, der eigentliche Kern Ihrer Idee? Versuchen Sie, Ihre Vorstellungen genauer zu ergründen und exakt zu beschreiben.

Beschreibung der angebotenen Leistung
Zunächst beschreiben Sie die Leistung, die Sie Ihren Kunden anbieten wollen. Handelt es sich um ein Produkt? Eine Dienstleistung? Ist es eine Mischung aus beidem? In welcher Preisklasse liegt das Angebot?

Beschreiben Sie das Produkt so, dass seine wesentlichen Merkmale exakt definiert sind. Ist die Farbe wichtig, legen Sie die Farbe fest. Ist die Zeit wichtig, die Sie für Ihre Dienstleistung brauchen, dann führen Sie die Zeit auf.

▶ **BEISPIEL**

Sie wollen modische Oberbekleidung aus Italien für Frauen in den Größen 36 bis 46 anbieten. Die gute Qualität, auf die es Ihnen ankommt, verlangt hohe Preise.

Sie wollen Bauteile aus Edelstahl für die Verwendung in der weiterverarbeitenden Industrie herstellen und vertreiben. Zum Produkt selbst kommen die Entwicklungsarbeit und die individuelle Anpassung an die Kundenwünsche hinzu. Ihre Preise müssen unterhalb der Eigenfertigung der Kunden liegen und damit relativ niedrig sein.

Ihr Angebot besteht aus den üblichen Leistungen eines Dachdeckers. Sie beschränken sich aber auf gewerbliche Gebäude; private Wohnhäuser sollen nicht einbezogen werden. Die Preise für die Dachdeckerleistungen müssen konkurrenzfähig niedrig sein.

Beschreibung der geplanten Funktionen

Die unternehmerische Tätigkeit umfasst viele Funktionen. Diese Funktionen reichen von der Rohstoffgewinnung bis hin zum Vertrieb an den Endverbraucher. Sie werden aller Voraussicht nach nicht alle Funktionen selbst ausfüllen können. Für Ihre Existenzgründung müssen Sie deshalb definieren, was vom neuen Unternehmen selbst und was von anderen Partnern übernommen werden soll.

! **ACHTUNG**

Sie müssen sich darüber klar werden, was Ihre Kernkompetenz ist, was Sie also besonders gut können. Darauf sollten Sie sich konzentrieren, um größtmöglichen Erfolg zu haben.

Wenn Sie ein Handelsgeschäft (gleichgültig ob Einzelhandel oder Großhandel) gründen, sind viele Funktionen (wie z. B. die Produktion) bereits ausgeschlossen. Trotzdem müssen Sie entscheiden, ob Sie den Einkauf selbstständig oder z. B. im Rahmen eines Franchising vornehmen wollen. Auch das Rechnungswesen, die Fakturierung und das Inkasso von Forderungen können ausgegliedert werden.

Bei einem Produktionsunternehmen müssen Sie den Grad der Eigenfertigung bestimmen. Soll das Produkt durch Partner hergestellt werden, sodass nur die Entwicklung und der Vertrieb vom eigenen Unternehmen übernommen werden? Das Gegenteil davon wäre die vollständige Eigenproduktion vom Rohstoff bis hin zum Endprodukt. Jede dazwischenliegende Stufe ist ebenfalls denkbar. Kleinere Fertigungsunternehmen vertrauen ihren Vertrieb immer öfter Profis an, sodass sich der Existenzgründer voll und ganz auf die Herstellung konzentrieren kann.

Funktion	Selbst	Partner 1	Partner 2	Partner 3
Einkauf Material	X			
Vorfertigung		X		
Fertigung Elektronik	X			
Endmontage	X			
Vertrieb			X	
Rechnungswesen				X

Tab. 2: Auswahltabelle Produktionsunternehmen Funktionen

Die Qualität von Dienstleistungen ergibt sich in aller Regel durch denjenigen, der die Leistung erbringt. Trotzdem kann es — gerade in der Gründungsphase — notwendig sein, auf andere Dienstleister zurückzugreifen, um Kapazitätsengpässe zu vermeiden oder Spezialleistungen anbieten zu können.

▶ **BEISPIEL**

Marianne M. möchte in Münster einen Friseursalon für Damen eröffnen und ihren Kundinnen auch Leistungen im Bereich der Kosmetik anbieten. Da sie dazu weder die Zeit noch die notwendigen Kenntnisse hat, vereinbart sie eine Zusammenarbeit mit einer ausgebildeten, freiberuflich tätigen Kosmetikerin, die ihre Leistung an bestimmten Wochentagen im Salon von Marianne M. anbietet.

Jedes Handwerk besteht aus einer Mischung aus Handel und Dienstleistung, wobei die verkauften Handelswaren mit der Dienstleistung verbunden werden. Auch hier gilt es festzustellen, welche handwerklichen und unternehmerischen Funktionen Sie im neuen Unternehmen selbst ausfüllen und welche Sie an Partner übertragen wollen. Damit können Sie Kapazitätsspitzen ausgleichen und sich fehlendes Know-how einkaufen. So müssen z. B. vom Heizungs- und Sanitärfachmann oft auch Fliesen- und Elektroarbeiten erledigt werden. Hier können Arbeiten ausgelagert werden.

Beschreibung des Einzugsgebietes

Einen großen Einfluss auf die Ausgestaltung Ihres Gründungstraums hat das Einzugsgebiet, in dem Ihr Unternehmen tätig werden soll. Während das Einzugsgebiet im Einzelhandel meistens auf eine Stadt begrenzt ist, müssen Handwerker schon regional denken. Importeure vertreiben ihre Waren in ganz Deutschland, Produktionsunternehmen können ihre Leistungen auch weltweit anbieten.

Die Entscheidung über das gewünschte Einzugsgebiet hängt auch von dem Verkaufsvolumen ab, das für eine wirtschaftliche Gestaltung des Unternehmens notwendig ist. Ist die Nachfrage in der Stadt nicht groß genug, muss in der Region gearbeitet werden. Reicht auch hier die Nachfrage nicht aus, sind überregionale Aktivitäten notwendig.

- Eine Stadt reicht nur für kleinere Einzelhändler und Dienstleister aus.
- Eine Region umfasst auch Nachbarstädte und erhöht das Einzugsgebiet für Händler, Dienstleister und Handwerker.
- Die meisten Handwerker müssen auch überregional (also über Kreis- und Stadtgrenzen hinaus) tätig werden, um genügend Kunden zu finden.
- Deutschlandweit sind Großhändler, Importeure und Fertigungsunternehmen tätig.
- Im Ausland, in der EU und darüber hinaus finden sich etablierte Fertigungsunternehmen und Großhändler.
- Durch einen Internetshop können die Leistungen eines Handelsunternehmens ohne große Kosten auch weltweit angeboten werden.

TIPP

Als Existenzgründer sollten Sie sich zunächst darauf konzentrieren, Ihr Einzugsgebiet ausreichend weit, aber nicht zu weit zu wählen. Sie können Ihre Aktivitäten als Produzent z. B. zunächst in Deutschland ausüben und nach erfolgreichem Start damit beginnen, in benachbarte EU-Länder zu exportieren. Damit übernehmen Sie sich nicht gleich zu Beginn.

Beschreibung der Besonderheiten

Ein junges Unternehmen ist darauf angewiesen, möglichst schnell Kunden für seine Leistungen zu finden. Ein besonderes Angebot wird die Abnehmer dazu bringen, ihren Bedarf bei dem neuen Lieferanten oder im neuen Geschäft zu decken. Was also ist das Besondere am Angebot des Existenzgründers?

- Die einfachste Besonderheit ist natürlich der Preis, wenn er unter dem bisher auf dem Markt üblichen Wert liegt. Der Preis wird einige Kunden dazu bringen, dem neuen Unternehmen Aufträge zu geben.

! **ACHTUNG**

Beruht die Besonderheit Ihres Angebotes nur auf dem Preis, steht Ihre Existenzgründung auf tönernen Füßen. Wirklich erfolgreich können Sie nur sein, wenn Sie tatsächlich weniger Kosten als Ihre Mitbewerber haben. Ist das nicht der Fall, werden sich Ihre Mitbewerber durch Preisnachlässe wehren. Dann hat Ihr junges Unternehmen kaum Überlebenschancen.

- Das Angebot ist neu und auf dem Markt noch nicht vorhanden. Eine solche Situation ist nur sehr selten anzutreffen. Sie bedeutet unter Umständen, dass eine Nachfrage für das Angebot erst noch teuer geschaffen werden muss.
- Die Leistung besteht aus einer Kombination bereits vorhandener Angebote, die dem Kunden einen zusätzlichen Nutzen verschafft.

▶ **BEISPIEL**

Das neu gegründete Unternehmen schafft neue Ferienwohnungen in einem Urlaubsort. Um Kunden zu gewinnen und die etablierten Anbieter von Ferienwohnungen auszustechen, bietet der Vermieter als inklusive Leistung auch den Transfer vom Bahnhof des Nachbarortes zur Ferienwohnung an.

- Das Angebot passt genau in eine Marktnische. Das ist z. B. der Fall, wenn neben den vorhandenen Ärzten in einer Gemeinde noch ein Heilpraktiker seine Praxis eröffnet.
- Das Produkt oder die Dienstleistung hat eine besondere Eigenschaft, die bisherige Angebote nicht haben. Hierbei kann es sich z. B. um hochwertige Designerwaren handeln oder um besonders schnell ausgeführte Handwerksleistungen.

Beschreibung der besonderen Kompetenz

Zum Abschluss der Ideenbeschreibung muss der Bogen zur besonderen Kompetenz des Existenzgründers geschlagen werden. Warum ist der junge Unternehmer besonders dazu geeignet, gerade diese Idee umzusetzen?

Bei der Beantwortung dieser Frage spielen zwei Parameter eine Rolle:

1. Welche Erfahrungen hat der Existenzgründer mit den beschriebenen Leistungen, den unternehmerischen Funktionen, den Einzugsgebieten und den Besonderheiten des Angebotes? Je länger sich der Jungunternehmer bereits mit diesen Kriterien beschäftigt hat, desto realistischer ist es, dass er seinen Traum umsetzen kann.

! ACHTUNG

Erfahrungen haben bedeutet, dass der Existenzgründer diese Erfahrungen in bereits bestehenden Unternehmen gesammelt haben muss. Es gibt also immer auch vergleichbare Unternehmen, die in Konkurrenz zu dem neu gegründeten Unternehmen stehen.

2. Hat der Existenzgründer das Talent, das beschriebene Angebot umzusetzen? Wurde dieses Talent (durchaus auch auf anderen Gebieten) bereits bewiesen, lässt sich die Existenzgründung mit großer Wahrscheinlichkeit erfolgreich umsetzen.

Ihre Idee auf DIN A4

ARBEITSHILFE ONLINE

Nehmen Sie sich die Zeit, das folgende Formular auszufüllen und Ihre Idee auf einer DIN-A4-Seite darzustellen. Das gibt Ihnen einen komprimierten Überblick über Ihre Idee und macht Ihren Traum greifbar. Gleichzeitig tun Sie den ersten Schritt zu einem Businessplan, den wir später noch aufstellen müssen. Das hier abgebildete Formular finden Sie auch auf unserem Portal „Arbeitshilfen online".

Beschreibung der Geschäftsidee			

Titel der Idee:			

Was wollen Sie anbieten?

O	Produkt	O	Dienstleistung	O	Mischung	O	Handwerk
O	niedrige Preisklasse	O	mittlere Preisklasse	O	gehobene Preisklasse		

Kurzbeschreibung des Angebotes

Welche Funktionen wollen Sie selbst erledigen?

O	Einkauf	O	Produktion	O	Verkauf	O	Rechnungswesen
O	Einzelhandel	O	Großhandel	O	nur eigene Leistungen		

Kurzbeschreibung der Wertschöpfungskette und der Partner

Wo wollen Sie tätig werden?

O	am Standort	O	regional	O	überregional	O	Deutschland
O	EU	O	weltweit	O	Internet		

Kurzbeschreibung der Region

Welche Besonderheit hat Ihr Angebot?

O	keine	O	Preis	O	neue Leistung	O	neue Mischung
O	Marktnische	O	besondere Eigenschaft	O	Sonstiges		

Kurzbeschreibung der Besonderheit

Wie passt die Kompetenz des Gründers zum Angebot?

O	Erfahrung	O	Talent		

Kurzbeschreibung der besonderen Kompetenz

1.2.2   Das Umfeld Ihrer Idee

Das neue Unternehmen wird auf einem Markt tätig, auf dem sich bereits viele andere Teilnehmer tummeln. Vor allem die Kunden und die Mitbewerber bestimmen die Strukturen dieses Marktes. Schon in die Beschreibung der Gründungsidee und in die ersten Prüfungen müssen diese Marktakteure einbezogen werden. Nur so erhalten Sie ein aussagekräftiges Bild Ihrer Zukunft als Unternehmer.

▶ **BEISPIEL**

Carola Berger hat ein Steakhaus in ihrer Heimatstadt eröffnet, ohne die vorhandene Konkurrenz einer Restaurantkette mit Spezialisierung auf Steaks zu berücksichtigen. Der vorhandene Mitbewerber hat sich mit Aktionen und Sonderpreisen gegen die neue Konkurrenz gewehrt, und zwar erfolgreich. Nach einem halben Jahr musste Frau Berger ihren Traum begraben. Hätte sie bereits zu Beginn ihrer Überlegungen den übermächtigen Konkurrenten erkannt, wäre es ihr — durch eine andere Ausrichtung des Restaurants — gelungen, ihre Geschäftsidee zu verwirklichen. Jetzt fehlt ihr das Geld für einen zweiten Versuch.

An wen soll die Leistung verkauft werden?

Seine potenziellen Kunden zu kennen, ist wichtig. Darum müssen bei der Beschreibung der Geschäftsidee unbedingt auch die Abnehmer definiert werden.

- Zunächst ist die Kundenart zu bestimmen. Privat- und Geschäftskunden unterscheiden sich ganz erheblich in ihren Ansprüchen an die Preise und Funktionen einer Leistung. Der Handel muss wieder vollkommen anderes bedient werden. Außerdem sind bezüglich dieser Gruppen noch weitere Details festzulegen. So unterscheiden sich z. B. im Privatkundenbereich junge von älteren Käufern, Männer von Frauen, Schnäppchenjäger von qualitätsbewussten Menschen usw.
- Wie viele dieser definierten Kunden gibt es im Einzugsbereich des jungen Unternehmens? Die Schätzung sollte für den direkten Standort, die Region, ganz Deutschland und das Ausland vorgenommen werden.

- Wie werden sich die Kunden verhalten, wenn das neue Unternehmen auf dem Markt erscheint? Ein eher traditioneller Kundentyp macht es neuen Unternehmen schwer, Fuß zu fassen. Junge, dynamische Kunden sind weniger lieferantentreu und geben neuen Unternehmen eher eine Chance. Handelt es sich um Geschäftskunden, wird neben dem Service vor allem der Preis eine wichtige Rolle bei der Entscheidung für einen neuen Lieferanten spielen.
- Eine hohe Preissensibilität der Kunden bietet die Chance, Kunden mit günstigen Preisen zu gewinnen. Es besteht jedoch auch die Gefahr, dass die Kunden wieder abwandern, wenn sie an anderer Stelle preiswertere Angebote erhalten und die Mitbewerber auf dem Markt entsprechend reagieren.

Wer befriedigt die Nachfrage zurzeit?

Jedes neue Unternehmen wird auf dem Markt andere Unternehmen treffen, die zumindest teilweise den Bedarf an den geplanten Leistungen decken:

- Dass noch niemand vergleichbare Leistungen wie das geplante Unternehmen anbietet, ist überaus selten.
- Viele kleine Mitbewerber auf dem Markt erleichtern es Neuankömmlingen, mit ihrem Angebot erfolgreich zu sein. Der Widerstand der Konkurrenz wird nicht so stark sein wie bei einem großen, marktbeherrschenden Konkurrenten.
- Wenige mächtige Mitbewerber teilen sich den Markt. Hier kann ein neues Unternehmen nicht unerkannt in den Markt eindringen.
- In die Beschreibung der Geschäftsidee gehört auch die Vorhersage der Reaktionen von Mitbewerbern. Ist mit geringer Gegenwehr vieler kleiner Konkurrenten zu rechnen? Oder ist ein großer Schlag des marktbeherrschenden Anbieters wahrscheinlich?
- Bereits bei der Definition der Geschäftsidee muss geprüft werden, ob die Idee eine heftige Reaktion aus dem Kreis der Mitbewerber aushält oder ob bestimmte Reaktionen das Aus für das neue Unternehmen herbeiführen können.

TIPP

Um die Belastbarkeit der eigenen Geschäftsidee gegen die etablierten Anbieter auf dem Markt zu prüfen, ist es sinnvoll, die Stärken und Schwächen der Anbieter einzuschätzen und systematisch zu bewerten. Dazu können Sie die folgende Tabelle verwenden:

Stärken und Schwächen	eigenes Angebot	Mitbewerber 1	Mitbewerber 2	Mitbewerber 3
Preis	stark	schwach	schwach	neutral
Qualität	neutral	stark	neutral	neutral
Service	stark	stark	stark	stark
Sicherheit	schwach	stark	stark	schwach
Marketing	schwach	stark	schwach	schwach
usw.				

Tab. 3: Stärken und Schwächen der Anbieter

Bei einer ehrlichen Betrachtung der Stärken und Schwächen wird schnell klar, wo die Geschäftsidee noch optimiert werden muss.

1.2.3 Wie ist die wirtschaftliche Tragfähigkeit der Geschäftsidee?

Die Geschäftsidee besteht zum großen Teil aus den Träumen des Existenzgründers. Schöne Ideen fördern die Selbstverwirklichung und beinhalten die Wunschvorstellungen der betroffenen Menschen. In der Realität kann niemand von Träumen leben. Nur die wirtschaftliche Tragfähigkeit der Idee sichert das Überleben. Damit es für Sie kein böses Erwachen gibt, müssen Sie so früh wie möglich die Wirtschaftlichkeit Ihrer Idee abschätzen.

An dieser Stelle wird nur grob geprüft, ob die Geschäftsidee wirtschaftlich tragfähig sein kann. Wird hier bereits klar, dass nicht genug Erfolg erwirtschaftet werden kann, muss die Idee angepasst oder aufgegeben werden. Später werden wir noch wesentlich detaillierter rechnen und einen Businessplan aufstellen. Dabei kann es trotz eines zunächst positiven Ergebnisses zu einer negativen Gesamtbeurteilung Ihrer Idee kommen.

Der Preis der Leistung

Als erstes wird der Preis bestimmt, der für die Leistung erzielt werden kann. Den Ausgangspunkt bildet der derzeitige Marktpreis für vergleichbare Produkte und Dienstleistungen. Dabei müssen sinkende Preise aufgrund von Wettbewerberreaktionen einkalkuliert werden. Der langfristig erzielbare Wert bildet die Grundlage für die Berechnung.

! **ACHTUNG**

Denken Sie daran, dass Umsatz nicht gleich Erlös ist. Sie müssen vom Bruttopreis die Mehrwertsteuer abführen und Nachlässe wie Rabatte und Skonti berücksichtigen. Nur das, was wirklich in Ihrer Kasse bleibt, ist Ihr Erlös.

Die Kosten des Produktes

Ein Handelsunternehmen muss Produkte beschaffen, ein Fertigungsunternehmen stellt Produkte her, ein Dienstleistungsunternehmen muss die verkaufsfähige Leistung mit Menschen erbringen. Dadurch entstehen Kosten. Diese Beschaffungs- bzw. Herstellkosten müssen geschätzt werden. Dabei geht es um die direkten Kosten, die mit der Leistung in engem Zusammenhang stehen.

- Die Beschaffungskosten für Kaufteile beinhalten den Kaufpreis der Teile und Nebenkosten wie z. B. den Transport, die Versicherung und die externe Lagerung. Auch Zollabgaben müssen dazugerechnet werden. Die Kosten der Einkaufsabteilung können auf die Beschaffungskosten aufgeschlagen werden.
- Die Herstellkosten bestehen aus den Kosten des eingesetzten Materials und aus den Kosten der Fertigung. Die Fertigungskosten wiederum beinhalten die direkten Lohnkosten und die Kosten für Fertigungsmaschinen, Fertigungsgebäude usw. Auch Konstruktionskosten können mit einbezogen werden.
- Die Kosten für Dienstleistungen müssen mit den Gehältern der Beschäftigten, den Gebäudekosten, den Reisekosten, den Ausbildungskosten usw. bewertet werden.

Wie Sie die direkten Kosten exakt errechnen und daraus Ihre Verkaufspreise ermitteln, erfahren Sie in Kapitel 3.3. An dieser Stelle geht es um eine qualifizierte Schätzung der Kosten, die bereits eine hohe Wahrscheinlichkeit aufweist. Hierbei ist die Erfahrung des Existenzgründers gefragt.

Der Deckungsbeitrag des Produktes

Werden vom erzielbaren Preis pro Produkt die Kosten des Produktes abgezogen, entsteht der Deckungsbeitrag des Produktes. Er dient dazu, alle übrigen (indirekten) Kosten zu decken. Die Höhe des Deckungsbeitrages gibt einen ersten Hinweis auf die Profitabilität der Idee. Ergeben sich bereits an dieser Stelle negative Zahlen, führt das zwangsläufig in den Ruin.

> **BEISPIEL**
>
> Jürgen Munster möchte ein Beratungsbüro eröffnen, um kleine und mittlere Unternehmen in Controllingfragen zu beraten. Er plant, zunächst alleine zu arbeiten. Für die Beratung von Unternehmen der genannten Zielgruppe werden derzeit zwischen 750 € und 1.000 € pro Tag bezahlt. Herr Munster glaubt, dass er langfristig 800 € pro Beratungstag erzielen kann. An Kosten für sein Gehalt (brutto, Sozialabgaben, Urlaub) fallen ca. 5.000 € pro Monat an. 10 % Reisekosten kommen hinzu. Da er davon ausgeht, dass er 10 Tage pro Monat als Beratungstage verkaufen kann, entstehen für Jürgen Munster 550 € direkte Kosten pro Beratungstag.
> Für eine Einheit des Produktes „Beratung" errechnet sich also ein Deckungsbeitrag von 800 € — 550 € = 250 € pro Tag.

Der Absatz

Als nächste Größe muss der zukünftige Absatz, also die Menge der verkauften Leistung über einen bestimmten Zeitraum (in der Regel ein Jahr) ermittelt werden. Diese Menge wird mit dem Deckungsbeitrag pro Stück multipliziert, sodass ein Gesamtdeckungsbeitrag entsteht.

> **BEISPIEL**
>
> Wenn Jürgen Munster mit 10 Tagen Beratung pro Monat rechnet, kommt er auf 120 Tage pro Jahr. Das wiederum ergibt einen Gesamtdeckungsbeitrag von 30.000 € (120 Tage x 250 €/Tag).

Checkliste	
Wie viele potenzielle Kunden gibt es in Ihrem Einzugsbereich?	1.000
Wie viele davon können Sie für Ihre Unternehmen gewinnen?	40
Wie hoch ist der durchschnittliche Bedarf eines Kunden für Ihre Leistung?	30
Multiplizieren Sie die Anzahl Ihrer Kunden mit dem durchschnittlichen Bedarf, um den Gesamtabsatz zu erhalten.	120
Multiplizieren Sie den Gesamtabsatz mit dem Deckungsbeitrag pro Produkt und Sie erhalten den Gesamtdeckungsbeitrag.	120 x 250 = 30.000

Die Tragfähigkeit

Als letztes werden an dieser Stelle alle Kosten benötigt, die dem Produkt nicht direkt zugeordnet werden können. Die sogenannten Gemeinkosten oder indirekten Kosten bestehen z. B. aus der Miete, den Fahrzeugkosten, den Energiekosten, den Computerkosten, den Kosten für Versicherungen und Werbung. Für die erste Berechnung können Sie auf branchenübliche Durchschnittswerte zurückgreifen.

▶ **BEISPIEL**

Kosten einer Kunstgalerie pro Jahr:

25.000 €	Miete
40.000 €	Gehalt des Galeristen
30.000 €	Gehalt der Mitarbeiter
5.000 €	Ausstellungskosten
20.000 €	sonstige Kosten

Damit entstehen 120.000 € Kosten pro Jahr. Wurde zuvor ein Deckungsbeitrag von mehr als 120.000 € pro Jahr errechnet, scheint die Idee zunächst tragfähig zu sein.

Die Gesamtsumme der Gemeinkosten muss durch den errechneten Deckungsbeitrag bezahlt werden. Gelingt das, ist die Idee mit hoher Wahrscheinlichkeit wirtschaftlich tragfähig.

▶ **BEISPIEL**

Ein Beispiel für eine schnell zu den Akten gelegte Idee zeigt die folgende Rechnung für einen Brötchenlieferdienst:

Der Brötchenlieferdienst sollte in einer Stadt mit 30.000 Einwohnern gegründet werden. Es wurde davon ausgegangen, dass sich 0,1 % aller Einwohner täglich Brötchen liefern lassen und dass sie dabei durchschnittlich 1,5 Brötchen pro Tag abnehmen werden. Pro Brötchen wird ein Aufschlag von maximal 0,10 € akzeptiert. Das ergibt einen Erlös von 300 Einwohner x 1,5 Brötchen pro Tag x 0,10 € pro Brötchen = 45,00 € pro Tag.

Da davon die Fahrtkosten, die Verwaltung und das Gehalt hätten bezahlt werden müssen, ist die Unwirtschaftlichkeit der Idee sehr offensichtlich.

1.3   Wer hilft Ihnen weiter?

Der Existenzgründer ist ein Experte auf seinem Fachgebiet, sonst würde er den Schritt in die Selbstständigkeit nicht wagen. Doch nicht jeder Fachmann ist auch gleichzeitig ein Experte für Unternehmensgründungen und für die Führung eines Unternehmens. Wer über ausreichende wirtschaftliche Kenntnisse verfügt, kann es alleine wagen. Alle anderen benötigen professionelle Hilfe.

Prüfen Sie auch Ihre kaufmännischen Fähigkeiten äußerst gewissenhaft. Um als Unternehmer bestehen zu können, müssen Sie zumindest Grundkenntnisse haben. Sie müssen aber keine detaillierten Kenntnisse zur Unternehmensgründung und zur Buchhaltung nachweisen. Fehlen Ihnen Kenntnisse in diesen Bereichen sollten Sie allerdings auf externe Hilfe zurückgreifen und die Kosten dafür von Anfang an einplanen.

Falsche Hilfe ist schlechter als keine Hilfe. Darum gehört es zu einer der ersten Aufgaben des Existenzgründers, seine externen Helfer sorgfältig auszuwählen. Dazu gehört es auch, sich schnell wieder von einem Helfer zu trennen, wenn die Zusammenarbeit nicht funktioniert oder die Leistung des Helfers nicht ausreichend ist.

1.3.1   Die Gründungsberater

Die Gründungswelle der letzten Jahre hat dazu geführt, dass eine große Nachfrage nach spezieller Hilfe in der Gründungsphase entstanden ist. Darum haben sich nicht wenige Unternehmensberater auf Kunden spezialisiert, die sich selbstständig machen wollen.

Gründungsberater sind stark spezialisiert auf die Unterstützung in jeder Phase der Unternehmensgründung, von der ersten Idee bis hin zur Eröffnung und darüber hinaus. Manche helfen sogar bei der Ideenfindung. Für Gründungsberater typisch sind die folgenden Aufgaben:

- Prüfung der Qualifikation des Existenzgründers,
- Prüfung der Geschäftsidee,
- Analyse der grundsätzlichen Machbarkeit,
- Aufstellen des Businessplans,
- Planen und Umsetzen der Gründungsfinanzierung (inkl. Fördermittel),
- Beratung in Fragen der Rechtsform, des Standortes usw.,
- Unterstützung bei der Anmeldung bei Behörden,
- Aufstellen des Marketingplans,
- Planung der Eröffnung.

Binden Sie den Berater auch in die praktische Umsetzung ein. Nehmen Sie ihn z. B. mit zum Bankengespräch und lassen Sie ihn die Idee mitvertreten. Dadurch erreichen Sie, dass der Gründungsberater praxisorientierte Vorschläge macht und sich nicht aus der Verantwortung stiehlt.

Ein Gründungsberater muss seinen Klienten verstehen. Deshalb sollte er bereits Erfahrungen in der Gründung von Unternehmen der gleichen Branche und einer vergleichbaren Größe gesammelt haben.

Eine hohe Empfehlungsrate erhöht die Wahrscheinlichkeit, einen guten Partner zu finden. Empfehlungen gibt es von den Industrie- und Handelskammern, von Handwerkskammern und anderen Verbänden. Im Internet finden sich weitere Beraterbörsen; z. B. auf den Seiten des Bundes Deutscher Unternehmensberater e. V. (www.bdu.de) und des Rationalisierungs- und Innovationszentrums der Deutschen Wirtschaft e. V. (www.rkw.de). Die KfW Bank hat die für eine Beratungsförderung zugelassenen Gründungsberater zertifiziert. Eine Liste der zugelassenen Berater findet sich unter https://beraterboerse. kfw.de/ im Internet.

● TIPP

Auch in Ihrer Nähe gibt es eine Gruppe von Jungunternehmern, einen Stammtisch von Selbstständigen oder andere Gruppen, die Erfahrungen mit Gründungsberatern gemacht haben. Besuchen Sie solche Gruppen und bitten Sie sie um Empfehlungen. Das ist meistens erfolgreich.

Viele Gründungsberater sind auch aktiv auf dem Ausbildungsmarkt tätig und bieten Seminare zur Existenzgründung an. Solche Seminare versorgen mögliche Existenzgründer mit ersten Informationen. Sie bieten aber auch die Chance, den Gründungsberater kennenzulernen und eine mögliche Zusammenarbeit zu prüfen. Veranstalter solcher Seminare sind häufig die lokal zuständige IHK oder die Handwerkskammer.

Die großen, renommierten Unternehmensberatungen bieten als eine ihrer Leistungen auch die Gründungsberatung an. Wenn Sie dieses Angebot nutzen wollen, stellen Sie sicher, dass Sie individuell betreut werden und keine Beratung „von der Stange" kaufen. Große Unternehmensberatungen haben oft standardisierte Vorgehensweisen ausgearbeitet, die sehr gut in die Abläufe und Strukturen der Beratungsfirmen, nicht aber zu kleinen Gründungsvorhaben passen.

Unternehmensberater kosten in der Regel viel Geld, mehr als sich viele Existenzgründer vorstellen. Gründungsberater haben sich auf neue und damit auf kleine Unternehmen spezialisiert. Als eine Folge davon rechnen sie meistens moderate Tagessätze ab. 1.000 € pro Tag werden an der oberen Grenze verlangt. Zu den Tagessätzen kommen noch Nebenkosten wie Reisekosten, Kommunikationskosten, Bürozuschläge usw. Wenn möglich, sollte ein Fixpreis mit dem Gründungsberater vereinbart werden, der alle Tagessätze und Nebenkosten umfasst. Die zu erbringende Leistung ist ebenfalls zu definieren.

Gründungsberatung wird gefördert. Die Höhe und die Art der Förderung hängt vom Bundesland ab. So fördert z. B. Nordrhein-Westfalen die Beratung zurzeit mit einen Zuschuss von 50 % zu den Beratungskosten, maximal jedoch mit einem Zuschuss von 400 € pro Beratungstag. Insgesamt werden maximal vier Beratungstage bei einer Neugründung oder einer Beteiligung an einem Unternehmen bzw. sechs Beratungstage bei einer Betriebsübernahme gefördert. Weitere Bedingungen werden gestellt. In anderen Bundesländern gibt es zum Teil ähnliche Bedingungen, zum Teil aber auch vollkommen andere Strukturen. Zuständig ist das Bundesland, in dem das Unternehmen gegründet wird, nicht das Bundesland, in dem der Existenzgründer seinen Wohnsitz hat.

TIPP

Da noch weitere Bedingungen an die genannte Förderung gestellt werden, ist es sinnvoll, wenn Sie vor der eigentlichen Beratung die Förderfähigkeit durch Ihren Gründungsberater selbst prüfen lassen. Der Gründungsberater kann dann auch die unterschiedlichen Programme der Bundesländer miteinbeziehen. Lassen Sie sich von Ihrem Berater die Förderung seiner Leistung schriftlich bestätigen.

Weitere Informationen zur Förderung von Gründungsberatungen finden Sie im Internet. Dort sind auch Informationen zur Förderung von Teilnahmen an vorbereitenden Seminaren und Workshops zu finden: www.existenzgruender.de/beratung_und_adressen/foerderung_exgr/index. php

1.3.2 Der Steuerberater

Mindestens einen Berater werden Sie auch nach der Gründung noch in Anspruch nehmen: den Steuerberater. Der Steuerberater ist auf Steuerthemen spezialisiert. Viele Steuerberater haben aber auch die Beratung kleiner Unternehmen in wirtschaftlichen Fragen in ihr Angebot aufgenommen. Viele haben so auch Erfahrungen mit Existenzgründungen gesammelt, die genutzt werden können. Da eine Beratung in Steuerfragen und auch in wirtschaftlichen Angelegenheiten in der Zukunft notwendig sein wird, spricht alles für den Einsatz eines Steuerberaters auch während der Gründungsphase.

Die Aufgabe des Steuerberaters muss den Phasen der Gründung und des normalen Geschäftes zugeordnet werden.

- Während der Gründungsphase hat die Beratung die gleichen Inhalte wie die eines reinen Gründungsberaters. Dass die Sichtweise auf die steuerliche Optimierung gerichtet ist, sollte nicht wirklich stören.
- Nach der Gründung (also im späteren, normalen Geschäftsverlauf) unterstützt Sie der Steuerberater bei allen Steuerangelegenheiten, von den monatlichen Umsatzsteueranmeldungen über die Lohnsteuerzahlungen bis hin zur Steuererklärung des Unternehmens.
- Auch nach der Gründung werden wirtschaftlich komplexe Fragen vom Unternehmer gestellt werden. Auch sie kann der Steuerberater klären.
- Als Dienstleistung kann der Steuerberater auch die Buchhaltung des jungen Unternehmens übernehmen. Wenn der Umfang noch nicht sehr groß ist und wenn die finanziellen Ergebnisse nicht umgehend benötigt werden, kann die fehlende Kenntnis des Existenzgründers in Fragen der Buchhaltung auf diese Weise flexibel und preiswert ausgeglichen werden.
- Das gilt auch für die Durchführung der Gehaltsabrechnung für eventuelle Mitarbeiter des neuen Unternehmens, die der Steuerberater gerne übernimmt. So spart sich das neue Unternehmen den Einkauf von Kenntnissen eines Mitarbeiters im Bereich der Lohn- und Gehaltsabrechnung.

Da die Verbindung mit dem Steuerberater möglichst lange halten soll, muss die Auswahl mit großer Sorgfalt durchgeführt werden:

- Der Steuerberater sollte Erfahrungen mit Unternehmen der gleichen Branche und einer ähnlichen Unternehmensgröße haben.
- Private Erfahrungen, die der Existenzgründer mit dem Steuerberater macht, spielt eine wichtige Rolle. Stimmt die Chemie? Ist die Zusammenarbeit fruchtbar?
- Prüfen Sie, ob Ihr Steuerberater wirklich Erfahrungen in der Beratung von Unternehmen hat. Hat er sich bisher vorwiegend um Privatkunden gekümmert, fehlt ihm in der Regel die Routine, um Unternehmen schnell und optimal zu beraten.
- Mit der Zeit werden sie seltener, aber es gibt sie noch: persönliche Kontakte zwischen dem Steuerberater und dem Mandanten. Um den Aufwand möglichst zu reduzieren, sollten Steuerberater und Unternehmen

nicht zu weit voneinander entfernt sein. Die räumliche Nähe sorgt auch dafür, dass der Berater Entwicklungen am Standort (in der Gemeinde) mit in seine Beratung einbeziehen kann.

●	**TIPP**

Auch die Kosten sind ein wichtiger Parameter bei der Wahl des Steuer-beraters. Deshalb machen Sie von vornherein klar, welche Leistungen er Ihrem Unternehmen in Zukunft verkaufen kann. Je größer das Auftrags-volumen ist, desto eher wird Ihr Steuerberater zu Preiszugeständnissen bei der Gründungsberatung bereit sein.

- Steuerberater sind gehalten, ihre Leistungen nach der jeweils gültigen Ge-bührentabelle abzurechnen.
- In der Praxis ist es jedoch üblich, mit dem Steuerberater individuelle Preis-vereinbarungen für unterschiedliche Leistungen (z. B. den Steuerabschluss inkl. Steuererklärung, die Buchhaltung und/oder die Personalabrechnung) zu treffen.
- Die reine Gründungsberatung wird meistens über Tagessätze abgerech-net, die unter denen der Gründungsberater liegen.
- Für die spätere Betreuung in wirtschaftlichen Fragen kann eine pauschale Zahlung (z. B. pro Monat) vereinbart werden. Dabei sollte aber der Um-fang der damit bezahlten Aktivitäten beschrieben werden. Sonst gibt es in der Zukunft immer Konfliktpotenzial.

1.3.3 Weitere Stellen

Existenzgründer sind die Hoffnung vieler Politiker im Bund, in den Ländern und in den Gemeinden. Darum haben die Politiker dafür gesorgt, dass um-fangreiche Hilfen an vielen Stellen geboten werden. Dadurch ist ein unüber-sichtlicher Wust von Hilfsangeboten entstanden, die alle sicherlich gut ge-meint sind. Oft sind diese Angebote leider gut versteckt und nur zufällig zu finden. Eine unvollständige Aufzählung finden Sie hier:

- Die Industrie- und Handelskammern bieten umfangreiche Hilfen an (u. a. Gründungsseminare, Vermittlung von Beratern, Informationsmaterialien).

Ihre zuständige IHK finden Sie auf der Website des Deutschen Industrie- und Handelskammertages: www.dihk.de.

- Die Handwerkskammern sind Ansprechpartner für Handwerker, die sich selbstständig machen möchten. Neben der Meisterausbildung bieten auch sie umfangreiche Hilfestellungen für Existenzgründer. Der Zentralverband des Deutschen Handwerks vermittelt die Adressen der zuständigen Handwerkskammer: www.zdh.de.

- Unternehmensverbände und die Verbände für freie Berufe bieten ebenfalls Unterstützung an.

- Die KfW-Bankengruppe unterhält bundesweit drei Beratungszentren und hält Beratungssprechtage an ca. 50 Standorten in ganz Deutschland ab. Informationen finden Sie unter www.kfw.de.

- In vielen Städten, Gemeinden und Kreisen gibt es Gründungszentren, Gründerstammtische und andere Zusammenschlüsse, die Hilfe leisten und in denen Informationen ausgetauscht werden.

- Für spezielle Aufgaben können spezielle Partner gefunden werden. Die Gestaltung des Marktauftritts übernimmt eine Marketingagentur, die Geschäftseinrichtung plant ein Innenarchitekt, die IT-Planung wird von IT-Dienstleistern gerne übernommen.

TIPP

Vergessen Sie nicht Ihre Familie und Ihre Freunde. Sie können Ihnen zumindest moralische Unterstützung bieten. Oft finden sich in der Familie und unter den Freunden auch Experten für so manche Aufgabe, die sich in der Gründungsphase ergibt und die Sie gerne von jemandem erledigen lassen würden.

2 Die Positionierung des Unternehmens

Nachdem nun feststeht, dass Sie persönlich dazu geeignet sind, ein Unternehmen zu führen, und dass Ihre Geschäftsidee eine gute Chance auf Erfolg hat, steht die Planung des Vorhabens (vielleicht mithilfe von Beratern) auf dem Programm. Dabei muss die Geschäftsidee noch weiter analysiert werden. Erste Entscheidungen zum Angebot, zu den Kunden und zum Standort müssen gefällt werden.

Das Angebot Ihres Unternehmens muss detailliert festgelegt werden. Das ist besonders wichtig, weil heutzutage kaum noch jemand die Zeit und das Kapital für Versuche hat.

Nur eine konsequente Ausrichtung der unternehmerischen Aktivitäten auf die Zielgruppe verspricht Erfolg. Darum ist die Definition der Kundengruppe, die das Angebot annehmen soll, ein wichtiger Schritt in die Selbstständigkeit.

Je nach Branche hat der Standort einen großen Einfluss auf die Akzeptanz der Kunden. Deshalb darf der Zufall bei der Wahl des Standorts keine Rolle spielen. Das gilt zwar insbesondere für den Einzelhandel, die Wahl des Standorts hat aber auch Auswirkungen auf Heilberufler, Dienstleister und andere Unternehmer.

„You never get a second chance to make a first impression!" Dieses englische Sprichwort gilt auch für Unternehmen. Die Kommunikation mit den Kunden muss von vornherein richtig funktionieren. Deshalb gehört die Marketingstrategie zu den ersten Dingen, die in der Gründungsphase festgelegt werden müssen.

Bislang haben wir über das Planen und Prüfen dessen geredet, was möglich ist. Jetzt ist es an der Zeit, erste Entscheidungen zu fällen. Sie bestimmen bereits jetzt das Gesicht Ihres Unternehmens und stellen die Weichen für den Erfolg Ihrer Existenzgründung.

2.1 Das erfolgreiche Angebot

Eine Geschäftsidee beinhaltet immer ein oder mehrere Produkte, die den Kunden angeboten werden sollen. Damit dieses Angebot bei den Kunden ankommt, ist es notwendig, den Markt zu kennen, die Bedürfnisse des Kunden zu untersuchen und das Angebot auf diese Bedürfnisse auszurichten. Nur Produkte und Leistungen, die dem Kunden einen wirklichen Nutzen bringen, garantieren einen langfristigen Erfolg.

▶ **BEISPIEL**

Axel Meyerlamm hat immer noch sehr gute Kontakte zu einer Kaffeeplantage in Brasilien, die ein hervorragendes Kaffeesortiment anbietet. Dieses Kaffeesortiment sollte von ihm in Deutschland exklusiv vermarktet werden. Die Zielgruppe bestand aus exklusiven Feinkostgeschäften, Kaffeeläden und ambitionierten Caféhäusern. Zunächst war das Interesse an der neuen, exklusiven Bohne sehr groß, doch auf die ersten Testkäufe folgten — trotz sehr guter Kritiken — keine ausreichenden Nachbestellungen. Eine Nachfrage bei einigen der Kunden ergab, dass sie von Meyerlamm nicht nur den einen Kaffee kaufen wollten. Ihnen fehlten andere Sorten und Zubehör. Zusätzliche Lieferanten verursachen bei den Abnehmern zusätzliche Kosten und spalten die Einkaufsmacht. Deshalb kaufen die Kunden — trotz sehr guter Produktqualität — lieber bei Lieferanten, die ein komplettes Sortiment anbieten, auch wenn dabei ein gutes Produkt unvermarktet bleibt.

Jetzt nutzen Herrn Meyerlamm seine Kontakte zur brasilianischen Kaffeeplantage nichts mehr. Die Mitbewerber in Deutschland haben längst reagiert und ähnliche Sorten in ihr Angebot aufgenommen. An einer Zusammenarbeit mit dem Existenzgründer waren die Mitbewerber nicht interessiert. Eine verfehlte Sortimentspolitik hat der Existenzgründung von Herrn Meyerlamm den Erfolg genommen.

2.1.1 Was ist Ihr Markt?

Stellen Sie fest, wie groß Ihr Markt ist. Nur die in diesem Markt vorhandenen Kunden können Ihre Produkte kaufen und stehen als Potenzial für das neue Unternehmen zur Verfügung.

- Eine regionale Begrenzung des Betätigungsfeldes muss für jedes neue Unternehmen festgelegt werden. Es ist einleuchtend, dass der Erfolg des neuen Unternehmens davon abhängt, ob sich der Unternehmer lokal, regional, überregional, bundesweit oder weltweit betätigen will. Der reine Wille des Existenzgründers muss auf die tatsächlichen Möglichkeiten abgestimmt werden. In aller Regel fangen neue Unternehmen klein an, halten sich aber Wachstumschancen offen. Der regionale Einzugsbereich hängt aber nicht nur vom Willen des Existenzgründers, sondern auch von der Branche ab. Einzelhändler und Freiberufler beginnen meistens in der eigenen Stadt, Fertigungsunternehmen haben dagegen bereits zu Beginn ein größeres Einzugsgebiet.

TIPP

Sollte sich herausstellen, dass das Umsatzpotenzial in der gewählten Region zu klein ist, kann der Einzugsbereich erweitert werden. Dabei fallen zusätzliche Kosten für Werbung, Fahrten, Transporte usw. an. Neue Wettbewerber und regionale Kundenwünsche müssen analysiert werden. Das ist im Businessplan zu berücksichtigen.

- Auf der Basis der regionalen Abgrenzung lassen sich die potenziellen Kunden des Unternehmens ermitteln. Wie viele mögliche Kunden decken ihren Bedarf im festgelegten Einzugsgebiet?
- Welchen Bedarf hat ein Kunde im Durchschnitt? Dieser Wert bestimmt, wenn man ihn mit der Anzahl der potenziellen Kunden multipliziert, den Markt des neuen Unternehmens. Diesen Markt muss sich das neue Unternehmen allerdings mit potenziellen Wettbewerbern teilen. Vor diesem Hintergrund lässt sich der maximal mögliche Umsatzerfolg berechnen.

> **! ACHTUNG**
>
> Auch wenn es schwer ist, den Markt Ihres Unternehmens zu definieren, müssen Sie das möglichst genau tun. Verlassen Sie sich nicht darauf, dass gerade für Ihr Angebot ein Markt dann da ist, wenn Sie ihn brauchen. Es ist sehr schwer, Märkte selbst zu schaffen, also genügend Nachfrage zu erzeugen. Das ist zwar möglich, verlangt aber Erfahrung, Zeit und Kapital. Das alles sind Dinge, die einem jungen Unternehmen in der Regel noch fehlen.

2.1.2 Wer sind die Mitbewerber?

ARBEITSHILFE
ONLINE

Der Existenzgründer muss von den vorhandenen Mitbewerbern im definierten Markt lernen. Wie die Mitbewerber ihr Angebot gestalten, gibt wertvolle Hinweise darauf, was die Kunden verlangen. Es ist an dieser Stelle unumgänglich, eine systematische Aufstellung aller Mitbewerber zu machen. Das geschieht am einfachsten mit der folgenden Tabelle. Sie finden diese Tabelle auf unserem Portal „Arbeitshilfen online". Nutzen Sie deren Flexibilität und ergänzen Sie wichtige Parameter Ihrer Branche, um eine exakte Übersicht zu erhalten.

Wettbewerberübersicht							
lfd. Nr.	Name des Wettbe- werbers	Adresse	Alter des Unter- nehmens	Umsatz pro Jahr (geschätzt)	Stärken	Schwächen	Angebot
1	Werner GmbH	Bahnhofstr. 6 48153 Münster	18 Jahre	1,5 Mio. €	Erfahrung Kunden- stamm	Arroganz	Kunst, mittlere Preislage Rahmung Beratung beim Kunden Ausstellungsorganisation
2							
3							
4	Identifizieren Sie Ihre Mitbewerber exakt und ermitteln Sie die genaue Firmenbezeichnung und Adresse.		Je älter das Unternehmen, desto mehr Erfahrung können Sie voraussetzen	Der Umsatz ergibt die Markt- macht des Wett- bewerbers. Möglichst ge- nau schätzen!	Stärken und Schwächen zeigen Angriffsmöglichkeiten im Kampf um Marktanteile.		Das Angebot der Mitbewerber zeigt, was die Kunden wünschen.
5							
6							

Abb. 1: Tabelle Wettbewerberübersicht

- Ermitteln Sie die exakten Firmenbezeichnungen und Anschriften. Damit können Sie Ihre Mitbewerber genau identifizieren und zuordnen. Wichtig ist auch, dass Sie die Besitzverhältnisse der Mitbewerber ermitteln, um ihre finanzielle Möglichkeiten besser einschätzen zu können.
- Der Umsatz und das Alter eines Mitbewerbers gibt Ihnen die Möglichkeit, seine Marktbedeutung und Marktmacht einzuschätzen. Außerdem erkennen Sie, wie gefährlich Ihr neues Unternehmen für den Konkurrenten ist.
- Die Stärken und Schwächen der Mitbewerber zeigen Ihnen, wo Ihr neues Unternehmen besser oder schlechter ist als die vorhandenen Mitbewerber. Sie erhalten hierdurch wertvolle Anhaltspunkte für den Kampf um Marktanteile.
- Das Angebot der Mitbewerber spiegelt das Kaufverhalten der Kunden in den letzten Jahren wider. Dadurch können Sie erkennen, was die Kunden wollen. Sich gegen Kundenwünsche zu wehren, ist für die meisten neu gegründeten Unternehmen unmöglich.

TIPP

Über die wirtschaftliche Situation Ihrer Mitbewerber können Sie sich detailliert informieren, wenn es sich um Kapitalgesellschaften handelt. Diese müssen ihre Jahresabschlüsse, ab einer bestimmten Größe mit Gewinn- und Verlustrechnung, Bilanz und Lagebericht, im Internet veröffentlichen. Sie finden die Informationen unter www.bundesanzeiger.de. Hier können Sie auch wichtige Informationen für Ihre Gründungsplanung erhalten.

2.1.3   Das Angebot anpassen

Letztlich bestimmt der Kunde den Erfolg jedes Unternehmens. Der Kunde kauft (von wenigen speziellen Situationen abgesehen), was er möchte und was seinen Bedarf deckt. Einem Unternehmen bleibt nichts anderes übrig, als sich dem anzupassen. Die entscheidende Frage an dieser Stelle der Existenzgründung ist also, was der Kunde will.

- Der Kunde will preiswert einkaufen. Der Preis einer Leistung muss immer im Zusammenhang mit den Parametern ‚Qualität', ‚Service' und ‚Emotionen' betrachtet werden. Ihr neues Unternehmen muss seine Preise so bestimmen, dass der Kunde sie als fair erkennt.
Nicht nur der private Endverbraucher prüft den Preis einer Leistung hinsichtlich der Qualität, des Services und seiner Emotionen. Auch der gewerbliche Einkäufer handelt so. Seine Ansprüche an die Qualität, die Definition des Services und die Emotionen sind aber anders. So kann der Endverbraucher z. B. durch eine besondere Atmosphäre im Geschäft zum Kauf verleitet werden, der professionelle Einkäufer eines Industrieunternehmens wird dagegen durch die persönliche Beziehung zum Verkäufer emotional beeindruckt.

- Das Produkt muss den vom Kunden geforderten Qualitätsansprüchen genügen. Die Lebensdauer, die Bedienung, die Funktionen, der Leistungsumfang und auch das Aussehen von Produkten fließen in die Beurteilung mit ein. Bei einer Dienstleistung (z. B. bei einer Unternehmensberatung oder bei einer Heilbehandlung) steht der Erfolg der Leistung im Zentrum der Qualitätsbeurteilung. Ist die Beratung oder die Behandlung erfolgreich, dann ist die Qualität gut, ist sie es nicht, wird ihre Qualität als schlecht eingestuft.

- Aus dem Parameter ‚Bequemlichkeit' ergibt sich die am weitesten reichende Forderung an das Angebot des Unternehmens. Jeder Mensch verhält sich ökonomisch und will seine Ziele mit möglichst geringem Aufwand erreichen. Das Stichwort „One-Stopp-Shopping" bietet nicht nur im Einzelhandel Vorteile für den Käufer. Im gewerblichen Einkauf spielen Kosteneinsparungen im Beschaffungsprozess eine noch viel wichtigere Rolle.

▶ **BEISPIEL**

Durch die Reduzierung der Lieferanten von 120 auf 75 konnte Hartmut Werner, Einkäufer in einem mittelständischem Industrieunternehmen, seine Prozesskosten erheblich senken. Die Konzentration auf weniger Lieferanten verkürzt die Einkaufsverhandlungen und reduziert den Bestell- und Dispositionsaufwand. Auch die Verhandlungsposition gegenüber den verbliebenen Lieferanten verbessert sich, weil bei weniger Lieferanten größere Volumina nachgefragt werden. Hierdurch können mitunter auch die Einkaufspreise erheblich gesenkt werden.

> **● TIPP**
>
> Sie müssen sich in die Lage Ihrer Kunden versetzen. Ihre Kunden haben neben der Nachfrage nach Ihrem Produkt weitere Bedürfnisse (z. B. das Bedürfnis nach einer einfachen Abwicklung des Geschäftes). Wenn Sie diese Bedürfnisse verstehen, können Sie Ihr Angebot exakt auf sie abstimmen und erlangen einen Vorteil gegenüber Ihren Mitbewerbern.

Die Notwendigkeit, den Kunden so wenig wie nur möglich zu belasten, führt zu seiner weiteren Notwendigkeit: Sie sollten Ihr Kernsortiment bereits beim Start des Unternehmens erweitern. Nehmen Sie ergänzende Produkte in Ihr Sortiment auf, die der Kunde gleichzeitig benötigt und kauft. Ersatzteile sollten selbstverständlich zu Ihrem Angebot gehören, weil ansonsten der Nutzen des Produktes eingeschränkt ist. Außerdem gehören Service und Beratung zum Angebot dazu.

Beispiele für ein Produktportfolio		
	Beispiel 1: Einzelhandel	**Beispiel 2:** Dienstleistung
Kernprodukt	Teichtechnik	Gründungsberatung
ergänzende Produkte	Teichfolien Teichpflanzen Fische Teichanlage	Steuerberatung Coaching Expertenvermittlung
Ersatzteile	für Pumpen für Licht im Teich Reparaturset für die Teichfolie	Anpassung an veränderte Bedingungen Neugestaltung der Finanzierung
Beratung	Planung der Teichanlage	Förderung der Beratung
Service	Wasseruntersuchung Nachrüstung für Kindersicherheit Hilfe bei Fischkrankheiten	Dokumentation der Gründung Anmeldung bei Behörden Kontakte herstellen

2.2 Ihre Zielgruppe

Das Kundenpotenzial haben wir bereits ermittelt, indem wir den Tätigkeitsbereich Ihres Unternehmens regional eingegrenzt haben. Die Kunden bilden aber keine homogene Gruppe. Auf dem Markt agieren viele unterschiedliche Kundengruppen mit recht unterschiedlichen Ansprüchen, auch bezüglich der Produkte und Leistungen, die konsumiert werden.

- Manche Kunden akzeptieren nur niedrige Preise, andere sind auch bereit, mehr auszugeben.
- Die Qualität spielt bei manchen Käufern keine Rolle, andere verbringen viel Zeit damit, gute Qualität zu finden.
- Das unterschiedliche Kaufverhalten führt dazu, dass es Discounter, Fachgeschäfte und den Versandhandel gibt und dass alle Anbieter vergleichbare Produkte mit unterschiedlichen Parametern verkaufen können.
- Manche Kunden kaufen immer wieder kleine Mengen, andere besorgen sich immer große Vorräte.
- Produkte mit gutem Design werden bei anderen Kundengruppen abgesetzt als anspruchslose Produkte.

Über die Gründe für das unterschiedliche Kaufverhalten müssen Sie sich keine Gedanken machen, Sie haben darauf ohnehin keinen Einfluss. Sie müssen einfach akzeptieren, dass diese Unterschiede existieren, und Sie müssen versuchen, die Unterschiede für sich zu nutzen. Für Ihr Unternehmen bedeutet das unterschiedliche Kaufverhalten, dass Sie eine Klärung vornehmen müssen. Wer kauft Ihre Produkte? Wie kommen Ihre Produkte zum Kunden? Was will Ihr Kunde? Diese Fragen müssen Sie beantworten, um Ihr Unternehmen optimal auf dem Markt positionieren zu können.

2.2.1 Wer soll die Produkte Ihres Unternehmens kaufen?

Die in der gewählten Region vorhandenen Kunden müssen in Gruppen unterteilt werden, deren Gruppierungskriterien für das Verhalten der Käufer bestimmend sind. Die Kriterien, auf die Sie zurückgreifen, sind für private Endverbraucher anders als für gewerbliche Käufer.

- Bei privaten Endverbrauchern sind vor allem das Alter, das Geschlecht und das Einkommen für das Kaufverhalten spezifisch. Immer wichtiger wird auch der Parameter ‚persönliche Ansichten', und das vor allem beim Thema ‚Ökologie'.
- Im gewerblichen Absatz spielt vor allem die Art der Kunden (unterschieden z. B. nach Handelsunternehmen, Fertigungsunternehmen usw.) eine Rolle. Das Einkaufsverhalten variiert je nach Unternehmensgröße. Auch die Inhaberstruktur (z. B. Familienunternehmen, Konzerntochter etc.) muss berücksichtigt werden.

▶ **BEISPIELE**

An dieser Stelle wird der Einfluss, den die Kundengruppierung haben kann, anhand einiger Beispiele aufgezeigt. Je nach Branche und Produkt kann die Einordnung wichtig oder unwichtig sein.

Existenzgründung Galerie, Verkauf an Endverbraucher		
Kriterium	**Galerie A**	**Galerie B**
Region	Standort + 20 km Umkreis	Standort + 20 km Umkreis
Alter der Kunden	30 — 50 Jahre	50+ Jahre
Geschlecht	gleichgültig	gleichgültig
Familieneinkommen	mittel bis hoch	hoch
Einstellung	modern, aufgeschlossen, engagiert	traditionell, repräsentierend

Es ist einsichtig, dass bei einer Galerie das Alter, das Einkommen und die persönliche Einstellung eine wichtige Rolle spielen, bei der Auswahl der angebotenen Produkte, der Darstellung des Unternehmens und der Präsentation der Leistungen.

Existenzgründung Heilpraktiker		
Kriterium	**Heilpraktiker A**	**Heilpraktiker B**
Region	Standort + 20 km Umkreis	Standort + 20 km Umkreis
Alter der Kunden	0 — 100 Jahre	30+ Jahre
Geschlecht	gleichgültig	weiblich

Existenzgründung Heilpraktiker		
Kriterium	Heilpraktiker A	Heilpraktiker B
Familieneinkommen	mittel bis hoch	mittel bis hoch
Einstellung	ökologisch, verantwortungsbewusst	ökologisch, experimentierfreudig oder vorsichtig

Bei der Bestimmung der Zielgruppe eines Heilpraktikers spielen das Alter und die Einstellung eine Rolle, vielleicht auch das Geschlecht der Patienten, die bedient werden sollen.

Existenzgründung Importeur standardisierter Edelstahlbauteile		
Kriterium	Importeur A	Importeur B
Region	regional, Norddeutschland	EU-weit
Art der Kunden	Fertigungsunternehmen	Handelsunternehmen + Fertigungsunternehmen
Unternehmensgröße	klein und mittel	mittel und groß
Einkauf	enge Zusammenarbeit mit Lieferanten	preis- und mengenorientiert

Neben der Region spielt bei gewerblichen Kunden vor allem der Einkauf eine Rolle. Darüber hinaus bestimmen die Unternehmensgröße und die Kundenart das Angebot, die Preisfindung und die Lieferbedingungen.

2.2.2 So kommt das Produkt zum Kunden!

Mit der Entscheidung für die Zielgruppe, auf die das Angebot des neuen Unternehmens ausgerichtet sein soll, ist eine Entscheidung bezüglich der Vertriebswege zu treffen. Soll das Unternehmen direkt an den Verbraucher verkaufen oder soll der Handel den direkten Kontakt übernehmen? Wie soll das Unternehmen an den potenziellen Kunden herantreten? Diese Fragen stellen sich für jede Unternehmensform, in jeder Branche und für jede Unternehmensgröße.

Hat der Existenzgründer überhaupt eine Wahl?

Nein, denn es ist kaum möglich, einen Vertriebsweg einzurichten, der gegen die in der Branche herrschenden Verhältnisse verstößt.

Ja, denn es gibt durchaus parallele Wege und Möglichkeiten, auf der Teilstrecke zwischen dem Hersteller und dem Kunden eigene Vorstellungen umzusetzen.

- Im Einzelhandel scheint es keine Entscheidungsmöglichkeit bezüglich des Vertriebswegs zu geben. Der Verkäufer verkauft direkt an den Endverbraucher. Ein Teil der später noch zu besprechenden Standortentscheidung wird auch diesem Vertriebsweg zugeordnet.
  - Separate Baukörper mit verschiedener Ausstattung innerhalb einer Gemeinschaft
  - Sie als Existenzgründer haben die Möglichkeit, im Rahmen der Vertriebswegentscheidung
  - Ihr Geschäft alleine zu platzieren,
  - sich dort anzusiedeln, wo bereits ähnliche oder ergänzende Angebote vorhanden sind oder
  - sich als Shop-in-Shop in einem Einkaufszentrum einzumieten.

- Der Dienstleister kann seine Arbeit alleine verkaufen, einem Verband beitreten und diesen für die Kundengewinnung nutzen oder in einem Netzwerk von Kollegen arbeiten.
- Das Handwerk bietet sprichwörtlich goldenen Boden, auch für Einzelkämpfer. Vielleicht kommen bei einer Zusammenarbeit mit anderen Handwerkern, die sich gemeinsam ergänzen, einige Diamanten dazu.
- Die typische Vertriebswegentscheidung wird in der Industrie oder bei Importeuren getroffen. Hier ist die Auswahl am größten. Der Direktverkauf an den Endabnehmer steht in Konkurrenz zum Verkauf über den Großhandel oder über den Einzelhandel. Eine Form des Direktverkaufs ist der Versandhandel, der im Zusammenhang mit dem Internet immer beliebter wird.

Der Vertriebsweg entscheidet darüber, wie schnell und mit welchem Einfluss das Unternehmen seine Kunden erreichen kann. Je mehr Stellen zwischen dem Hersteller und dem Endverbraucher liegen, desto geringer ist der Einfluss, den der Hersteller direkt auf den Kunden ausüben kann, und desto länger ist der Weg, den das Produkt bis zum Kunden zurücklegt.

Kurze Vertriebswege verursachen mitunter die höchsten Kosten, weil der Hersteller oder der Importeur zusätzliche Funktionen ausübt, die sehr aufwändig sein können. Dafür erhält er allerdings einen größeren Anteil am Erlös.

Vertriebs-weg über Händler:	Her-stel-ler	Großhändler		Einzelhändler		Endver-brau-cher
Funktionen:	Her-stel-lung	Lage-rung	Ver-tei-lung	Lage-rung	Prä-sen-tation	Endver-brau-cher
Direkter Vertriebs-weg:	Hersteller					Endver-brau-cher

Abb. 2: Vertriebsweg vom Hersteller zum Endverbraucher

Erfolgt der Vertrieb über den Großhandel, übernimmt der Großhändler einen Teil der Lagerung und die Verteilung der Produkte an die Einzelhändler. Der Einzelhändler wiederum lagert die Produkte und präsentiert dem Endverbraucher das Angebot.

TIPP

Konzentrieren Sie sich auf das, was Sie gut können. Liegt Ihre Stärke in der Herstellung eines Produktes, müssen Sie es nicht direkt verkaufen. Können Sie gut mit Endverbrauchern umgehen, müssen Sie die Produkte, die Sie verkaufen, nicht selbst herstellen. Die Erfolgschance Ihrer Geschäftsidee ist umso größer, je mehr Sie sich auf Ihre Kernkompetenz konzentrieren.

BEISPIEL

Jürgen Sentrup hat gute Beziehungen zu einer tschechischen Fabrik für Blechspielzeug. Er will das Spielzeug nach Deutschland importieren und dort vertreiben. Dazu will er zwei Einzelhandelsgeschäfte in zwei Großstädten in Nordrhein-Westfalen eröffnen. Dadurch entstehen — neben den Kosten für den Wareneinkauf — Kosten für Mieten, Personal, Lager, Organisation und Werbung. Die Investitionen sind sehr hoch, das Risiko bei Nachfrageschwankungen auch. Dafür erfährt Jürgen Sentrup sofort, was seine Kunden wünschen, weil er im direkten Kontakt zu ihnen steht. Werner Weber, mit Kontakt zur gleichen Produktionsstätte wie oben, will das Blechspielzeug importieren und über den Spielzeuggroßhandel vertreiben. Er muss keine Einzelhandelsstrukturen aufbauen. Es reicht ihm, auf den großen Messen auszustellen und seine Kunden zwischen den Messen zu besuchen. Da die Ware direkt aus Tschechien geliefert wird, benötigt er nicht einmal ein Lager. Seine Investitionen sind wesentlich geringer, sein Risiko auch, weil er keine Einzelhandelsgeschäfte betreiben und kein Personal beschäftigen muss, wenn die Nachfrage nachlässt. Dafür erhält er weniger Marktinformationen, weil seine Informationen immer durch den Groß- und Einzelhändler gefiltert sind. Gleichzeitig fällt sein Erlös geringer aus als im Einzelhandel. Da er jedoch größere Mengen als Jürgen Sentrup bewegt, sind seine Einkaufspreise wesentlich besser.

Die Ansprüche Ihrer Kunden
Jedes Angebot wird vom Kunden mit seinen Ansprüchen abgeglichen. Dabei unterscheiden sich die Ansprüche privater Endverbraucher von den Ansprüchen gewerblicher Kunden. Ein Unternehmen muss die Ansprüche seiner Kunden kennen und bei der Gestaltung seines Angebots berücksichtigen, um erfolgreich zu werden und erfolgreich zu bleiben.

Private Kunden werden zunehmend preissensibel. Große Mengen können oft nur zu knapp kalkulierten Preisen verkauft werden. Der Endverbraucher vergleicht sehr genau, welche Qualität und welche Funktionen zu einem bestimmten Preis geboten werden.

Der Endverbraucher berücksichtigt beim Kauf auch die Qualität. Qualitätsbewusste Käufer sind dazu bereit, mehr zu zahlen. Immer öfter wird jedoch zugunsten eines niedrigen Preises eine geringere Qualität akzeptiert. Hohe Qualität und zusätzliche Funktionen verursachen Kosten, die sich im Endpreis niederschlagen. Auf hohe Qualität zu setzen ist nur dann sinnvoll, wenn der Endverbraucher dazu bereit ist, den Mehrnutzen zu bezahlen. Erkennt der

Endverbraucher den Mehrnutzen nicht oder will er ihn nicht, wird er den höheren Preis nicht zahlen und ein anderes Produkt kaufen.

Die Aufmachung eines Produktes und eines gesamten Angebotes entscheidet vor allem im Hochpreissegment über den Kauf. Viele Kunden können es sich leisten, für Designerprodukte mehr Geld auszugeben. Ihre Aufgabe als Unternehmer besteht darin, den Geschmack Ihrer Kunden zu treffen.

Das gilt auch für Existenzgründer in freien Berufen, die ihr Angebot in einem bestimmten Umfeld präsentieren. Die Aufmachung der Werbung, die Einrichtung der Praxis und das gesamte Umfeld signalisieren dem Kunden ein gewisses „Design", das der Kunde auf die Leistung überträgt. Wenn Ihre Zielgruppe also aus modern denkenden Menschen besteht, dann sollte Ihr Wartezimmer keine Eichenstühle im altdeutschen Stil anbieten, sondern Sitzgelegenheiten in modernem Design.

Immer wichtiger wird die Befriedigung der ökologischen Bedürfnisse der Endverbraucher. Grüne Produkte, biologische Lebensmittel, ökologisch hergestellte Waren finden immer größere Abnehmerzahlen. Die Preise ökologischer Produkte sind weniger sensibel als die Preise anderer Produkte.

● TIPP

Die zunehmende Diskussion über Klimawandel, Nachhaltigkeit, Energiekosten, ökologische Produkte und erneuerbare Energien zeigt, dass viele Menschen ein großes Interesse an „grünen" Themen haben. Die konsequente Ausrichtung Ihres Unternehmens auf diese Kundengruppe kann zukunftsweisend sein. Dazu gehören jedoch nicht nur ökologische Produkte, auch die Herstellungsverfahren, der Umgang mit der Natur und den Menschen spielt eine Rolle. Ein kurzfristiger Erfolg ist zur Zeit noch nicht zu erwarten.

Produkte für private Endverbraucher werden oft über Groß- und Einzelhändler vertrieben. Die Ansprüche der privaten Verbraucher müssen dann durch die Ansprüche der Händler ergänzt werden.

Grundsätzlich verlangen Händler Produkte, die sich gut verkaufen lassen. Deshalb müssen die oben genannten Anforderungen an den Preis, die Qualität, das Design und die ökologische Verträglichkeit grundsätzlich erfüllt werden. Gleichzeitig muss die Marge für die Händler passen, weil auch die Händler ihre Kosten decken und Gewinn erwirtschaften wollen.

Außerdem verlangen Händler eine zuverlässige Belieferung, die ihnen die Bestellung und die Lagerhaltung erleichtert. Der Service für Reparaturen und Ersatzteile muss gut und das Gesamtangebot für den Handel interessant sein.

Auch Unternehmen sind preissensibel, sogar noch mehr als private Endverbraucher, weil sie den Markt viel besser beobachten. Der Preis bezieht sich allerdings nicht nur auf den Einzelpreis eines Produktes. Betrachtet werden die Gesamtkosten einschließlich der Prozesskosten des Käufers. Also müssen die Anzahl der Bestellung, die Reklamationsquote und die Zahlungskonditionen berücksichtigt werden. Je mehr Service und Unterstützung geboten wird, desto größer sind die Verkaufschancen.

▶ **BEISPIEL**

Um in großen Supermarktketten gelistet zu werden, muss nicht nur der Preis stimmen und eine Eintrittsgebühr entrichtet werden. Für bestimmte Produktgruppen wird auch die Regalpflege samt Einräumen und Nachbestellen vom Lieferanten übernommen. Das reduziert die Prozesskosten des Händlers.

Ein wichtiger Parameter bei der Entscheidung für einen Lieferanten ist seine Zuverlässigkeit. Produktionsunternehmen sind darauf angewiesen, dass die Bauteile pünktlich geliefert werden, sonst steht unter Umständen die Produktion still. Einzelhändler können nur die Produkte verkaufen, die pünktlich ins Regal gestellt werden. Deshalb sind Termintreue, schnelle Reklamationsbearbeitung und kurze Lieferzeiten bei gewerblichen Kunden extrem wichtig.

Schlechte Qualität von Material und Bauteilen erhöht die Kosten des Kunden. Deshalb müssen die gelieferten Produkte der Qualität entsprechen, die vereinbart wurde. Das junge Unternehmen muss diese Ansprüche erkennen, messen und im Angebot berücksichtigen.

2.3 Der richtige Standort

Die Praxis zeigt, dass bei den meisten Existenzgründungen keine systematische Standortwahl durchgeführt wird. Der Zufall bestimmt mehr oder weniger, wo sich das neue Unternehmen niederlässt. Oft beginnt die erste unternehmerische Tätigkeit im Haus des Existenzgründers. Zufällig frei stehende Räume werden gemietet, eine Geschäftsübernahme führt zur Übernahme des Standorts.

Der Unternehmensstandort hat einen wesentlichen Einfluss auf den Umsatz des Unternehmens, weil er die Erreichbarkeit für die Kunden und damit die Anzahl der Kunden bestimmt. Auch gute Mitarbeiter müssen das Unternehmen erreichen können. Gleichzeitig hat der Standort einen erheblichen Einfluss auf die Kosten der Miete und auf die Transportkosten. Damit sollte klar sein, dass Sie die Standortwahl nicht dem Zufall überlassen dürfen. Sie müssen anhand von individuellen Parametern feststellen, welche Kriterien der optimale Standort Ihres Unternehmen erfüllen muss. Welche Kriterien das sind, hängt von der Art des Unternehmens ab.

2.3.1 Überlegungen für den Einzelhandel

Wird der Einzelhandel in Form eines Versandhandels betrieben, spielen die gleichen Parameter wie bei Fertigungsunternehmen eine Rolle. Wird jedoch ein Ladengeschäft eröffnet, muss ganz besonders auf seine Lage geachtet werden.

- Kunden müssen das Ladenlokal finden. Je mehr potenzielle Kunden an dem Geschäft vorbeigehen, desto eher besteht die Chance, dass genügend Kunden das Geschäft betreten. Laufkundschaft ist in den meisten Einzelhandelsbranchen eine wichtige Größe, schließlich kann auch ein zufälliger Kunde zu einem Stammkunden werden.
- Der Einzelhandel unterscheidet zwischen 1-a-Lagen (gut besuchte Fußgängerzone), 1-b-Lagen (Nebenstraßen der Fußgängerzone) und Randlagen (außerhalb der Einkaufszone). Für ein Textilgeschäft z. B. ist eine 1-a-Lage notwendig, um die benötigte Kundenfrequenz zu erhalten. Ein-

zelhändler, die viele Stammkunden haben, können auch in 1-b-Lagen erfolgreich sein. Randlagen eigenen sich für Geschäfte, die aufgrund ihres Angebotes direkt und bewusst von Kunden aufgesucht werden.

- Die verfügbare Verkaufsfläche muss mit den Anforderungen des geplanten Geschäftes übereinstimmen. Zu große Flächen verursachen überflüssige Kosten (für Miete, Ausstattung und Ware). Zu kleine Flächen verschenken Umsatzpotenzial.

▶ **BEISPIEL**

Karin Weg möchte ein Geschenkartikelgeschäft eröffnen. Sie muss einen Umsatz von ca. 200.000 € pro Jahr erwirtschaften, um erfolgreich zu sein. Das weist ihr Businessplan aus. Dieser Umsatz ist mit der Zielgruppe und im regionalen Bereich durchaus erzielbar.

Frau Weg weiß, dass durchschnittlich 2.000 € Umsatz pro Quadratmeter Verkaufsfläche in ihrer Branche erwirtschaftet werden. Deshalb muss sie ein Ladenlokal suchen, das ca. 100 qm Verkaufsfläche hat. Bleibt sie weit darunter, kann sie den Umsatz von 200.000 € pro Jahr nicht erzielen. Ist das Geschäft größer, muss sie mehr Kosten in Kauf nehmen, ohne dass ihr Umsatz wesentlich steigt.

Letztlich hat sich die Existenzgründerin für ein Ladenlokal mit einer Größe von 85 qm Verkaufsfläche entschieden. Das dürfte noch den notwendigen Umsatz erbringen und stand in der gesuchten 1-a-Lage zur Verfügung.

- Neben der eigentlichen Verkaufsfläche werden im Einzelhandel auch Nebenflächen für Sozialräume und Lager benötigt.
- Über Schaufenster kann den Kunden das Angebot im Einzelhandel nahegebracht werden. Darum sollten die in Frage kommenden Immobilien entsprechend ausgestattet sein.
- Eine gute Erreichbarkeit (auch mit dem Pkw) muss gegeben sein. Deshalb ist die Zahl der kostenlosen oder preisgünstigen Parkplätze in Reichweite des Geschäftes ein Entscheidungskriterium.
- Nicht zuletzt muss die Qualität der Räume stimmen: Gute Bausubstanz und zeitgemäße Technik sollten vorhanden sein.

Checkliste Geschäftsauswahl im Einzelhandel

Bitte ergänzen Sie individuelle Anforderungen, die sich aus der Branche oder aus Ihren persönlichen Einstellungen ergeben.

Sorgt die Lage für genügend Kunden? ☐

Passt die Nachbarschaft zum Vorhaben? ☐

Passt das Design des Hauses zum Geschäftsinhalt? ☐

Ist die Verkaufsfläche passend? ☐

Ist genügend Lagerraum vorhanden? ☐

Sind genügend Sozialräume vorhanden? ☐

Gibt es genügend Schaufenster? ☐

Gibt es genügend Parkplätze in erreichbarer Nähe? ☐

Ist die Bausubstanz in Ordnung? ☐

Ist der Fußboden in Ordnung? ☐

Ist die Decke in Ordnung? ☐

Sind die Wände in Ordnung? ☐

Ist der Eingang in Ordnung? ☐

Ist der Zustand der Heizung in Ordnung? ☐

Ist der Zustand der Wasserversorgung in Ordnung? ☐

Reicht die Stromversorgung für den Bedarf aus? ☐

Wie hoch ist die Miete pro qm Verkaufsfläche? ☐

Wie hoch ist die Miete insgesamt? ☐

Welche Nebenkosten müssen eingerechnet werden? (Nachweis) ☐

Wann steht das Geschäft zur Verfügung? ☐

... ☐

... ☐

2.3.2 Erreichbarkeit für Dienstleister

Ist für den Einzelhändler bei der Standortwahl die Lage des Geschäfts entscheidend, muss der Dienstleister vor allem auf die Erreichbarkeit seiner Geschäftsräume achten.

In der Regel hat der Dienstleister (egal, ob er in einem Heilberuf oder als Rechtsanwalt, Architekt oder Unternehmensberater arbeitet) keine Laufkundschaft. Die Kunden, die sein Geschäft aufsuchen, kommen ganz gezielt und sind deshalb auch dazu bereit, das Stadtzentrum zu verlassen. Parkplätze müssen auf jeden Fall vorhanden sein. In der Nähe der Praxen von Ärzten, Heilpraktikern und Physiotherapeuten sollte es Haltestellen des öffentlichen Nahverkehrs geben. Der Trend zu autofreien Innenstädten hat nicht ohne Grund zu Protesten von Einzelhändlern und Dienstleistern geführt. Erreichbarkeit ist für solche Unternehmen absolut lebensnotwendig.

Unternehmens- und Gründungsberater haben kaum Kundenbesuche. In der Regel sind sie diejenigen, die zu ihren Kunden fahren. Deshalb ist für sie eine verkehrsgünstige Lage (Autobahn, Bahnhof, Flughafen) von Vorteil. Sie können sich z. B. auch in einem Gewerbe- oder einem Wohngebiet niederlassen. Für Dienstleister ist die Ausstattung der Geschäftsräume wichtig. Ärzte, Heilpraktiker, Physiotherapeuten und Vertreter anderer Heilberufe stellen besonders hohe Ansprüche an ihre Geschäftsräume (Zahl und Größe der Räume, Versorgung mit Klimatechnik, sanitäre Ausstattung).

Immer wichtiger wird auch die digitale Infrastruktur. Wie schnell ist das Internet? Wie ist der Empfang des Mobiltelefons? Die digitale Verkabelung von Geschäftsräumen für Dienstleister gehört heute zum Standard.

● TIPP

Je besser die digitale Infrastruktur der Unternehmensräume bereits ist, desto geringer sind Ihre Investitionen in diesem Bereich. Das gilt grundsätzlich auch für den allgemeinen Zustand der Räume. Entstehen Ihnen hohe Renovierungs- und Umbaukosten, sollten Sie diese Kosten in die Mietverhandlungen miteinbringen.

2.3.3 Preiswert für Handwerker

Auch Handwerker haben — verglichen mit Einzelhändlern — wenig Publikums-
verkehr. Ihre Kunden sind dazu bereit, Geschäftsräume auch außerhalb der
Fußgängerzone und des Stadtkerns aufzusuchen. Nur im Falle von Ausstel-
lungsräumen (z. B. von Tischlern oder Fliesenlegern) haben Handwerker ähnliche Bedürfnisse wie Einzelhändler.

Was Handwerker auf jeden Fall brauchen, sind Lagerflächen und Unterstell-
plätze für kleine Lkws und Transporter. Dergleichen findet sich häufig preiswert in Gewerbegebieten. Da Handwerker zu ihren Kunden fahren, sollten
sie den Standort ihres Unternehmens verkehrsgünstig im Hinblick auf ihr Einzugsgebiet wählen. Geschäftsräume im Zentrum des Einzugsgebietes sind
optimal.

TIPP

Wenn Sie neben preiswerten Lagerflächen auch Ausstellungsräume benötigen, sollten Sie darüber nachdenken, beides räumlich voneinander zu
trennen. Sie können z. B. Ihre Ausstellungsräume und Ihre Verwaltung in
der Nähe Ihrer Kunden ansiedeln, während Sie Ihre Lagerräume und Ihren
Fuhrpark in einem preiswerten Gewerbegebiet unterbringen.

2.3.4 Kriterien für Produktionsbetriebe und Großhändler

Werden viele Waren bewegt, beeinflusst die Lage des Unternehmens die
Transportkosten. Unternehmen, die deutschlandweit tätig sind, können die
Kosten für den Transport der eingekauften Rohstoffe, Materialien und Waren
und die Kosten für die verkauften Produkte optimieren, indem sie einen möglichst zentralen Standort wählen. Die räumliche Nähe zu Großkunden kann
die laufenden Kosten senken. Leider sind Existenzgründer (aus verständlichen
Gründen) nicht immer flexibel, wenn sie den Wohnort für ihr neues Unternehmen wechseln sollen. Deshalb lässt sich die Forderung nach der optimalen
Lage im Tätigkeitsgebiet nicht immer umsetzen. Auf jeden Fall sollten Sie für
eine vernünftige Verkehrsanbindung (Autobahn, Bahnhof, Flughafen) sor-

gen. Ist ein Unternehmen auf bestimmte Rohstoffe angewiesen, lässt sich die Beschaffung vereinfachen, wenn der Rohstoff vor Ort verfügbar ist. Das gilt in Deutschland vor allem für landwirtschaftliche Erzeugnisse mit geringem Wert und hohen Transportkosten. Dergleichen sollte bei der Standortwahl berücksichtigt werden.

▶ **BEISPIEL**

Eine Anlage zur Erzeugung von Energie mithilfe von Biogas benötigt Rohstoffe in Form von Getreide und anderen landwirtschaftlichen Produkten. Es ist also nicht gerade sinnvoll, eine solche Anlage mitten in einer Großstadt zu errichten. In einem landwirtschaftlich genutzten Gebiet ist eine solche Anlage viel besser aufgehoben.

Unternehmen, die den besonderen „Rohstoff" Mensch benötigen, sollten ihren Standort möglichst so wählen, dass die von ihnen benötigten Fähigkeiten in der näheren Umgebung eingekauft werden können. Wer also z. B. ein Unternehmen gründen will, das sich mit Produkten auf der Grundlage von Nanotechnologien befasst, sollte sich möglichst in einer Universitätsstadt niederlassen, in der entsprechende Ingenieure ausgebildet werden.

Nachbarn und Umwelt haben Rechte. Darum muss der Standort von Produktionsunternehmen so gewählt werden, dass die dort geplanten Aktivitäten problemlos durchgeführt werden können. Das betrifft in erster Linie die Lärmbelästigung und die Emissionen in Form von Gerüchen, Abgasen, Abwässern usw. Selbst der Lkw-Verkehr kann zu Konflikten führen. Beziehen Sie die mittel- und langfristige Planung in Ihre Überlegungen mit ein. Lässt sich das Auftragsvolumen in der Gründungszeit z. B. noch tagsüber abwickeln, kann es Sie zu einem späteren Zeitpunkt dazu zwingen, Nachtarbeit einzuführen. Werden dadurch die Menschen in einer benachbarten Siedlung unrechtmäßig gestört, hindert das die weitere Entwicklung Ihres Unternehmens. Beispielfälle hierfür gibt es zuhauf.

Der Kampf der Staaten, Bundesländer und Kommunen um Unternehmen, die Steuern zahlen und Arbeitsplätze schaffen, ist heftig. Preiswerte Industrie- und Gewerbeflächen sind fast überall zu bekommen, zusätzliche Fördermittel können unter bestimmten Bedingungen eingestrichen werden. Jede größere Stadt hat eine eigene Stelle (Wirtschaftsförderung), die sich mit der Neuansiedlung von Unternehmen beschäftigt. Das sollten auch Existenzgründer nutzen.

2.3.5 Die Auswahl

Es ist nicht einfach, passende Miet- und Kaufangebote für Geschäftsräume zu finden. Die Immobilienanzeigen in den Tageszeitungen zu durchstöbern, ist aufwändig und nur selten erfolgreich. Gewerbeimmobilien werden auch über spezielle Börsen der Industrie- und Handelskammern vermittelt. Den größten Erfolg verspricht die Zusammenarbeit mit einem professionellen Makler, der auf Gewerbeimmobilien spezialisiert ist.

TIPP

Ein Makler verursacht erhebliche Kosten. Diese Kosten sind dann gerechtfertigt, wenn er Ihnen dabei hilft, das für Sie optimale Objekt zu finden. Er spart ihnen Zeit und verfügt über Angebote, die nicht frei zugänglich sind. Da der Standort und die Räume für den Erfolg Ihres Unternehmens entscheidend sind, sollten Sie die Hilfe eines Maklers in Erwägung ziehen.

Für die Standwortwahl ausschlaggebend sind u. a. die folgenden Faktoren:

- Die Fläche, die nicht zu klein, aber auch nicht zu groß sein darf.
- Die Lage, die den oben genannten Kriterien bezüglich der Unternehmensart entsprechen muss.
- Die Ausstattung, die — je nach Bedarf — die digitale Infrastruktur, die Tragfähigkeit des Bodens, die Qualität der Lichtanlage und vieles andere mehr umfassen muss.

- Die Kosten, die sich aus den Mietkosten, den Nebenkosten und den Vermittlungskosten zusammensetzen. Bei einem Kauf kommen zum Kaufpreis und zur Maklercourtage noch erhebliche Nebenkosten wie die Grunderwerbssteuer, die Notarkosten usw. hinzu.
- Der Renovierungsbedarf, der auf das junge Unternehmen zukommt. Das sind Kosten, die bereits vor der Aufnahme der unternehmerischen Tätigkeit entstehen.

ARBEITSHILFE
ONLINE
Für Kaufverträge von Immobilien gilt die Pflicht der notariellen Beurkundung. Auch Mietverträge müssen auf jeden Fall schriftlich abgeschlossen werden. Auf dem Portal zum Buch „Arbeitshilfen online" finden Sie ein Muster für einen Gewerbemietvertrag.

Checkliste Mietvertrag

Ein gewerblicher Mietvertrag sollte auf jeden Fall die folgenden Punkte festhalten:

- Die Laufzeit des Vertrages und eine Option zur Verlängerung durch den Mie- ☐
  ter (z. B. 5 Jahre mit einer Option auf weitere 5 Jahre).
- Die Kündigungsfrist, die zur Beendigung des Vertrages zum Laufzeitende ☐
  bzw. in den Zeiten nach Ablauf der zunächst vereinbarten Laufzeit gültig ist.
- Die Höhe der Miete und eventuell eine Mietpreisklausel, in der die Anpassung ☐
  nach bestimmten Regeln festgeschrieben wird.
- Die Art der zu erwartenden Mietnebenkosten und deren ungefähre Höhe. ☐
- Die Beschreibung des Mietobjektes (Größe, Art der Räume, Ausstattung ☐
  usw.).

! ACHTUNG

Jeder Standort muss ein K.-o.-Kriterium erfüllen: Er muss zulässig sein. Städte und Gemeinden können in Bebauungsplänen zulässiges Gewerbe und erlaubte Handelsbetriebe festlegen. Damit nehmen sie Einfluss auf die städtische Entwicklung. Daher muss jeder Miet- oder Kaufvertrag für eine Existenzgründung untersucht werden, ob das geplante unternehmerische Tun dort auch erlaubt ist.

2.4 Das optimale Marketing

> ▶ **BEISPIEL**
>
> „Marketing brauche ich nicht, dazu bin ich zu klein!" Das war die Meinung von Urs Reben, der kurz vor der Eröffnung seiner eigenen Galerie stand. Doch sein Gründungsberater hat ihm schnell klargemacht, dass er bereits viele typische Marketingaufgaben erledigt hat und dass eine systematische Zusammenfassung notwendig ist. Preise und Angebot wurden festgelegt, der Weg zum Kunden wurde bestimmt. Das alles mit der Kundenkommunikation in Einklang zu bringen, erscheint jetzt auch Herrn Reben vernünftig.

Marketing vereinigt viele Aufgaben, die (vor allem in kleinen Unternehmen) nebenbei erledigt werden. Dabei gilt es, vier wichtige Bereiche miteinander zu verbinden: die Preispolitik, die Sortimentspolitik, die Distributionspolitik und die Kommunikationspolitik.

- Die Preispolitik bestimmt die preisliche Positionierung des Unternehmens.
- Die Sortimentspolitik legt den Inhalt und den Umfang des Angebots fest.
- Die Distributionspolitik garantiert, dass der Kunde die Ware auch tatsächlich kaufen kann.
- Die Kommunikationspolitik bestimmt die Art und Weise, mit der der Kunde auf das Angebot aufmerksam gemacht werden soll.

Sollten für kleine und junge Unternehmen Teilbereiche aus diesen Aufgaben überflüssig sein, sind andere Teilbereiche wieder äußerst wichtig. Auch wenn es Ihnen nicht sofort auffällt, grundsätzlich erledigen Sie diese Aufgaben schon längst. Systematik und bewusstes Entscheiden, wie es im Marketing zusammengefasst ist, bringt Ihrem Unternehmen Vorteile.

2.4.1 Die Preispolitik

Das Festlegen der Preise positioniert das Unternehmen auf dem Markt. Die Entwicklung auf vielen Märkten macht diese Entscheidung besonders wichtig, weil von ihr auch das Potenzial an Kunden abhängt.

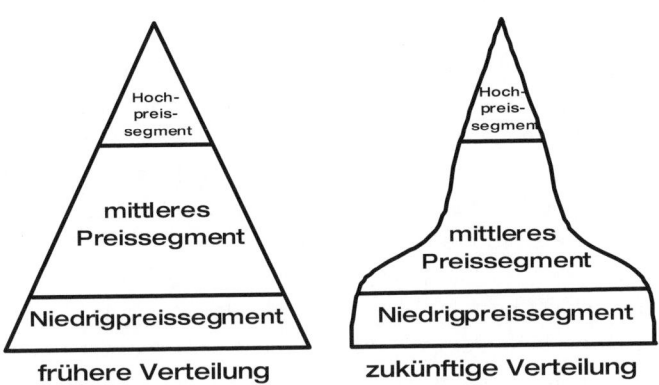

Abb. 3: Entwicklung der Preissegmente

Wie wichtig die preisliche Positionierung eines Unternehmens ist, zeigt die noch nicht abgeschlossene Veränderung der Preissegmente in den letzten Jahren. Vor allem das mittlere Preissegment hat stark an Bedeutung verloren. Ein dort positioniertes Unternehmen hat mit einem erheblichen Nachfragerückgang zu rechnen. Das ist keine gute Ausgangssituation für ein neues Unternehmen.

Die Preise für das Angebot müssen den Erwartungen der gewählten Zielgruppe entsprechen. Eine einmal festgelegte Preisposition muss konsequent verfolgt werden. Veränderungen werden von den Kunden nicht angenommen. Außerdem ist es nur schwer möglich, auf einem Markt in mehreren Preiskategorien gleichzeitig vertreten zu sein.

Es wird immer wieder versucht, das gleiche Produkt mit unterschiedlichen Preisen auf dem Markt zu positionieren, um eine optimale Abschöpfung zu erzielen. Das ist möglich, wenn es Marktgrenzen wie z. B. räumliche Distanz oder getrennte Vertriebswege gibt. Durch die zunehmende Transparenz auf dem Gebiet der Informationsbeschaffung, die nicht zuletzt durch das Internet möglich geworden ist, lässt sich ein solches Vorgehen vor den Kunden kaum noch verbergen. Für neue Unternehmen ist eine solche Strategie nicht zu empfehlen. Wird sie von einem Kunden durchschaut, wird er sofort reagieren und das Produkt bei einem Mitbewerber kaufen.

2.4.2 Die Sortimentspolitik

Die Ansprüche der Zielgruppe bestimmen das Angebot eines Unternehmens. Welche Produkte im Sortiment angeboten werden, haben wir bereits festgelegt. Ergänzende Produkte (Ersatzteile und Serviceangebote) runden das Angebot ab. Die Aufgabe des Marketings besteht darin, das Sortiment zu optimieren und so zu gestalten, dass das Angebot des Unternehmens von möglichst vielen Kunden genutzt wird.

Für die Zukunft besteht die Aufgabe des Marketings darin, das Sortiment zu beobachten. Verändern sich die Ansprüche der Kunden, muss diese Veränderung auch im Sortiment nachvollzogen werden. Vor allem jedoch muss das Marketing Produkte identifizieren, die sich kurz vor ihrem wirtschaftlichen Ende befinden, und für Ersatz sorgen. Das Ziel der Beobachtung des Lebenszyklus von Produkten besteht darin, eine ausgewogene Mischung aus neuen und alten bewährten Produkten im Sortiment zu haben.

2.4.3 Die Distributionspolitik

Jeder potenzielle Kunde aus der Zielgruppe soll die Möglichkeit haben, das Produkt des Unternehmens zu kaufen. Dafür sorgt die Distributionspolitik im Marketing. Aufbauend auf der Entscheidung über den Vertriebsweg werden Maßnahmen ergriffen, dieses Ziel zu erreichen. Das kann die Preise der Produkte betreffen oder deren Design. Meist ist jedoch der klassische Vertriebsweg das Ziel dieser Marketingaktivitäten.

▶ **BEISPIEL**

Ein Importeur von Kinderspielzeug aus China verkauft seine Waren über den Groß- und Einzelhandel. Im Rahmen der Distributionspolitik sorgt das Marketing dafür, dass der Großhandel dem Einzelhandel und der Einzelhandel dem Endverbraucher die Produkte des Unternehmens anbietet. Das Entwickeln eines profitablen Margensystems wäre z. B. ein Instrument, mit dem das Marketing für eine reibungslose Angebotskette sorgen kann.

2.4.4   Die Kommunikationspolitik

Der Bereich, mit dem das Marketing in der Praxis oft gleichgesetzt wird, ist die Kommunikationspolitik. Das Marketing kümmert sich hier um verkaufsfördernde Kontakte zwischen dem Unternehmen und den Kunden. Die traditionelle Werbung, die sicherlich in den meisten jungen Unternehmen besonders wichtig ist und bei Existenzgründungen den Schwerpunkt bildet, ist allerdings nur ein Aspekt der Kommunikation. Darüber hinaus gibt es noch viele andere Kommunikationswege, z. B.:

- Die Verpackung erfüllt eine Informationsaufgabe und soll den Kunden zum Kauf animieren. Ihre Gestaltung und ihre Aufmachung ist Aufgabe des Marketings.
- Mit der Bedienungsanleitung erhält der Kunde nicht nur eine technische Anweisung für den Umgang mit dem Produkt. Ihre Aufmachung und ihr Stil beeinflusst das Bild, das sich der Kunde von einem Unternehmen macht.
- Alle Formulare eines Unternehmens (z. B. Lieferscheine und Rechnungen) bilden einen Teil der Kommunikation mit den Kunden. Deshalb gehört ihre Gestaltung in die Hände der Profis im Marketing. Machen Sie sich von Anfang an Gedanken zu Ihrem Unternehmensauftritt. Corporate Identity (CI), das unternehmensweit gleiche Auftreten, kann einfach und kostengünstig mit der Unternehmensgründung beginnen. So sollten z. B. Logos, Formulare usw. schon für die Unternehmensgründung entwickelt werden.
- Public Relations (PR) ist eine weitere wichtige Aufgabe des Marketings. Dabei wird Werbung für das Unternehmen gemacht, ohne eigentliche Werbeträger zu nutzen. Events werden veranstaltet, Spenden gesammelt und übergeben, Sportvereine gefördert usw. PR Veranstaltungen dienen dazu, den Kunden das Unternehmen ins Gedächtnis zu rufen, ohne die Leistungen des Unternehmens direkt anzupreisen. Eine erste PR-Maßnahme kann z. B. die öffentlich zelebrierte Eröffnung Ihres Unternehmens sein. Auf diese Weise erzielen Sie einen preiswerten Werbeeffekt und können auf Ihr Unternehmen aufmerksam machen.

2.4.5   Werbung für junge Unternehmen

Die Kunden müssen davon erfahren, dass es ein neues Unternehmen mit neuem Angebot auf dem Markt gibt. Nicht jeder kann sich auf Laufkundschaft und Flüsterpropaganda verlassen. Ein Außendienst ist teuer und nicht für alle Branchen geeignet. Was bleibt, ist die Werbung.

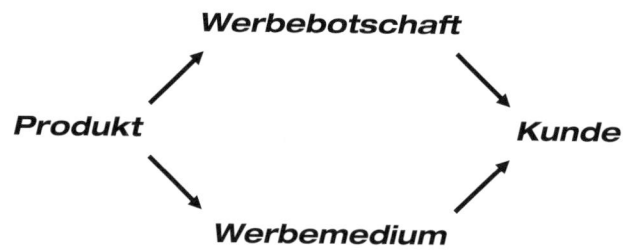

Abb. 4: Werbebotschaft und Werbemedium

Wir alle kennen die typischen Werbeträger, denen niemand entgehen kann. Doch welche Werbeträger eignen sich für ein bestimmtes Unternehmen, seine Produkte und die angestrebte Werbeaussage? Das muss individuell geklärt werden. Sowohl die Werbebotschaft als auch das Werbemedium müssen zum Produkt und zur Zielgruppe passen.

Für das Entwickeln einer Werbebotschaft benötigt man Talent und Kenntnisse. Es empfiehlt sich deshalb, einen Experten (z. B. eine Marketingagentur) zu engagieren. Die wichtigsten Werbemedien mit den wichtigsten Parametern können Sie den folgenden Tabellen entnehmen.

Medium: Tageszeitung

Tageszeitungen erscheinen in der Regel von Montag bis Samstag. Lokale Blätter haben einen starken Bezug zu dem Ort, in dem sie erscheinen. Das kann der Existenzgründer nutzen, um Berichte über sein neues Unternehmen zu lancieren. Wichtig: Liest die Zielgruppe die Zeitung?

Kriterium	Ausprägung	Beispiel
Reichweite	lokal regional überregional	Emsdettener Volkszeitung WAZ FAZ
Anzeigeninhalt	Konsumgüter und Dienst- leistungen	Kleidung, Lebensmittel, Pflegedienst- leistungen
Nutzer	Einzelhandel Handwerk Dienstleister	Galerien Schreiner, Fliesenleger Unternehmensberater
Zielgruppe	private Endverbraucher Unternehmen	für Konsumgüter wie Kleidung für überregionale gewerbliche Dienstleistungen
Kosten	abhängig von der Auflage und der Anzeigengröße	1-spaltig, 10 cm Höhe in Lokalzeitung ca. 80 € 1 Seite in einer deutschlandweit erscheinenden Zeitung ca. 30.000 €
Erfolg		im lokalen Bereich anhand von Kundenreaktionen messbar, ansonsten eher schwer messbar

TIPP

Für kleine Unternehmen kommt die lokale Tageszeitung als Werbemedium infrage. Sie sollten versuchen, die Listenpreise für die Werbung zu senken, indem Sie mehrere, zeitlich versetzte Anzeigen mit der Zeitung vereinbaren. Der erhebliche Farbzuschlag kann entfallen, wenn bereits farbige Bilder oder Anzeigen auf der Seite vorgesehen sind. Der technische Aufwand, der für Ihre zusätzliche Anzeige anfällt, ist dann nämlich unerheblich.

Medium: Anzeigenblätter

Anzeigenblätter werden nicht von den Lesern bezahlt, sondern kostenlos verteilt. Sie erscheinen in der Regel wöchentlich. Der redaktionelle Teil ist meistens nicht sehr anspruchsvoll. Anzeigenblätter werden nicht immer von allen potenziellen Lesern gelesen.

Kriterium	Ausprägung	Beispiel
Reichweite	lokal regional	Stadtbote Kreisanzeiger
Anzeigeninhalt	Konsumgüter und Dienstleistungen	Kleidung, Lebensmittel, Pflegedienstleistungen
Nutzer	Einzelhandel Handwerk Dienstleister	Galerien Schreiner, Fliesenleger Pflegedienst
Zielgruppe	private Endverbraucher	alle Einwohner im Verteilungsgebiet, die das Anzeigenblatt auch lesen
Kosten	abhängig von Auflage und Anzeigengröße	1-spaltig, 10 cm Höhe, ca. 80 €
Erfolg		im lokalen Bereich an Kundenreaktionen messbar

TIPP

Versuchen Sie, mit Ihrer Werbung im Anzeigenblatt auf die Titelseite zu kommen. Dort erreichen Sie noch die größte Aufmerksamkeit.

Medium: Flyer, Prospekte

Flyer oder Prospekte werden individuell auf das Unternehmen zugeschnitten und können mehr Werbebotschaften vermitteln als eine Zeitungsanzeige.

Kriterium	Ausprägung	Beispiel
Reichweite	lokal regional	Verteilung Zeitungsbeilage
Inhalt	Waren- und Leistungsbeschreibung Unternehmensbeschreibung	Kleidung, Lebensmittel, Pflegedienstleistungen Beschreibung einer Galerie und ihres Angebotes

Medium: Flyer, Prospekte		
Nutzer	Einzelhandel Handwerk Dienstleister	Galerien Schreiner, Fliesenleger Pflegedienste
Zielgruppe	private Endverbraucher	alle Einwohner im Verbreitungsgebiet, Leser der Zeitung, der die Flyer/Prospekte beiliegen
Kosten	abhängig von Auflage und Größe	DIN A4, 4-seitig, farbig, 5.000 Stück ca. 100–150 € + Gestaltung + Verteilung Angebote im Internet prüfen
Erfolg		im lokalen Bereich an Kundenreaktionen messbar

TIPP

Für Einzelhändler mit markenorientierten Angeboten besteht bei vielen Lieferanten die Möglichkeit, Prospekte oder Flyer günstig zu kaufen. Dort werden dann der Name und die Adresse des Geschäftes eingedruckt. Die Gestaltungskosten entfallen, die Druckkosten werden reduziert. Oft beteiligt sich der Lieferant auch an den Verteilungskosten.

Medium: Zeitschriften

Publikumszeitschriften eignen sich für deutschlandweite Werbung für Konsumartikel und für Dienstleistungen, die von privaten Verbrauchern nachgefragten werden. Durch die Wahl von Zeitschriften für spezielle Interessen (Fachzeitschriften) kann die Zielgruppe sehr genau gewählt werden.

Kriterium	Ausprägung	Beispiel
Reichweite	deutschlandweit	Der Spiegel Für Sie art
Anzeigeninhalt	Konsumgüter und Dienstleistungen PR-Anzeigen	Kleidung, Lebensmittel, Finanzdienstleistungen, digitale Leistungen Informationen zu Unternehmen
Nutzer	Einzelhandelsketten Dienstleister Großhändler	Galerien IT-Service Importeur von Schmuck

Medium: Zeitschriften

Zielgruppe	private Endverbraucher	Leser der Zeitschrift, Zusammensetzung der Leserschaft bekannt
Kosten	abhängig von Auflage und Anzeigengröße	1/12-Seite „Der Spiegel" ca. 8.000 € 1/2-Seite „art" ca. 8.000 €
Erfolg		kaum messbar

Medium: Rundfunk

Vor allem lokale Radiosender machen Rundfunkwerbung auch für Existenzgründungen interessant.

Kriterium	Ausprägung	Beispiel
Reichweite	lokal regional	Radio RST WDR 2
Inhalt	Konsumgüter und Dienstleistungen	Kleidung, Lebensmittel, Pflegedienstleistungen
Nutzer	Einzelhandel Handwerk Dienstleister	Galerien Schreiner, Fliesenleger Pflegedienste
Zielgruppe	private Endverbraucher	Hörer des Senders
Kosten	abhängig von der Reichweite und der Spotlänge	30 Sek. WDR 2 ca. 1.700 €, 30 Sek Radio RST ca. 200 € + Kosten für die Spotherstellung
Erfolg		im lokalen Bereich anhand der Kundenreaktionen messbar

TIPP

Radiosender haben eine sehr spezielle Zuhörerschaft, die auch individuell ermittelt wurde. Bei der Wahl des Senders müssen Sie die Zuhörerschaft unbedingt mit Ihrer Zielgruppe abgleichen. Radiowerbung nutzt Ihnen nichts, wenn Sie in Ihrer Praxis auf ältere Menschen spezialisiert sind, Ihre Werbung aber in einem Radiosender für Jugendliche schalten.

Über die beschriebenen Werbemedien hinaus gibt es weitere, die sich — wie z. B. das Fernsehen — für Existenzgründer nur unter speziellen Bedingungen eignen. Daneben gibt es Medien, die von Existenzgründern sehr individuell genutzt werden können:

- In Kinos können Werbespots und Werbedias eingesetzt werden. Das ist relativ günstig, erreicht aber nur eine ganz spezielle Zielgruppe. Die Kosten für die Herstellung der Werbung selbst können hoch sein. Zu bedenken ist, dass die Professionalität der Herstellung die Qualität der Werbung in hohem Maße bestimmt.
- Plakatwerbung ist günstiger, als viele Existenzgründer glauben. Sie eignet sich für das Bewerben bestimmter Situationen, z. B. einer Geschäftseröffnung oder einem Sonderverkauf. Zu den Mietkosten der Plakatwände kommen noch die Herstellungskosten der Plakate, die durch moderne Produktionsverfahren so weit reduziert werden konnten, dass man sogar die Herstellung einzelner Plakate in Erwägung ziehen kann. Bei der Plakatwerbung kann die Zielgruppe nur schwer bestimmt werden.
- Die Werbung mit bzw. auf dem eigenen Auto ist weit verbreitet und dank preiswerter Folien auch für kleine Unternehmen bezahlbar. Der Zustand der Werbung und des Autos sollte regelmäßig überprüft werden, damit sich der schlechte Eindruck, den das Auto unter Umständen macht, nicht auf das Geschäft überträgt. Auch hier ist es nur schwer möglich, auf bestimmte Zielgruppen einzugehen.

Das Internet wird als Werbemedium immer erfolgreicher. Heute erledigen alle Generationen ihre privaten und beruflichen Aktivitäten im Internet, daher bietet dieses Medium optimale Chancen, Ihre Zielgruppe zu erreichen.

- Das Internet bietet die Möglichkeit, über eigene Seiten eine Selbstdarstellung des Unternehmens zu realisieren. Neben technischen Daten können auch Informationen zum Unternehmen selbst und zu seinem Angebot veröffentlicht werden. Das ist eine Form der PR.
- Internetwerbung kann in Form von Bannern, Pop-ups und integrierten Anzeigen geschaltet werden. Sie kann mittlerweile sehr gut auf bestimmte Zielgruppen zugeschnitten werden. Große Anbieter wie Google oder Yahoo bieten die Möglichkeit, Anzeigen z. B. in Abhängigkeit von den Suchbegriffen zu schalten. Es werden nicht nur Suchmaschineneinträge

in den Listen angezeigt, auch Banner oder Anzeigen können — abhängig vom Interessensschwerpunkt des Users — geschaltet werden. Das garantiert mit einer ziemlich hohen Wahrscheinlichkeit, dass man die Zielgruppe, die man ansprechen möchte, auch tatsächlich erreicht.

- Einträge in öffentlichen Internetverzeichnissen und die Optimierung der Unternehmensseiten für Suchmaschinen schafft Aufmerksamkeit.
- Auch ein Internetshop kann als Marketinginstrument eingerichtet werden.

Wer sich für die Nutzung des Internet als Kommunikationsmedium entscheidet, muss das konsequent tun. Nichts ist weniger anziehend als ein Unternehmen, dessen Online-Angebot nicht regelmäßig gepflegt wird.

Sinnvolle Internetnutzung: + = ja o = vielleicht — = nein						
	Einzelhandel	Dienstleister (Heilberufe)	Dienstleister (Beratung)	Handwerker	Großhändler	produzierendes Unternehmen
eigene Website	o	o	+	o	+	+
Präsenz in sozialem Netzwerk	o	+	+		o	—
Anzeigen	+	o	—	o	—	—
Eintrag in Verzeichnisse	+	+	+	+	+	+
Optimierung für Suchmaschinen	o	o	+	o	+	+
Shop	o	—		—	o	—

2.5   Das Internet als Turbo für Ihre Geschäftsidee

Gleichgültig, auf welchem Gebiet Sie sich selbstständig machen wollen, Sie müssen das Internet und dessen Einfluss auf Ihr Geschäft ausreichend prüfen. Das weltweite Netzwerk bietet immer neue Chancen und Möglichkeiten, die jedes Unternehmen nutzen kann und muss. Die neue Geschäftsidee darf nicht auf eine Welt ohne Internet aufbauen, wenn die Mitbewerber von diesem Medium profitieren. Wenn Ihre erste Prüfung keine Einsatzmöglichkeiten des Internets für Ihre Geschäftsidee erkennt, müssen Sie sie regelmäßig wiederholen. Die Entwicklung in den digitalen Medien geht so schnell voran, dass sich sonst unbemerkt neue Vertriebswege oder Arbeitsmethoden entwickeln können, die Ihrem Unternehmen möglicherweise das Geschäft wegnehmen. Die Geschwindigkeit der technischen Entwicklung zwingt jeden Unternehmer zur permanenten Beobachtung und auch zu gelegentlichen Tests neuer Methoden.

Das Internet bietet grundsätzlich drei unterschiedlich stark gewichtete Möglichkeiten der unternehmerischen Nutzung:

1. Das digitale Netzwerk bietet komplett neue Möglichkeiten der unternehmerischen Tätigkeit.
2. Durch das Internet können die üblichen Vertriebs- und Einkaufswege unterstützt und ergänzt werden.
3. Der Unternehmer kann das Internet als Hilfsmittel für seine tägliche Arbeit nutzen.

Wie weit die Nutzung im Einzelfall geht, hängt ab von der Geschäftsidee, der Branche und dem Verhalten der Marktteilnehmer sowie dem Verhältnis des Existenzgründers zur digitalen Technik. Wichtig ist eine bewusste Entscheidung darüber, wie weit das Internet für das junge Unternehmen genutzt werden soll.

Neue Geschäftsideen im digitalen Netz
Wie jede grundlegende technische Innovation bietet auch das Internet neue Möglichkeiten der unternehmerischen Aktivität. Zum einen verschieben sich traditionelle Märkte in das Netz. Beispiele dafür finden sich im Versandhandel mit immer größerem Internetanteil, im Musikgeschäft mit der digitalen Verteilung der Ware und dem Verlust des CD-Geschäftes oder im Nachrichtengeschäft, wo die Zeitungsverlage derzeit stark gegen die Internetnachrichten kämpfen müssen.

Zum anderen tun sich vollkommen neue Märkte auf, die von Jungunternehmern genutzt werden können. Aus der Entwicklung von Apps (kleine Programme für SmartPhones und Tablet PCs) ist ein großes Geschäft geworden ebenso wie aus dem Betrieb von Suchmaschinen oder sozialen Netzwerken (Google, Facebook usw.). Wer Namen wie Google oder Facebook hört, denkt automatisch an große, erfolgreiche, lange bestehende Unternehmen. Doch auch sie sind erst vor wenigen Jahren von Existenzgründern geschaffen worden, die das Internet als mögliche Geschäftsgrundlage erkannt haben. Das zeigt auch, welches Potenzial das digitale Netz mit seinen Milliarden Nutzern und der rasanten technischen Entwicklung aufweist.

Wie aber lässt sich eine Geschäftsidee mit dem Internet als Grundlage für ein neues Unternehmen erkennen? Wenn das so einfach wäre, gäbe es das Geschäft bereits. Jede Geschäftsidee muss dahin gehend geprüft werden, ob sie sich als Internetunternehmen verwirklichen lässt. Die meisten Ideen fallen schon bei der Beantwortung der folgenden Fragen durch:

- **Ist die Zielgruppe des neuen Unternehmens als User im Internet zu finden?**
  Denn nur bereits im Internet befindliche Käuferschichten können erreicht werden. Es ist nicht möglich, Kunden gegen den Trend ins Internet zu zwingen.
- **Kann das Produkt des neuen Unternehmens digital versandt oder zumindest digital eindeutig beschrieben werden?**
  Die größten Chancen haben digitale Produkte und Leistungen. Die Versandwege für nicht digitale Produkte sind sehr gut ausgebaut. Die Logistik verursacht jedoch zusätzliche Kosten.
- **Handelt es sich um ein Produkt aus dem Bereich der Kommunikation?**
  Diese haben die größten Chancen der Vermarktung im Internet, wie die steigende Verbreitung von E-Books, Musik und Informationen beweisen.
- **Handelt es sich um Dienstleistungen rund um das Internet?**
  Auch dafür bestehen gute Chancen, am Wachstum teilzuhaben.

Wirklich neue Geschäftsideen für eine erfolgversprechende Existenzgründung im Internet sind selten. Es ist jedoch durchaus erlaubt, bestehende Angebote im Netz zu prüfen und weiterzuentwickeln, solange die Urheberrechte gewahrt bleiben.

Größeres Potenzial traditioneller Ideen durch das Internet

Das Internet schafft nicht nur Raum für vollkommen neue Ideen und Aktivitäten. Auch traditionelle Verhaltensweisen verändern sich durch das digitale Medium. Ob die Veränderungen durch das digitale Netzwerk positiv oder negativ zu bewerten sind, ist immer eine Frage des individuellen Standpunktes. Wenn Sie mit Ihrem neuen Unternehmen erfolgreich sein wollen, müssen Sie Ihre subjektive Einstellung zu IT und Internet möglicherweise revidieren. Prüfen Sie objektiv, ob das Web für Ihre Geschäftsidee nützlich sein kann oder nicht. Dabei schadet sowohl eine ungeprüft ablehnende Haltung als auch eine zu euphorische Einschätzung einer realistischen Gewichtung.

Das größte Potenzial des Internets zeigt sich auf der Vertriebsseite des Unternehmens. Es gibt viele Branchen, die ihre Wege zum Kunden teilweise oder fast vollständig in das Internet verlagert haben. Betroffen sind vorwiegend Versandhandelsunternehmen, in denen der traditionelle Katalog immer geringere Bedeutung hat. Wer also einen Versand von Produkten aufbauen will, muss sich intensiv auch mit dem Internet beschäftigen. Das geschieht systematisch, z. B. durch die Benutzung der folgenden Checkliste.

Checkliste Vertrieb im Internet	Ja	Nein
▪ Ist ein hoher Anteil der Kunden im Internet aktiv?	☐	☐
▪ Kann über das Internet ein größerer Kreis von Kunden angesprochen werden?	☐	☐
▪ Nutzen die Mitbewerber das Internet erfolgreich als Verkaufsweg?	☐	☐
▪ Können die Verkaufskosten durch das Internet gesenkt werden (z. B. Katalogdruckkosten)?	☐	☐
▪ Können die Kunden durch die Nutzung des Internets als Einkaufsweg einen Zusatznutzen erreichen (z. B. Information zur Lieferfähigkeit)?	☐	☐
▪ Sind die höheren rechtlichen Hürden beim Verkauf über das Internet akzeptabel (z. B. Rückgaberecht)?	☐	☐
▪ Ist die Transparenz, die das Internet den Käufern bietet, akzeptabel (z. B. Preisvergleich)?	☐	☐

Zur Verschiebung des Kaufverhaltens der Kunden kommt durch die Internetnutzung auch eine Verschiebung der Kosten. Existenzgründungen im kleinen Umfang können z. B. bei der Nutzung des Vertriebs über das Internet die Anmietung eines großen und teuren Ladenlokals vermeiden. Das Risiko sinkt, da kleine digitale Internetshops recht preisgünstig zu haben sind. Auch hier ist ein systematischer Kostenvergleich nützlich bei der Entscheidung für oder gegen den Einsatz von Internet im Vertrieb des jungen Unternehmens.

Kostenverschiebungen durch das Internet		
Kostenart	**Veränderung**	**Auswirkung**
Raumkosten	Beim Verkauf über das Internet kann in der Regel auf repräsentative Räume verzichtet werden. Auch die Lage ist zumindest für den Kunden gleichgültig. Preiswerte Lagerräume in einem Gewerbegebiet mit guter Transportanbindung sind ausreichend.	Die Raumkosten sinken erheblich gegenüber dem traditionellen Vertrieb, vor allem im Einzelhandel.
Personalkosten	Im Einzelhandel muss Personal vorgehalten werden für den Fall, dass Kunden vermehrt kommen. Das ist nur begrenzt planbar und führt zu komplexen Arbeitsregeln oder zu hohem Personalbestand. Ist zu wenig Personal im Geschäft vorhanden, gehen die Kunden ohne Einkauf. Bestellungen aus dem Internet können gesammelt und regelmäßig abgearbeitet werden.	Die Personalkosten sinken, da Flexibilität nicht notwendig und kein Überangebot vorgehalten werden muss.

Kostenverschiebungen durch das Internet		
Kostenart	**Veränderung**	**Auswirkung**
Werbekosten	Im Einzelhandel ist Werbung oft eine Voraussetzung für den Erfolg. Wer im Internet verkauft, muss die traditionelle Presse- oder Rundfunkwerbung durch Online-Werbung ersetzen.	Internetwerbung kann wesentlich besser auf das Ziel ausgerichtet werden. Daher ist sie oft preiswerter.
Versandkosten	Der stationäre Handel hat keine Versandkosten, da der Kunde die Ware im Geschäft abholt. Der Internetversender muss die Produkte über gut ausgebaute Versandstrukturen an seine Kunden verschicken.	Der Verkauf im Internet verursacht Versandkosten, die oft nur teilweise auf den Kunden abgewälzt werden können. Verkauft ein Industrieunternehmen über das Netz, gibt es häufig keinen Unterschied, da auch in traditionellen Vertriebswegen meist versandt wird.
Rechtliche und ähnliche Kosten	Auch im stationären Geschäft müssen rechtliche Vorschriften wie die Gewährleistung eingehalten werden. Für den Internetversandhandel gelten weitergehende Vorschriften wie das Rückgaberecht der Waren und die Kosten der Zahlung.	Im Internet gibt es keine Barzahlung. Gerade kleine Beträge verursachen daher hohe Kosten für den Zahlungsvorgang. Auch die grundlose Rücksendung der Waren durch die Käufer führt zu erhöhtem Aufwand.
IT-Kosten	Die für ein stationäres Vertriebssystem notwendige IT-Unterstützung ist nicht zu vergleichen mit der Informationstechnologie, die für einen Internetshop notwendig ist.	Die IT-Kosten sind für Internetbetriebe wesentlich höher, da die Server, die Hosts und die Netzwerkverbindungen wesentlich stärker ausgelegt werden müssen.

Die sparsame Personalorganisation des Internetverkäufers darf nicht dazu führen, dass die hohen Ansprüche der Kunden an die Reaktionszeit unerfüllt bleiben. Wird eine Mail nicht umgehend beantwortet oder die Ware erst nach einigen Tagen verschickt, kommt es zu negativen Reaktionen. Im schlimmsten Fall kommt der Kunde nicht wieder in den Internetshop.

TIPP

In immer mehr Branchen ist es üblich, dass sich Käufer und Verkäufer sehr eng verbinden, wenn es um den Informationsaustausch geht. Die Verbindung der Warenwirtschaftssysteme erfolgt häufig über das Internet. Gehört Ihr zukünftiges Unternehmen in eine solche Branche, dann müssen Sie Ihre Internetverbindungen optimal ausbauen.

Während die Unterstützung der traditionellen Wege im Vertrieb durch das Internet im Bewusstsein jedes Internetnutzers wahrgenommen wird, führt die Gegenseite, der Einkauf für Unternehmen mithilfe des Internets ein Schattendasein. Doch in der Realität hat das Netzwerk auch den Einkauf unterstützt und verändert.

Die enge Verbindung der Warenwirtschaftssysteme über die gesamte Kette von Hersteller, Handel und Industrie ist erst durch das Internet kostengünstig möglich geworden. Darum kann sich der Einkäufer auf seine eigentliche Arbeit, die Sicherstellung der kostengünstigen Versorgung des Unternehmens, konzentrieren und muss nicht mehr den größten Teil seiner Arbeit mit der leidigen Disposition verbringen.

Für junge Unternehmen bedeutet dies, dass die gebotenen Möglichkeiten intensiv genutzt werden müssen. Der Einkauf mit starker Unterstützung des Internets kann den entscheidenden Vorteil gegenüber den etablierten Mitbewerbern bieten. Er ermöglicht eine günstigere Beschaffung durch einen besseren Abgleich der Anforderungen mit den Angeboten und macht auch versteckte Lieferquellen ausfindig.

Die beschriebenen Möglichkeiten des Internets in Vertrieb und Einkauf stehen meist neben den traditionellen Arbeitsweisen. So kann der Einkäufer neben der üblichen Vorgehensweise für wichtige Stoffe und Materialien auch das Internet nutzen. Oder neben dem Verkauf im Ladengeschäft wird ein größerer Kundenkreis über das Internet erschlossen. Sie dürfen nur nicht einen der Wege halbherzig betreiben, dann wird die Internetnutzung scheitern. Gerade junge Unternehmen verzetteln sich, wenn zu viele Möglichkeiten gleichzeitig genutzt werden sollen. Dieser Gefahr muss sich der Existenzgründer bewusst sein.

2.5.1 Internethilfe in der täglichen Arbeit

Das Internet bietet dem Existenzgründer und Unternehmer mehr als die beschriebenen Möglichkeiten, den Vertrieb oder den Einkauf zu verbessern. Es bietet eine Vielzahl von Informationen und Hilfen, die oft kostenlos, immer aber schnell und unbürokratisch genutzt werden können.

Jeder kann eine Website im Internet betreiben und dort Informationen bereitstellen. Jeder kann seine Meinung in Foren oder sozialen Gemeinschaften kundtun. Das bedeutet nicht, dass dort auch korrekte Informationen gegeben werden. So genießt z. B. das Internetlexikon Wikipedia ein hohes Ansehen, wenn es um die Beschaffung von Informationen geht. Vergessen wird dabei jedoch, dass sich jeder mit seiner Auffassung über korrekte Wahrheiten im usergesteuerten Lexikon beteiligen kann. Fehler werden durch die vorhandenen Kontrollstrukturen nicht immer entdeckt, zumindest nicht sofort. Daten aus dem Internet müssen aus seriösen Quellen stammen. Für Ihre Gründung wichtige Informationen sollten Sie sich von mindestens zwei unabhängigen Quellen besorgen.

Doch wo kann das Internet das gerade gegründete Unternehmen in der täglichen Arbeit des Gründers und seiner Mitarbeiter unterstützen? Hier ist es wichtig, die Nutzung systematisch zu betreiben. Das aus dem privaten Bereich bekannte Surfen im Netz kostet viel Zeit und führt nicht immer zum gewünschten Ergebnis. Darum sollte der Einsatz des digitalen Netzwerkes in der täglichen Arbeit genau reglementiert werden. Die Informationsvermittlung spielt die wichtigste Rolle.

Informationen für den Kunden

Viele junge Unternehmen scheitern an erklärungsbedürftigen Produkten oder Vertriebswegen, da diese einen großen technischen und personellen Aufwand verursachen. Die Qualität der Informationen an den Kunden ist oft nicht mit denen etablierter großer Unternehmen zu vergleichen, da die Ressourcen dafür einfach nicht zur Verfügung stehen. Das Internet hilft, diesen Nachteil zu beheben. Informationen über Produktbeschaffenheit, Bedienungsanleitung, Lieferfähigkeit oder Preise können ohne großen Aufwand über das Netz an viele potenzielle Kunden verteilt werden.

> **TIPP**
>
> Als junges Unternehmen haben Sie die Chance, Ihre Strukturen so auszurichten, dass die notwendigen Daten sofort digital und in der richtigen Form verfügbar sind.

Informationen über Kunden

Wer seinen Kunden ein Zahlungsziel einräumen muss, sollte wissen, mit wem er es zu tun hat. Informationen über den Kunden und dessen bisheriges Zahlungsverhalten können schnell und komfortabel über entsprechende Dienstleister im Netz abgerufen werden. Das verursacht Kosten, da der Dienstleister dafür bezahlt werden will. Diese Kosten sind jedoch niedriger als bei Papierauskünften. Vor allem sind sie schneller verfügbar, sodass die Flexibilität junger Unternehmen nicht behindert wird.

Informationen für den Unternehmer

Der Unternehmer benötigt, wie bereits gesehen, erhebliches Wissen in den Bereichen Recht, Steuern, Betriebswirtschaft und Technik. Das Internet kann das vorhandene Wissen verstärken und Sicherheit geben bei Informationsdefiziten. Gleichzeitig können Informationen in den täglichen Arbeitsablauf einbezogen werden. So sind tägliche Angaben zu Währungskursen (bei Export außerhalb des Euro-Raumes) in der Buchhaltung willkommen. Der Einkauf von Rohstoffen kann sich über Börsennotierungen freuen. Hier gibt es eine Vielzahl von Möglichkeiten.

Einsatzbereich	Einsatzmöglichkeit	Suchhinweis
Buchhaltung	Wechselkurse Rohstoffnotierungen Zinsentwicklungen Durchschnittszinsen Meldungen für Umsatzsteuer	Websites von Banken www.bundesbank.de www.elster.de
Einkauf	Rohstoffnotierungen Transportkonditionen Lieferantensuche Produktinformationen	Suchmaschinen Websites der Lieferanten Wer liefert was? www.bundesanzeiger.de

Einsatzbereich	Einsatzmöglichkeit	Suchhinweis
Recht	Neuerungen im Handelsrecht Umweltschutzrecht Produktkennzeichnung Datenschutzinformationen Mitarbeiterrechte	Bundesfinanzministerium Suchmaschinen
Steuern	Steuersätze Steueränderungen Zinsen für Rückstellungen	www.bundesbank.de Bundesfinanzministerium
Personal	Vertragsmuster Checklisten Mitarbeiter Personalabrechnung Meldungen zur Sozialversicherung Meldungen für Lohnsteuer Entlohnungstarife	www.elster.de Suchmaschinen
Technik	Normen Produktionsverfahren wissenschaftliche Grundlagen Materialkunde	Suchmaschinen
Unternehmensführung	Projektmanagement Strategieentwicklung Wirtschaftliche Kennzahlen Brancheninformationen Fördermittel	Suchmaschinen Websites der Verbände Bundeswirtschaftsministerium www.kfw.de

Das Internet kann gerade für junge Unternehmen gefährlich werden, wenn es nicht systematisch eingesetzt wird, um die Wettbewerbssituation zu stärken. In der täglichen Arbeit lassen sich viele Anwendungsbereiche entdecken, die systematisch die Informationen und Kommunikationswege des Internets nutzen müssen. Eine ungeregelte Nutzung führt zu Wildwuchs und Zusatzaufwand. Der Existenzgründer muss die Chance erkennen, die eine konsequente Ausrichtung seines Unternehmens auf das Medium Internet bietet.

3   Die Finanzierung des Unternehmens

Neben einer guten Geschäftsidee ist eine solide Finanzierung der wichtigste Parameter für den Erfolg einer Existenzgründung. Wer die Chancen der Selbstständigkeit nutzen will, muss zunächst investieren, und zwar viel Zeit und viel Geld. Dabei gilt es, ein tragfähiges Fundament für das junge Unternehmen zu schaffen.

- Kaum eine Unternehmensgründung kommt ohne Finanzierung aus. Je nach Unternehmensart fallen bereits in der Gründungsphase mehr oder weniger hohe Ausgaben an.
- Ausreichende Mittel für das junge Unternehmen erleichtern die ersten Schritte in die Selbstständigkeit. Das Verhältnis zwischen Eigenkapital und Fremdfinanzierung sollte ausgewogen sein. Staatliche Förderungen können ebenfalls zur Finanzierung beitragen.
- Für eine erfolgreiche Unternehmensgründung ist es notwendig, die laufenden Kosten zu kennen, die sich nach der Gründung regelmäßig einstellen werden. Sie sind ein Parameter im Businessplan und bestimmen den Erfolg wesentlich mit.
- Der zweite, gegenläufige Parameter im Businessplan sind die Erlöse, die aus den Verkäufen entstehen. Erlöse korrekt zu kalkulieren ist nicht immer ganz einfach. Dennoch muss der Versuch unternommen werden, die in der Zukunft zu erwartenden Umsätze vorherzusagen.
- Alle Berechnungen münden in einen Businessplan. Der Businessplan zeigt, ob die Existenzgründung Erfolg haben wird, und gibt gleichzeitig Hinweise für mögliche Verbesserungen.
- Der Businessplan ist die Grundlage für Gespräche mit externen Geldgebern (in der Regel Banken). Im Bankgespräch wird dann auch eine mögliche Förderung in die Wege geleitet.

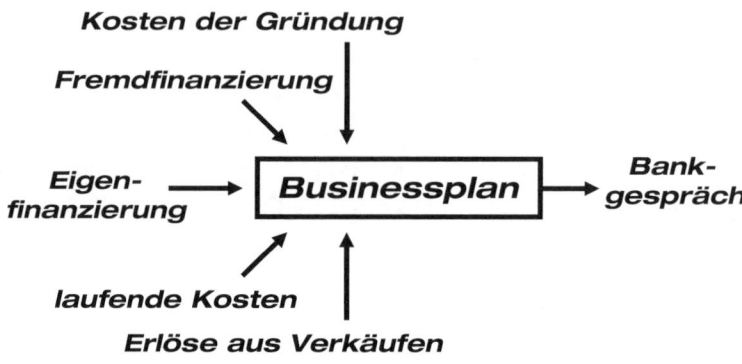

Abb. 1: Die Daten des Businessplans

Am Ende jedes Kapitels finden Sie eine Arbeitshilfe, mit der Sie Ihre individuellen Daten berechnen können. Sie finden diese Tabellen auch auf auf dem Download-Portal (Arbeitshilfen online). Nutzen Sie sie, um sich ein realistisches Bild Ihrer finanziellen Situation zu machen. Sollten die Tabellen nicht alle Fakten Ihrer individuellen Situation abbilden, ergänzen Sie sie bitte.

3.1 Die Kosten der Unternehmensgründung

Der Finanzbedarf bei der Gründung eines Unternehmens wird oft unterschätzt. Auch wenn keine Investitionen (in Maschinen, Fahrzeuge und Geschäftseinrichtung) gemacht werden müssen, fallen viele Ausgaben an. Sie müssen mit vielen kleinen Kostenblöcken rechnen, die Sie in Ihrer Finanzplanung berücksichtigen müssen.

3.1.1 Die Kosten des Gründungsprozesses

Im Rahmen jedes Gründungsprozesses entstehen Kosten. Dabei können selbst relativ geringe Beträge problematisch sein. Zum Beispiel dann, wenn die

Existenzgründung aus der Arbeitslosigkeit heraus erfolgt und kein finanzieller Spielraum vorhanden ist.

● TIPP

Wenn Sie aus der Arbeitslosigkeit heraus eine Existenz gründen wollen und Ihre finanzielle Situation Ihnen keine Ausgaben für Gründungskosten erlaubt, dann sprechen Sie mit Ihrem Fallmanager bei der Agentur für Arbeit. Er kann Ihnen helfen, Ihren Weg aus der Arbeitslosigkeit in die Selbstständigkeit zu gehen.

- Die Vorbereitung der Existenzgründung wird durch Seminare, durch das Studium der einschlägigen Literatur und durch Gespräche im Kreise Gleichgesinnter (z. B. Gründerstammtisch) unterstützt. Auch hierfür fallen Kosten an, und zwar in Form von Seminargebühren, Buchkäufen, Essen und Trinken. Der Besuch eines Vorbereitungsseminars und eines aufbauenden Seminars kostet schnell 500 €, Bücher zur Gründung von Unternehmen und zur jeweiligen Branche kosten ca. 100 €.
- In der Planungsphase werden Informationen benötigt, die nicht kostenlos von Verbänden oder vom statistischen Bundesamt zur Verfügung gestellt werden. Diese Informationen zu erlangen, verursacht Kosten in Höhe von mehreren hundert €. Dazu kommt die Gründungsberatung, die bei fünf Tagen und einem Tagessatz von 800 € zu Ausgaben in Höhe von 4.000 € führt.

! ACHTUNG

Wenn Sie eine Förderung für Ihre Gründungsberatung bekommen, müssen Sie den Förderbetrag hier wieder abziehen. Es geht an dieser Stelle nur um echte Kosten, um Ausgaben, die Sie selbst tragen müssen.

- Bei der Umsetzung der Gründungsplanung in ein reales Unternehmen müssen Gebühren für Genehmigungen, Eintragungen und für Werbung gezahlt werden. Eine Gewerbeanmeldung kostet zwar nur 20 oder 30 €, für die notwendigen Genehmigungen müssen allerdings Zeugnisse beglaubigt werden, sodass einiges an Gebühren hinzukommt.
- Die notwendigen Ausgaben für die Eröffnungswerbung müssen Sie schätzen. Arbeiten Sie am besten mit einem Berater zusammen und fragen Sie

ihn. Ansonsten lassen Sie sich ein Angebot von einer Werbeagentur machen oder addieren Sie Schätzwerte für einzelne Punkte der von Ihnen geplanten Aktionen (Anzeige, Flyer, Empfang, Preisausschreiben etc.).

■ Bei der Vorbereitung, Planung und Umsetzung einer Unternehmensgründung fallen immer auch Fahrtkosten an, weil der Existenzgründer viele Stellen besuchen, Informationen einholen und Gleichgesinnte treffen muss. Auch hohe Kommunikationskosten (vor allem für das Telefon) müssen eingeplant werden.

Viele der einzelnen Kosten, die bei der Gründung selbst anfallen, sind für sich betrachtet nicht sonderlich hoch. Doch wenn am Ende die Summe gezogen wird, kommt ein erheblicher Betrag zusammen. Leider sind daran schon eigentlich erfolgversprechende Gründungen gescheitert. Deshalb ist es besonders wichtig, dass Sie eine Vorstellung davon bekommen, welche Gründungskosten auf Sie zukommen.

ARBEITSHILFE
ONLINE

Phase	Kostenart	Planwert
Vorbereitung	Seminare	500,00
	Treffen	500,00
	Literatur	100,00
	Sonstiges	
		1.100,00
Planung	Informationsbeschaffung	1.000,00
	Beratung	3.000,00
	abzgl.: Förderung	-2.000,00
	Sonstiges	500,00
		2.500,00
Umsetzung	Gewerbeanmeldung	50,00
	Genehmigungen	50,00
	Eintragungen	0,00
	Werbemaßnahmen	1.500,00
	Sonstiges	0,00
		1.600,00
in jeder Phase	Fahrtkosten	400,00
	Kommunikationskosten	200,00
	Sonstiges	500,00
		1.100,00
	Gesamtsumme	6.300,00

Abb. 2: Beispiel Berechnung Gründungskosten

3.1.2 Die Investitionen

Es gibt Existenzgründungen, die fast ohne Investitionen auskommen. Das ist jedoch eher selten der Fall.

> ▶ **BEISPIEL**
>
> Jutta Werk hat eine Unternehmensberatung gegründet, deren einzige Mitarbeiterin sie selbst ist. Alle wichtigen Hilfs- und Arbeitsmittel (ein Arbeitsplatz, ein PC, ein Telefon und ein Auto) sind vorhanden. Zusätzliche Investitionen sind nicht notwendig; zumindest nicht zu Beginn der unternehmerischen Tätigkeit. Dennoch handelt es sich bei den oben genannten Hilfs- und Arbeitsmitteln um Investitionen, wenn auch um kleinere. Denn die genutzten Gegenstände gehören zum Privatvermögen der Existenzgründerin und müssen als Investitionen gewertet werden. Da allerdings kein Geld fließt, sind diese Investitionen für die hier vorbereitete Finanzplanung ohne Belang. Ob später (in der ersten Steuerabrechnung) entsprechende Beträge berücksichtigt werden können, muss der Steuerberater prüfen.

Bei den meisten Existenzgründungen sind dagegen mehr oder weniger umfangreiche Investitionen notwendig. Fahrzeuge werden fast immer gebraucht, Büroeinrichtungen auch. Der Umfang der Investitionen hängt vom Unternehmenstyp und von der Größe des neuen Unternehmens ab.

- Im Einzelhandel werden neben Fahrzeugen (zum Einkauf) und der Büroeinrichtung vor allem Regale und Präsentationsmöbel wie Verkaufsregale, Warenständer usw. benötigt. Außerdem müssen die Kasse, die Lagereinrichtung und verschiedene Transportmittel beschafft werden. Oft spielt die Beleuchtung eine wichtige Rolle für den Erfolg des Geschäftes. Raffinierte Lichtkonzepte sollen die Ware in ein besonders gutes Licht rücken und die Kunden zum Kauf verführen. Deshalb kostet die Beleuchtung von Einzelhandelsgeschäften sehr viel Geld. Planen Sie das unbedingt ein.
- Bei Dienstleistern variiert der Investitionsbedarf sehr stark. Ein Arzt muss eine teure Praxis einrichten, während ein selbstständiger Werbegrafiker nicht viel mehr als seinen PC benötigt. Das Planen der Investitionsausga-

ben ist dann besonders wichtig, wenn Ihre Ausstattung hohen Ansprüche genügen muss.

- Wer sich als Handwerker (z. B. als Dachdecker) selbstständig machen will, muss in der Regel ein Fahrzeug kaufen und eine kleine Lagerhalle einrichten. Hinzu kommen die Maschinen, die für die Leistungserbringung erforderlich sind. Auch ein Ausstellungsraum verursacht Kosten.
- Den größten Investitionsbedarf haben Fertigungsunternehmen, die neben einem Büro und einem Fuhrpark vor allem auch teure Produktionsmaschinen benötigen.

Üblicherweise werden die Investitionen nach der Art der Vermögensgegenstände eingeteilt. Neben Investitionen in Wertpapiere und Unternehmensbeteiligungen, die bei einer Existenzgründung nur selten eine Rolle spielen, werden Grundstücke und Gebäude, Maschinen, Fuhrpark und Einrichtung unterschieden.

Grundstücke/Gebäude

Das Unternehmen muss einen Standort haben. Die benötigten Räume, deren Größe und Ausstattung vom Unternehmenstyp abhängen, müssen gekauft oder angemietet werden. Werden die Räume gekauft, entsteht Finanzbedarf in großem Umfang. Nur wenige Investitionen sind indes notwendig, wenn der Existenzgründer Büroräume im eigenen Haus nutzt. Typisch ist das aber nicht. Auch in gemieteten Räumen können Gebäudeinvestitionen anfallen.

Beim Kauf entsteht Finanzbedarf für

- den Kaufpreis bzw. die Anzahlung oder das Eigenkapital für die Finanzierung,
- die Nebenkosten (Notargebühren, Grunderwerbssteuer, Eintragung ins Grundbuch),
- Maklergebühren,
- notwendige Renovierungskosten.

> **!** **ACHTUNG**
>
> Wenn Sie die Räume finanzieren, müssen Sie diese Belastung später in die laufenden Auszahlungen übernehmen. Dazu werden sogenannte Abschreibungen errechnet (siehe Kapitel 5.2). Grundstücke werden nicht abgeschrieben, weil sie nicht verbraucht werden. Gebäude werden normalerweise mit einer Nutzungsdauer von 25 Jahren abgeschrieben.

Bei einem Mietvertrag entsteht Finanzbedarf für

- die Mietkaution,
- die Maklergebühren,
- die Renovierungskosten.

Investitionen im rechtlichen Sinne liegen bei der Mietkaution und den Maklergebühren bei Mietobjekten nicht vor. Die Kaution geht nicht verloren, bei den Maklergebühren handelt es sich um Kosten. Bei der Renovierung können jedoch zu aktivierende Mietereinbauten eine Rolle spielen. Die Auswirkungen auf den Finanzbedarf sind mit den normalen Renovierungskosten identisch, die Auswirkungen auf den zu versteuernden Gewinn des ersten Jahres allerdings nicht, weil sie aktiviert und später abgeschrieben werden müssen. Fragen Sie Ihren Steuerberater.

Maschinen

Fertigungsunternehmen benötigen Maschinen, meistens in großem Umfang. Auch Handwerker müssen Hilfsmittel kaufen, um ihre Leistung erbringen zu können. Maschinen und andere Hilfsmittel brauchen vorhandene Finanzmittel auf. Die Investition besteht also nicht nur aus dem Kaufpreis:

- Der Kaufpreis einer Maschine bildet in der Regel den größten Teil des benötigten Betrages.
- Hinzu kommen Nebenkosten wie der Transport und die Versicherung.
- Wird ein Makler eingeschaltet, was bei komplexen Systemen durchaus üblich ist, erhält er eine Provision. Sie erhöht den Anschaffungspreis der Maschine.
- Auch die Kosten für das Aufstellen und die Inbetriebnahme einer Maschine erhöhen den Finanzbedarf.

TIPP

Wenn Ihre finanziellen Mittel knapp sind, können Sie versuchen, den Maschinenlieferanten an der Finanzierung zu beteiligen. Oft bieten Hersteller von Investitionsgütern ihren Kunden eigene Finanzierungsmodelle an. Diese Finanzierungsmodelle können oft genutzt werden, ohne die eigene Liquidität zu belasten. Vor allem aber belasten sie die Sicherheiten des jungen Unternehmens nicht.

Fuhrpark

Für fast jedes Unternehmen ist mindestens ein Fahrzeug notwendig. Manche Unternehmen (z. B. Handwerker) benötigen Transporter und kleine Lkws. Zu den zu finanzierenden Beträgen gehören auch die Kosten für Sonderausstattungen, Überführung und Anmeldung.

TIPP

Nutzen Sie die Finanzierungsangebote der Fahrzeughersteller, wenn Ihre Finanzierung eng ist. Prüfen Sie aber, ob Sie trotzdem den maximalen Rabatt erhalten. Manchmal ist eine Fremdfinanzierung des reduzierten Kaufpreises günstiger als die Finanzierung durch den Hersteller.

Einrichtung

Jedes Unternehmen benötigt Einrichtungsgegenstände. Dazu gehören Möbel für die Büroeinrichtung und technische Hilfsmittel wie PCs und Telefone. Darüber hinaus unterscheiden sich die Ansprüche — je nach Unternehmenstyp — erheblich:

- Alle Unternehmen benötigen eine Büroausstattung und Kommunikationsmittel. Manchmal reicht ein einfacher Schreibtisch mit Telefon und Fax (z. B. im Einzelhandel). Andere Unternehmen müssen mehrere Büroräume hochwertig einrichten (z. B. Rechtsanwälte).
- Einzelhandelsunternehmen geben viel Geld für die Einrichtung des Ladengeschäftes aus (für Regale, Beleuchtung, Kassen usw.). Einen Teil dieser Aufwendungen muss auch ein Handwerker für seine Ausstellungsräume tätigen.

- Einzelhändler, Handwerker und Fertigungsunternehmen benötigen Lager, die mit Regalen und Transportmitteln ausgestattet werden müssen.
- Eine wichtige Investition ist die Einrichtung bei Existenzgründungen in Heilberufen. Hier müssen Praxen eingerichtet werden, die neben Warte- und Untersuchungsräumen auch teure Untersuchungsmaschinen benötigen.
- Gastronomieunternehmen müssen den Gastraum einrichten und Restaurants die Küche füllen.

Vermögenstyp	Anschaffung	Einzelhandel Planwert netto	Heilpraktiker Planwert netto
Grundstücke /	Kaufpreis bzw. Eigenbeteiligung	0,00	0,00
Gebäude	Grunderwerbssteuer	0,00	0,00
	Notargebühren	0,00	0,00
	Grundbucheintragung	0,00	0,00
	Mietkaution	2.500,00	1.500,00
	Maklercourtage	3.000,00	2.000,00
	Renovierung	7.500,00	1.500,00
	Sonstiges	0,00	
Maschinen	Maschine X	0,00	0,00
	Nebenkosten	0,00	0,00
	Maschine Y	0,00	0,00
	Nebenkosten	0,00	0,00
	Maschine Z	0,00	0,00
	Nebenkosten	0,00	0,00
	Sonstiges	0,00	0,00
Fuhrpark	LKW	0,00	0,00
	Nebenkosten	0,00	0,00
	Transporter	0,00	0,00
	Nebenkosten	0,00	0,00
	PKW	15.000,00	22.000,00
	Nebenkosten	750,00	1.000,00
	Sonstiges	250,00	500,00
Einrichtung	Büroeinrichtung, Praxiseinrichtung	750,00	7.500,00
	Kommunikation (PC, Telefon, ...)	2.000,00	2.000,00
	Ladeneinrichtung	15.000,00	0,00
	Beleuchtung	5.000,00	2.000,00
	Lagerregale	1.000,00	0,00
	innerbetriebliche Transportmittel	500,00	0,00
	Sonstiges	1.500,00	2.500,00
Summe		54.750,00	42.500,00

Abb. 3: Beispiel: Investitionsbedarf für Einzelhändler und Heilpraktiker

Diese Aufzählung könnte noch für viele Unternehmenstypen in der Existenzgründung fortgesetzt werden. Wichtig ist, dass die Planung möglichst vollständig alle Investitionen umfasst, die für die Einrichtung anfallen.

Die oben stehende Tabelle zeigt exemplarisch zwei Beispiele für typische Investitionsbeträge eines Einzelhandelsgeschäftes für Geschenkartikel und eines Heilpraktikers. Selbstverständlich müssen die Einzelpositionen exakt aufgelistet werden, um z. B. den Posten der Praxiseinrichtung realistisch planen zu können.

Die zu finanzierenden Beträge müssen um die gezahlte Mehrwertsteuer reduziert werden, wenn Sie Umsatzsteuer erheben müssen. Sie können diese Beträge als Vorsteuer auch dann abziehen, wenn Sie unter der Verpflichtungsgrenze liegen und für die Umsatzsteuer optiert haben. Gerade für eine Existenzgründung mit hohem Investitionsbedarf ist das von Vorteil. Genaue Informationen über die Vorteile der Mehrwertsteueroption kann Ihnen Ihr Steuerberater geben.

3.1.3 Die Finanzierung der Betriebsmittel

Ein Fehler, der sich in der Praxis immer wieder findet, hat mit der notwendigen Vorfinanzierung von Betriebsmitteln wie Beständen und Leistungen zu tun. In allen Vorüberlegungen wird der Einkauf von Waren und Materialien dem Verkauf der eigenen Produkte entgegengestellt. Dabei wird vergessen, dass die Waren für den Verkauf und die Produktion in aller Regel vom Unternehmen vorfinanziert werden müssen.

- Damit eine gleichmäßige und kostengünstige Produktion gewährleistet ist, müssen die Materialien und Bauteile sicherheitshalber vorrätig sein.
- Auf der Verkaufsseite müssen die Produktions- und Lieferzeiten durch Lagerbestände an Fertigprodukten überbrückt werden, um die Kunden

schnell bedienen zu können. Die Bewertung der Fertig- und Halbfertigwaren eines Produktionsbetriebes erfolgt nicht auf der Grundlage des Verkaufspreises, sondern auf der Grundlage der bisher angefallenen Herstellkosten. Dazu zählen das verbrauchte Material samt Rohstoffen und Bauteilen und die in der Produktion geleistete Arbeit.

TIPP

Lagerbestände von selbst hergestellten Produkten ermöglichen eine kostengünstige Herstellung in großen Losen. Der Kostenvorteil muss mit den Lagerkosten verglichen werden. Ein Hilfsmittel dafür ist die Berechnung der optimalen Losgröße (oder Bestellmenge).

- Eine besondere Art von Lagerbeständen stellen die Waren dar, die den Kunden im Verkaufsraum des Einzelhändlers angeboten werden. Grundsätzlich handelt es sich bei ihnen auch um Lagerbestände des Einzelhandelsgeschäftes.
- Jedes Unternehmen, das Mitarbeiter beschäftigt, wird seine Mitarbeiter zumindest teilweise schon vor der eigentlichen Eröffnung des Unternehmens beschäftigen müssen. Die Verkaufsräume müssen eingerichtet werden, die Produktion wird getestet, Vorräte werden produziert. Auch diese Kosten fallen in der Gründungsphase an und müssen bezahlt werden, ohne durch Einnahmen gedeckt zu sein. Die Personalkosten der direkt an der Produktion beteiligten Mitarbeiter werden in den Herstellkosten der Fertig- und Halbfertigwaren berücksichtigt.

Sie können versuchen, die Lieferanten Ihrer Materialien an der Vorfinanzierung zu beteiligen, indem Sie ihnen längere Zahlungsziele für die Startphase abverlangen. Solche Lieferantenkredite sind ohne Sicherheiten zu bekommen, entlasten also die Kreditbeschaffung bei den Banken. Auf der anderen Seite kosten Lieferantenkredite viel Geld, wenn eine schnelle Bezahlung durch Skonti belohnt wird.

▶ **BEISPIEL**

Frauke Hellweg stellt in ihrer neuen Boutique Waren im Gesamtwert von ca. 20.000 € aus. Der wichtigste Lieferant bietet ihr an, die Ware erst 6 Wochen nach der Eröffnung zu bezahlen. Die normale Lieferkondition ist 10 Tage mit 3 % Skonto. Auch die Bank von Frau Hellweg bietet ihr an, den Verkaufswarenbestand über einen Kontokorrentkredit mit 8 % Zinsen pro Jahr zu finanzieren. Die Existenzgründerin rechnet aus, wie teuer der Lieferantenkredit ist. Für 32 Tage (6 Wochen abzgl. 10 Tage Skontofrist) soll sie auf 3 % Skonto verzichten. Das macht für das Jahr einen Zinssatz von 33,75 % (360 Zinstage pro Jahr: 32 Tage Laufzeit des Lieferantenkredits x 3 % Skonto).

Der Bankkredit ist deshalb wesentlich preiswerter. Diese Aussage gilt für jede übliche Skontokondition. Wenn also ein Bankkredit möglich ist, ist er dem Lieferantenkredit auf jeden Fall vorzuziehen.

- Bis auf den Einzelhandel, der sein Geld meistens sofort von seinen Kunden bekommt, wird der Verkauf von Waren und Leistungen über Rechnungen abgewickelt. Rechnungen werden mit einem Zahlungsziel versehen und die Kunden bezahlen die Forderungen nach einer gewissen, branchenabhängigen Zeit. Bis die Zahlung eingeht, müssen die Forderungen vorfinanziert werden. Dazu sind Betriebsmittel notwendig.

- Die Planung der benötigten Betriebsmittel ist sehr stark von unvorhersehbaren Ereignissen geprägt. So kann es z. B. sein, dass ein großer Kunde seine Rechnung verspätet zahlt oder dass das im Lager vorhandene Material nicht verarbeitet werden kann, weil die Produkte, die daraus hergestellt werden sollen, nicht abverkauft werden können. Für solche Fälle muss eine Reserve in die Planung der Finanzierung für Betriebsmittel eingerechnet werden.

Art	Kostenart	Planwert
Lagerbestand	Rohstoffe	1.500,00
Material	Material	15.000,00
	Bauteile	250,00
	Sonstiges	0,00
		16.750,00
Warenbestand	Halbfertigteile	5.000,00
Verkaufsartikel	Fertige Produkte	25.000,00
	Handelswaren	1.000,00
	Sonstiges	0,00
		31.000,00
Verkaufsbestand	Verkaufsartikel	0,00
	Muster	0,00
	Sonstiges	0,00
		0,00
Mitarbeiter	Aufbau und Einrichtung	1.500,00
	Verwaltung	2.500,00
	Sonstiges	800,00
		4.800,00
Forderungen	maximaler Forderungsbestand in der Gründungsphase	20.000,00
	Zwischensumme	72.550,00
Reserve	ca. 20% von Zwischensumme	15.000,00
	Gesamtsumme	87.550,00

Abb. 4: Beispiel Betriebsmittelfinanzierung eines Fertigungsunternehmens

3.1.4 Wovon leben Sie während der Gründung?

Auch als Existenzgründer müssen Sie während der Gründungsphase leben und Ihren finanziellen Verpflichtungen nachkommen. Wenn es Ihnen möglich ist, die Gründungsvorbereitungen parallel zu einer Beschäftigung durchzuführen, sind Sie entsprechend abgesichert. Auch wenn Sie anderweitig über entsprechende finanzielle Mittel verfügen (z. B. durch eine Abfindung oder durch die Unterstützung Ihres Partners), müssen Sie keine zusätzlichen Mittel für Ihren Lebensunterhalt in der Gründungsphase finanzieren.

Normalerweise muss der Existenzgründer aber auch seinen Lebensunterhalt aus den gesamten Mittel, die für das Vorhaben zur Verfügung stehen, bestreiten. Deshalb ist es wichtig zu wissen, wie hoch der eigene Bedarf ist. Er kann dann nämlich in die Finanzberechnung einbezogen werden.

Der Bedarf selbst wird durch die monatlichen Ausgaben für die Lebensführung und von der Dauer der Gründungsphase bestimmt. Dabei reicht der Zeitraum für die Berechnung der notwendigen Beträge bis zu dem Zeitpunkt, zu dem Einnahmen aus dem neu gegründeten Unternehmen entstehen, die dafür ausreichen, neben den Unternehmenskosten auch die privaten Ausgaben des Existenzgründers zu decken. Gründungsphasen sind umso länger, je komplexer das Vorhaben ist. Zwei Monate und mehr sind keine Seltenheit.

Tragen Sie in die folgende Tabelle nur Beträge ein, die realistisch und ausreichend sind. Während der Gründungsphase und auch darüber hinaus können Sie nur selten mit kräftig sprudelnden Geldeinnahmen für den privaten Verbrauch rechnen. Zunächst geht das Unternehmen vor.

Art	Kostenart	Planwert
Wohnen	Miete bzw. Hypothekenzahlung	450,00
	Nebenkosten der Wohnung	150,00
	Energie usw., soweit keine Nebenkosten	75,00
	Sonstiges, auch als Sicherheit	100,00
		775,00
Regelmäßiges	Versicherungsbeiträge	100,00
	GEZ, Zeitungen, Abonnements	40,00
	Beträge für Ratenzahlungen	250,00
	Sonstiges	0,00
		390,00
Leben	Lebensmittel	250,00
	Bekleidung	100,00
	Medikamente, Kultur, usw.	20,00
	Rauchen, Ausgehen usw.	0,00
	Sonstiges	0,00
		370,00
Auto	Kfz-Steuer	20,00
	Kfz-Versicherung	30,00
	Treibstoff	120,00
	Reparaturen, Inspektionen	50,00
		220,00
	Summe pro Monat	1.755,00
Anzahl Monate Gründungsphase		2,00
	Gesamtsumme	3.510,00

Abb. 5: Beispiel: Planung der Lebenshaltungskosten

3.2 Die Finanzierung

Jetzt ist bekannt, was die Existenzgründung kosten wird. Der nächste Schritt besteht darin, festzustellen, woher das Geld für die Unternehmensgründung kommen soll. Grundsätzlich gibt es zwei Quellen: Das Eigenkapital des Existenzgründers und das Fremdkapital von Geldgebern.

Banken und andere Geldgeber definieren das vorhandene Eigenkapital manchmal anders als der Existenzgründer. Kann der Existenzgründer neben seinen eigenen Mitteln noch Geld von seiner Familie oder von Freunden sammeln, wird dieses Geld von den typischen Fremdkapitalgebern wie Eigenkapital gewertet. Denn in der Regel besteht keine rechtliche, sondern nur eine moralische Verpflichtung des Existenzgründers, das Geld an die Familie bzw. die Freunde zurückzuzahlen. Auf jeden Fall wird diese Verpflichtung rechtlich hinter den Verpflichtungen gegenüber der Banken stehen.

Für Sie als Existenzgründer kann das zu erheblichen Problemen führen. Sie sind (zumindest moralisch) verpflichtet, auch das Geld aus der Familie und aus dem Freundeskreis auf Verlangen zurückzuzahlen, können das aber, wenn die liquiden Mittel knapp sind, nicht immer. Deshalb sollten Sie sich gut überlegen, ob Sie tatsächlich Geld von Ihren Eltern, Ihren Geschwistern oder anderen, Ihnen nahestehenden Personen für die Erfüllung Ihres Traumes einsetzen wollen.

Derjenige, von dem das Eigenkapital eines Unternehmens stammt, hat in der Regel auch einen Anspruch auf Mitsprache bei der Unternehmenspolitik und bei der Durchführung der Geschäfte. Oft beschränkt sich dieses Recht darauf, die Geschäftsführung zu bestimmen, der Einfluss kann aber auch weiter reichen. Im Gegensatz dazu haben Fremdkapitalgeber keinen Einfluss auf die Unternehmensführung, dafür wird ihr Kapital gesichert und verzinst.

Ein gesundes Unternehmen weist ein vernünftiges Verhältnis zwischen Eigenkapital und Fremdkapital aus. Fördermittel können dieses Verhältnis verbessern oder zumindest die Auswirkungen zu geringen Eigenkapitals (z. B. höhere Sicherheiten) reduzieren. Deshalb werden wir uns nach dem Eigenkapital ausführlich auch mit dem Fremdkapital und den Fördermitteln beschäftigen.

3.2.1 Das Eigenkapital

Das Eigenkapital wird vom Unternehmer, also von Ihnen selbst, zur Verfügung gestellt, um eine unternehmerische Tätigkeit überhaupt zu ermöglichen. Es ist durch die folgenden Kriterien gekennzeichnet:

- An Eigenkapital sind keine Bedingungen geknüpft. Es wird nicht gesichert und geht im Falle einer Insolvenz unwiederbringlich verloren.

- Das Eigenkapital steht dem Unternehmen unbegrenzt, zumindest aber für einen sehr langen Zeitraum zur Verfügung. Die Kündigung von Eigenkapital wird im Gesellschaftsvertrag geregelt. Sie ist allerdings mit hohen Hürden versehen, damit das Kapital den Gläubigern des Unternehmens auch langfristig zur Verfügung steht.
- Es gibt keine feste Verzinsung für das Eigenkapital. Der Lohn für die Geldüberlassung ist der Gewinn, den das Unternehmen erwirtschaftet. Dieser Gewinn wird anteilig auf die verschiedenen Eigenkapitalgeber verteilt.

Die einzige seriöse Quelle für Eigenkapital sind wirklich freie Mittel des Existenzgründers. Die Höhe des Eigenkapitals, das vom Unternehmer bedingungslos zur Verfügung gestellt wird, zeigt den Banken das Engagement des zukünftigen Unternehmers. Je höher das Eigenkapital ist, desto größer ist das Risiko, das der Existenzgründer bereit ist, einzugehen. Es dient den Banken als zusätzliche Sicherheit.

Sollte das Eigenkapital des Existenzgründers für die Unternehmensgründung nicht ausreichen, kann es nur durch Eigenkapital weiterer Gründer vermehrt werden. Schließen sich Partner zusammen, kann jeder Partner eigene Mittel einbringen und das Eigenkapital des neuen Unternehmers erhöhen.

- Es gibt gleichberechtigte Partnerschaften, in denen die Partner die gleichen Risiken und die gleiche Verantwortung tragen. Jeder ist als Unternehmer tätig. Das funktioniert natürlich nur, wenn alle Partner über Fähigkeiten verfügen, die das neue Unternehmen auch wirklich benötigt.
- In anderen Partnerschaften sind zwar alle Beteiligten auf dem Papier unternehmerisch tätig, die eigentliche Geschäftsführung liegt aber in der Hand eines oder in den Händen mehrerer Gründer. Das kann auch vertraglich so geregelt werden.
- Geldgeber, die von vornherein zwar die unternehmerische Haftung und die unternehmerische Chance der Wertsteigerung wollen, aber keinen Einfluss auf die Geschäfte haben sollen, können z. B. in Form einer Stillen Gesellschaft beteiligt werden. Mehr zur Stillen Gesellschaft erfahren Sie in Kapitel 4.2.

Für die Hingabe des Eigenkapitals, das ja in keinster Weise gesichert ist, verlangen die Partner selbstverständlich eine Belohnung. Ihre Belohnung besteht in der entlohnten Tätigkeit als Unternehmer (für Partner, die auch unternehmerische Verantwortung übernehmen) oder in einem Anteil am Gewinn des Unternehmens. Dabei kann die Höhe der einzelnen Anteile vertraglich unterschiedlich festgelegt werden. Für das neue Unternehmen ist wichtig, dass das Eigenkapital zur Verfügung steht. Für den Existenzgründer ist darüber hinaus wichtig, wie es zusammenkommt.

Ist ein Geldgeber dazu bereit, Eigenkapital fließen zu lassen, ohne unternehmerische Verantwortung zu übernehmen, wird er eine Wertsteigerung seines Geschäftsanteils erwarten. Dabei planen solche Geldgeber meistens schon den Verkauf ihres Anteils mit ein. Stellen Sie deshalb bei der Beteiligung Regeln auf, wie ein solcher Verkauf zu geschehen hat. Vereinbaren Sie ein Vorkaufsrecht, bei dem der Preis für den Anteil nach bestimmten Regeln ermittelt wird. Oder legen Sie ein Vetorecht gegen einen potenziellen Käufer fest. Damit verhindern Sie, dass Sie einen unerwünschten Partner erhalten.

Um zu testen, ob die Höhe des Eigenkapitals für Ihr Unternehmen ausreicht, müssen Sie es mit den errechneten Gründungskosten vergleichen. Ziehen Sie vom Eigenkapital diejenigen Teile der Gründungskosten ab, die anders finanziert werden. So können Investitionsgüter geleast werden oder Lagerbestände aus der Vorfinanzierung durch den Lieferantenkredit bezahlt werden. Die folgende Tabelle gibt Ihnen Hinweise für die richtige Berechnung.

Art	Betrag	davon finanziert	noch zu finanzieren
Gründungskosten	6.300,00		6.300,00
Investitionen	54.750,00		54.750,00
Betriebsmittel	87.550,00		87.550,00
Lebensunterhalt	3.510,00		3.510,00
			152.110,00
Eigenkapitalminimum		20%	30.422,00
Eigenkapital vorhanden			25.000,00
Differenz			-5.422,00

Abb. 6: Beispiel für den Eigenkapitaltest bei 25.000 € verfügbarem Eigenkapital

> **!** **ACHTUNG**
>
> Nehmen Sie die Beschaffung von Eigenkapital sehr ernst. Bei einer zu geringen EK-Ausstattung werden Sie schon in der Gründungsphase, spätestens aber im laufenden Geschäft Probleme mit der weiteren Finanzierung bekommen. Daran sind schon viele Unternehmer trotz großen Engagements und einer hervorragenden Geschäftsidee gescheitert.

3.2.2 Fremdkapital

Jedes Kapital eines Unternehmens, das nicht zum Eigenkapital gehört, muss Fremdkapital sein. Das Fremdkapital ergänzt somit das Eigenkapital und sorgt dafür, dass dem Unternehmen immer die notwendigen liquiden Mittel zur Verfügung stehen.

Fremdkapital ist nur dann sinnvoll, wenn die durch das Fremdkapital entstehenden Kosten geringer sind als der erwartete Nutzen aus dem finanzierten Geschäft. Deshalb muss jede Aufnahme von Fremdkapital durch eine Wirtschaftlichkeitsberechnung bestätigt werden. Die Wirtschaftlichkeitsberechnung wird im Falle der hier besprochenen Existenzgründung durch die Prüfung der Wirtschaftlichkeit des gesamten Vorhabens ersetzt. Ist das gesamte Gründungsvorhaben wirtschaftlich, trifft das auch auf die dazugehörige Fremdfinanzierung zu. Ein Einzelnachweis kann entfallen.

Fremdkapital muss nicht unbedingt von fremden Dritten stammen. Auch der Unternehmer selbst kann seinem Unternehmen einen Kredit gewähren. Ein solcher Unternehmerkredit unterliegt zwar steuer- und haftungsrechtlich besonderen Bedingungen, gehört aber nicht zum Eigenkapital. In Einzelunternehmen, also in Personengesellschaften, spielt das keine Rolle, weil es keinen Unterschied zwischen privatem und geschäftlichem Haftungsvermögen gibt.

Die Bedingungen

Im Gegensatz zum Eigenkapital sind an die Vergabe von Fremdkapital einige Bedingungen geknüpft. Diese Bedingungen sind peinlich genau zu prüfen und zu vergleichen. Werden sie nicht eingehalten, neigen Kapitalgeber zu strikten Reaktionen, zu denen auch die schnelle Kündigung weiterer Kreditverträge gehören können.

- Jeder Fremdkapitalgeber verlangt Sicherheiten für die Rückzahlung des Kredites. Diese Sicherheiten werden — gerade bei Existenzgründern — nicht allein aus Vertrauen auf die Gründung bestehen. Banken erwarten werthaltige Vermögensteile wie Grundstücke und Gebäude, Wertpapiere, Maschinen, Fahrzeuge, Vorräte, Forderungen. Dabei wird der Wert der Sicherheiten nach dem Wert berechnet, der im schlechtesten Fall (also im Fall einer Insolvenz des Unternehmens) erzielt werden kann. Dieser Wert liegt weit unter den Anschaffungskosten und dem Buchwert in der Bilanz. Vorräte z. B. werden mit maximal 50 % ihres Wertes angesetzt, Forderungen zum Teil sogar darunter. Wertpapiere dürften in Zeiten der Finanzmarktkrise kaum noch als Sicherheiten akzeptiert werden, und wenn doch, dann zu Werten, die den Aufwand kaum noch rechtfertigen.

! **ACHTUNG**

Banken verlangen als Sicherheit auch gerne Bürgschaften (z. B. vom Unternehmer, wenn das Unternehmen als Kapitalgesellschaft haftungsbeschränkt ist). Auch Bürgschaften von Partnern und Familienangehörigen sind bei Existenzgründungen weit verbreitet. Prüfen Sie vor einer solchen Bürgschaft überaus sorgfältig, ob Sie andere Menschen aus Ihrer Umgebung tatsächlich damit belasten können bzw. wollen. Schon viele Existenzgründungen haben damit geendet, dass die Banken auf die Bürgschaften zurückgegriffen haben. Dann ist nicht nur Ihr Traum, sondern auch Ihre private Beziehung zu den betroffenen Menschen zerstört.

- Fremdkapitalgeber haben ein Interesse daran, dass ihr Kredit problemlos zurückgezahlt werden kann. Deshalb werden sie Ihre Geschäftsidee und deren Tragfähigkeit genau prüfen. Der Erfolg des jungen Unternehmens ist den Fremdkapitalgebern wichtig, weil ansonsten die Tilgung und die Zinszahlungen ausfallen. Die Prüfung erfolgt anhand Ihres Businessplans.
- Beim Rating eines Unternehmens wird die Rückzahlungsfähigkeit ebenso berücksichtigt wie die Sicherheiten des Unternehmens und die Qualität der Geschäftsidee, der Organisation und des Managements. Grundvorausset-

zung für einen Kredit ist ein Rating, das zumindest als „ausreichend" beurteilt wird.

- Fremdkapital ist in seiner Laufzeit begrenzt. Der Kredit wird entweder in Raten über die Laufzeit getilgt oder endfällig gestellt (also am Ende der vereinbarten Laufzeit in einer Summe fällig). Bei einem endfälligen Kredit ist in der Regel eine Verlängerung der Laufzeit oder eine erneute Finanzierung notwendig.

- Unbefristet sind in der Regel die Kontokorrentkredite. Sie können allerdings schnell und schon bei geringstem Anlass durch die Banken gekündigt werden. Der Kreditbetrag schwankt und entspricht dem aktuellen Bedarf. Mit der Bank wird eine maximale Kontokorrentkreditlinie vereinbart, die nicht überschritten werden darf. Dafür ist der Zinssatz etwas höher als bei festen Krediten mit festen Laufzeiten. Die Kontokorrentkreditlinie wird in der Liquiditätsplanung wie freie Mittel bewertet.

- Für Fremdkapital entstehen Kosten, die vom Unternehmen zu tragen sind. Dazu gehören Kreditgebühren und Zinsen. Müssen Sicherheiten begutachtet werden, gehen die Kosten dafür auch zu Lasten des Unternehmens. Außerdem verlangt der Kapitalgeber regelmäßige Berichte über die Entwicklung des Unternehmens und seiner Sicherheiten. Die Berichterstattung verursacht Kosten und oft auch Unbehagen beim Unternehmer, weil er wichtige Zahlen preisgeben muss.

Checkliste Sicherheiten

Prüfen Sie, welche Sicherheiten Ihnen für die Bank zur Verfügung stehen. Diese Sicherheiten müssen nicht unmittelbar mit der Existenzgründung zu tun haben.

- Grundstücke und Gebäude: maximal 80 % des Verkehrswertes abzgl. noch bestehender Hypotheken ☐

- Wertpapiere (nur mit hohen Abschlägen) ☐

- Lebensversicherungen (bis zum Beleihungswert) ☐

- Maschinen (abzüglich einer Eigenbeteiligung) ☐

- Pkw (vorhanden): nur neuwertige oder sehr hochwertige Fahrzeuge ☐

- Pkw (neu für Unternehmen) ☐

- Lkw (neu für Unternehmen) ☐

Checkliste Sicherheiten	
■ Geschäftsausstattung (nur mit Abschlägen)	□
■ Vorräte (nur mit Abschlägen)	□
■ Forderungen (nur mit Abschlägen)	□

Die Banken als Kreditgeber

Die Banken sind die wichtigsten Kapitalgeber für Existenzgründer. Da ihnen jedoch die Erfahrung mit dem neuen Unternehmen fehlt, sind sie bei der Kreditvergabe in der Gründungsphase sehr vorsichtig. Finanzierungen werden nur dann durchgeführt, wenn der Kreditnehmer ausreichende Sicherheiten vorweisen kann. Dabei spielt es keine Rolle, ob die Sicherheiten aus der Sphäre des Geschäftes stammen, also Vermögensteile des Unternehmens sind, oder aus der Privatsphäre.

Um eine Bank zu einem Kreditengagement zu bewegen, muss der Existenzgründer den zuständigen Sachbearbeiter von der Geschäftsidee überzeugen. Nur dann wird der Sachbearbeiter (bei ausreichenden Sicherheiten und guter Dokumentation) das Vorhaben unterstützten und das für die Bank verbleibende Restrisiko eingehen. Das Bankgespräch spielt deshalb eine wichtige Rolle bei der Beschaffung von Fremdkapital.

Wer sich wegen der restriktiven Kreditvergabe durch die Banken die notwendige Überzeugungsarbeit sparen und stattdessen auf Fördermittel setzen will, muss an dieser Stelle enttäuscht werden. Fördermittel werden nur nach einer Begutachtung des Vorhabens durch die Hausbank gewährt. Meistens ist auch eine Restbeteiligung der Bank für die Vergabe von Fördermitteln notwendig. Sie werden also mindestens eine Bank überzeugen müssen.

Andere Geldgeber

Neben den Banken gibt es weitere Quellen, die dem Existenzgründer Fremdkapital zur Verfügung stellen. Es muss von vornherein klar sein, dass diese Fremdkapitalgeber nicht unternehmerisch tätig werden. Für sie handelt es sich um eine reine Geldanlage.

■ Interessierte Personen können ihr Geld in ein junges Unternehmen investieren, um über die Zinsen an dem Geschäft zu partizipieren. Die reine

Fremdkapitalgabe ist jedoch sehr selten, weil dieser Personenkreis meistens auch Interesse an der Unternehmensführung hat. Kommt sie vor, werden in der Regel auch ausreichende Sicherheiten und eine angemessene Verzinsung verlangt.

- Das Internet hat auch bei der Finanzierung von kleinen jungen Unternehmen eine zusätzliche Variante hervorgebracht: das Crowdfunding. Dabei werden viele Geldgeber mit jeweils nur geringen Beträgen über eine Internetplattform mit jungen Unternehmen zusammengeführt. Je nach Plattform schwanken die Minimumbeträge zwischen fünf Euro und einigen hundert Euro. Oft entstehen Stille Beteiligungen, die dem Geldgeber zwar Rechte am Erfolg einräumen, nicht aber Mitbestimmungsrechte. In Deutschland liegt die maximale Beteiligungssumme bei 100.000 Euro pro Unternehmen. Darüber hinaus gehende Beträge verursachen erhebliche Mehrkosten, da das Verkaufsprospektgesetz bei Beträgen über 100.000 Euro einen Verkaufsprospekt vorschreibt.

TIPP

Auf den Internetplattformen für das Crowdfunding wie www.seedmatch.de, www.startnext.de oder www.companisato.de werden die Startups den potenziellen Geldgebern vorgestellt. Dort findet sich auch so manches gutes Beispiel für einen Businessplan. Potenzielle Gründer können dort auch Erfahrungen sammeln.

- Viele kleine Existenzgründungen werden von Familienangehörigen oder von Freunden durch die Vergabe von Darlehen gefördert. Diese Darlehen haben oft den Vorteil, dass auf Sicherheiten verzichtet wird und die Verzinsung für den Geldgeber auch nicht im Vordergrund steht.
Bei der Annahme von Krediten aus der Familie und von Freunden gibt der Existenzgründer meistens keine dinglichen Sicherheiten, ist den Kreditgebern aber moralisch verpflichtet. Kommt es zum wirtschaftlichen Ende des neuen Unternehmens sind die privaten Kredite nicht besichert und die Geldgeber gehen oft leer aus. Das kann zu erheblichen Problemen im privaten Umfeld des Unternehmers führen. Das sollten Sie auf jeden Fall bedenken.
- Lieferanten haben ein Interesse daran, dass ihre Produkte verbraucht oder verkauft werden. Neue Unternehmen sind neue Kunden, gern gesehen,

vor allem in Marktsegmenten, die heute noch nicht ideal besetzt sind. Deshalb besteht durchaus die Chance, dass Lieferanten sich mit Krediten für einen neuen Kunden engagieren. Meistens muss jedoch bereits eine Beziehung zwischen dem Existenzgründer und dem Lieferanten (z. B. aus einer früheren Tätigkeit) bestehen, damit ein Lieferantenkredit zustande kommt.

Grundsätzlich sollte keine externe Geldquelle von vornherein ausgeschlossen werden. Meistens sind diese Geldquellen flexibler als die Banken, wenn es um Sicherheiten und Konditionen geht. Das muss jedoch jeweils individuell geprüft werden.

> **! ACHTUNG**
>
> Halten Sie alle für den Kredit wichtigen Eckpunkte in einem Vertrag fest, der sowohl die Leistung des Geldgebers (Zahlungszeitpunkt, Laufzeit etc.) als auch die Pflichten des Kreditnehmers (Zinsen, Sicherheiten etc.) regelt. Gerade bei Krediten aus der Familie wird das oft unterlassen. Dann fehlt dem Geldgeber (z. B. im Insolvenzfall) jedwede Anspruchsgrundlage.

3.2.3 Fördermittel

Politiker aller Parteien und auf allen staatlichen Ebenen, von der Kommune bis hin zur EU, haben erkannt, dass kleine, junge Unternehmen einen großen Anteil an sinkenden Arbeitslosenzahlen und an Erfolgsmeldungen im Wirtschaftsbereich haben. Darum hat die Politik dafür gesorgt, dass es auf allen politischen Ebenen viele Förderprogramme gibt, die sich speziell an Existenzgründer richten.

> **● TIPP**
>
> Es existieren auch Förderprogramme für andere Unternehmen. Sie stehen selbstverständlich auch Existenzgründungen zur Verfügung. Beschränken Sie sich also nicht allein auf die Gründungsförderung. Prüfen Sie auch Möglichkeiten, die darüber hinausgehen.

Da fast alle öffentliche Stellen Existenzgründungen fördern und jede Stelle am besten weiß, wie das geht, gibt es unzählige unterschiedliche Förderprogramme.

- Viele Gemeinden haben eigene Programme für junge Unternehmen, zumindest bieten sie eine Beratung an.
- In Deutschland können auch Landkreise Förderprogramme auflegen. Viele tun das z. B. dadurch, dass sie Grundstückskäufe für Fertigungsunternehmen fördern.
- Selbstverständlich hat jedes Bundesland eigene Fördermittel für Existenzgründungen, die in ihrem Zuständigkeitsbereich durchgeführt werden sollen.
- Die wichtigsten Förderprogramme für Existenzgründer bietet in Deutschland der Bund an.
- Auch die EU hat Programme entwickelt, mit denen Existenzgründungen gefördert werden.

Bei den vielen Förderern, die es gibt, sollte es eigentlich einfach sein, Fördermittel zu ergattern. Leider ist das Gegenteil der Fall. Um das richtige Programm aus dem Förderdschungel zu finden, ist eine intensive Beratung notwendig. Eine solche Beratung bietet in der Regel die Hausbank an, die auch für die Weiterleitung der Anträge verantwortlich ist.

! ACHTUNG

Die Hausbank ist bei der Gewährung von Fördermitteln unverzichtbar. Sie berät nicht nur, sondern hilft auch bei der Antragstellung und beurteilt das Vorhaben. Gleichzeitig will sie allerdings eigene Produkte verkaufen. Darum sollte der Existenzgründer genau prüfen, ob seine Hausbank wirklich alle Fördermöglichkeiten ausschöpft oder ob sie lieber zugunsten eigener Produkte darauf verzichtet.

Um nicht von der Bank abhängig zu sein, sind für den Existenzgründer weitere Informationen notwendig. Auch an dieser Stelle kann keine abschließende und vollständige Übersicht gegeben werden. Nicht nur weil das Angebot so unübersichtlich ist, sondern auch, weil sich die Programme und ihre Konditionen laufend ändern. Deshalb können im Folgenden nur Hinweise auf mögliche Förderprogramme gegeben werden. Der Existenzgründer ist gut beraten, sich von einem Experten beraten zu lassen. Außerdem sollte er die in diesem Kapitel an vielen Stellen genannten Adressen nutzen, um sich weiter zu informieren.

Allgemeine Förderbedingungen

Für die wichtigsten Förderprogramme, die von der KfW-Bankengruppe betreut werden, gelten allgemeine Bedingungen, die zumindest sinngemäß auch auf andere Programme und Träger übertragen werden können.

1. Sie müssen die wichtigsten Eckpunkte Ihrer Existenzgründung exakt definieren. Die Unternehmensform, die Höhe des Finanzbedarfes und des Eigenkapitals, der Zeitraum der Finanzierung und die Sicherheiten müssen bekannt sein.
2. Die Förderung muss vor dem Beginn der geförderten Maßnahme bzw. vor dem Kauf der Investition beantragt werden. Die rechtliche Gründung kann bereits vor dem Antrag erfolgen.
3. Bitte beachten Sie, dass Umschuldungen und Nachfinanzierungen nicht gefördert werden. Auch Sanierungsfälle (z. B. bei einem übernommenen Unternehmen) sind nicht förderfähig.
4. Der Antrag wird grundsätzlich bei der Hausbank gestellt. Er sollte gemeinsam mit dem Bankberater ausgefüllt werden.
5. Sie benötigen umfangreiche Unterlagen, die es der Bank ermöglichen, Ihr Gründungsvorhaben zu beurteilen. Dazu gehören:
   - ein tabellarischer Lebenslauf des Existenzgründers,
   - eine Zweijahresplanung für den Umsatz und den Gewinn,
   - eine Aufstellung aller Vermögensteile und Schulden,
   - ein Investitionsplan,
   - eine Übersicht über vorhandene Sicherheiten,
   - ein Liquiditätsplan für das erste Jahr (mit monatlichen Werten),
   - (nur bei Betriebsübernahmen) aktuelle betriebswirtschaftliche Daten und die Bilanzen der letzten zwei Jahre.

Die aufgezählten Unterlagen sind Bestandteile des Businessplans. Welche Inhalte ein Businessplan hat und wie Sie ihn am besten aufstellen, erfahren Sie in Kapitel 3.5.

6. Für die Förderung aus dem ERP-Topf muss das vom Existenzgründer nachgewiesene Eigenkapital für Gründungen in den alten Bundesländern mindestens 15 % und für Gründungen in den neuen Bundesländern mindestens 7 % betragen.

Die eben genannten Prozentwerte für das Eigenkapital sind lediglich Grenzen, die für die Förderung eingehalten werden müssen. Es gibt durchaus auch Existenzgründungen, die mit geringerem Eigenkapital begonnen haben. Erfolgreiche Unternehmen verfügen jedoch über wesentlich höhere Anteile. 20 bis 30 % sind gute Werte, mehr ist noch besser.

7. Der Ablauf der Förderung erfolgt in mehreren Schritten:
   – Sie füllen gemeinsam mit Ihrer Bank den Antrag aus und legen die Unterlagen bei.
   – Die Bank prüft und entscheidet, ob sie den Antrag an die KfW weitergibt.
   – Die KfW prüft den Antrag erneut und gibt ihr Ergebnis an die Hausbank.
   – Bei einer positiven Entscheidung der KfW führen Sie die geförderte Maßnahme durch.
   – Der Kauf der geförderten Investitionen wird durch die Vorlage der Rechnungen bei der Bank nachgewiesen.
   – Das Geld wird auf das Konto des jungen Unternehmens überwiesen.

Die Förderung der Beratung

Weil Existenzgründer naturgemäß Experten in ihrem Fachgebiet sind, aber im betriebswirtschaftlichen Bereich oft Hilfe benötigen, wird die Beratung von Jungunternehmern staatlich gefördert.

ARBEITSHILFE
ONLINE

- Existenzgründungsberatungen werden von den Bundesländern gefördert. Diese Förderung findet vor der Gründung selbst statt. Die Art und der Umfang der Förderung sind je nach Bundesland sehr verschieden. Eine Liste der Bundesländer und Internetadressen zu dieser Förderung finden Sie auf dem Download-Portal zum Buch (Arbeitshilfen online).

- Nach der Gründung können Gewerbetreibende und Freiberufler die Beratung durch einen Coach fördern lassen (Gründercoaching). Es werden maximal 3.000 € (alte Bundesländer), 4.500 € (neue Bundesländer) bzw. 3.600 € (für Gründungen aus der Arbeitslosigkeit heraus) gefördert. Die Förderung besteht aus einem Zuschuss zu den Beratungshonoraren, die 800 €/Tag nicht übersteigen dürfen.

Der Coach soll den Gründer in der Umsetzung seiner Ideen unterstützen. Nicht gefördert werden Rechts- und Steuerberatung, Beratung in Vertragsfragen und im Rechnungswesen. Auch Versicherungs- oder EDV-Fragen dürfen nicht der Gegenstand der Beratung sein. Marketingstrategien, Fertigungsorganisation und Finanzplanung sind typische Inhalte, die gefördert werden, solange das Unternehmen nicht älter als 5 Jahre ist.

- Auch nach der Gründung kann die Beratung junger Unternehmen, die seit mindestens einem Jahr bestehen, gefördert werden. Die Grenzen von max. 250 Mitarbeitern, max. 40 Mio. € Umsatz pro Jahr oder eine Jahresbilanzsumme von weniger als 27 Mio. € können die meisten Neugründungen einhalten. Gefördert wird nur, wer nicht zu 25 % oder mehr im Besitz eines oder mehrerer anderer Unternehmen ist.

TIPP

Achten Sie bei der Auswahl von Partnern darauf, dass Sie nur schwer Existenzgründungsfördermittel bekommen, wenn z. B. ein großer Lieferant oder ein Beteiligungsunternehmen eine „Minderheitenbeteiligung" von mehr als 25 % an Ihrer Existenzgründung hält.

Gefördert wird allgemeine Beratung (z. B. wirtschaftliche, technische, finanzielle, personelle oder organisatorische Unternehmensführung) oder spezielle Beratung (z. B. Technologie, Export, Qualitätsmanagement, Kooperationen, Mitarbeiterbeteiligung, Rating). Die Förderung besteht aus einem Zuschuss zu den Beratungshonoraren und beträgt in ihrer Summe maximal 6.000 €. Für einzelne Themen gelten weitere Beschränkungen.

Auch die Themen Umweltschutz, Arbeitsschutz, Vereinbarkeit von Familie und Beruf, Unternehmerinnen, Unternehmerinnen und Unternehmer mit Migrationshintergrund sind förderfähig. Hier gilt keine maximale Begrenzung des Förderbetrages.

Weitere Auskünfte zum Thema „Förderung von Unternehmensberatungen für kleine und mittlere Unternehmen sowie Freie Berufe" erteilt auch die Bewilligungsbehörde:

Bundesamt für Wirtschaft und Ausfuhrkontrolle (BAFA)
Frankfurter Str. 29–35
65760 Eschborn
Tel.: 06196 908-570
www.beratungsfoerderung.info
Mail: foerderung@bafa.bund.de

Förderprogramme
Aus der Vielzahl potenzieller Förderprogramme werden an dieser Stelle drei vorgestellt, die für Existenzgründungen typisch sind und auch für Ihr Vorhaben relevant sein können. In der Regel werden die verschiedenen Programme miteinander kombiniert. Die folgende Übersicht kann nur einige Fakten zu den Programmen anführen. Es existieren noch viele weitere Bedingungen, deren exakte Wiedergabe den Rahmen dieses Buchs sprengen würde. Ihre Hausbank muss Ihnen hier die notwendigen Informationen liefern.

Die wichtigsten Fakten des KfW-Startgeldes, des ERP-Kapitals für Gründung und des KfW-Unternehmerkredits finden Sie hier:

ARBEITSHILFE ONLINE

	KfW-Gründerkredit Startgeld	ERP-Kapital für Gründung	KfW-Unternehmerkredit
für wen	Existenzgründer, kleine Unternehmen, Freiberufler	Existenzgründer, gründungsnahe Existenzfestigung	Existenzgründungen, mittelständische Unternehmen, Freiberufler
wann	bis 3 Jahre nach Gründung	bis 3 Jahre nach Gründung	keine Beschränkung

	KfW-Gründerkredit Startgeld	ERP-Kapital für Gründung	KfW-Unternehmerkredit
was	• Grundstücke, Gebäude • Maschinen, Anlagen, Einrichtungen • Betriebs- und Geschäftsausstattung • Erstausstattung Vorräte • Betriebsmittel (max. 30.000 €)	• Grundstücke, Gebäude • Maschinen, Anlagen, Einrichtungen • Betriebs- und Geschäftsausstattung • Erstausstattung Vorräte • Erwerb eines Unternehmens • Beratungsleistung • erste Messeteilnahme	• Grundstücke, Gebäude • Maschinen, Anlagen, Einrichtungen • Betriebs- und Geschäftsausstattung • Erwerb eines Unternehmens • erste Messeteilnahme • immaterielle Investition aus Technologietransfer
max. Anteil	100 %	45 % alte Länder 50 % neue Länder	100 %
max. Betrag	100.000 €	500.000 €	25.000.000 €
max. Laufzeit	10 Jahre	15 Jahre	20 Jahre
Tilgung	max. 2 Jahre frei, danach monatliche Raten	max. 7 Jahre frei, danach vierteljährliche Raten	max. 2 Jahre frei, danach vierteljährliche Raten
Auszahlung	100 %	100 %	100 %
Sicherheiten	banküblich nach Entscheidung der Hausbank 80 % Haftungsfreistellung für die Hausbank	persönliche Haftung des Antragstellers Haftungsfreistellung für die Hausbank	bankübliche Sicherheiten 50 % Haftungsfreistellung für die Hausbank

Die Zinsen für die Förderkredite richten sich nach dem zum Zeitpunkt der Gewährung gültigen Zinsniveau. Sie werden zum Teil subventioniert. Einen größeren Einfluss auf die Zinshöhe hat beim KfW-Unternehmerkredit die Einschätzung der Hausbank. Sie teilt das Vorhaben in eine Preisklasse ein. Das geschieht anhand einer Beurteilung der Bonität des Antragstellers (Risiko, 1-Jahres-Ausfallwahrscheinlichkeit) und der Besicherung des Kredites. Die

Preisklasse A ist die beste und garantiert den günstigsten Zins, die Preisklasse G die schlechteste und führt zu einem höheren Zins. Da das KfW-Startgeld und das ERP-Kapital für Gründung auf junge Unternehmen zielen, können die Bank hier nur schwer eine Einschätzung der Unternehmen vornehmen. Deshalb wird hier auf eine Differenzierung des Zinses verzichtet.

▶ **BEISPIEL**

Für die Finanzierung seines Unternehmens, das Edelstahlbauteile herstellt, wurden Erwin Meiner 1 Mio. € aus dem Förderprogramm „KfW-Unternehmerkredit" zugesagt. Die Hausbank hat das Unternehmen in die Preisklasse „B" eingeordnet, weil das Risiko als recht gering und die Ausfallwahrscheinlichkeit zwischen 0,3 % und 0,9 % eingeschätzt wurde. Hinzu kommt, dass Herr Meiner mehr als 80 % des Förderbetrages durch die eingekauften Maschinen gesichert hat. Das bringt ihm heute einen Zinssatz von 1,41 % (effektiv).

Zunächst hatte die Hausbank ihn in die Preisklasse „G" eingestuft, weil nur zwischen 30 % und 50 % des Förderbetrages besichert werden sollten und die Hausbank seine Bonität aufgrund unzureichender Informationen als „noch befriedigend" eingestuft hat. Der Kredit hätte dann 3,96 % Zinsen pro Jahr gekostet. Es hat sich für Herrn Meiner also gelohnt, intensiv mit seiner Hausbank zusammenzuarbeiten. Dem Unternehmen bleiben so einige Zehntausend an Zinskosten erspart.

Bürgschaften

Auch bei Förderungskrediten werden in den meisten Fällen Sicherheiten verlangt. Die Hausbank prüft die Sicherheiten und nimmt sie auch entgegen. Für den Fall, dass der Kredit nicht zurückgezahlt werden kann, werden die Sicherheiten verwertet. Die Hausbank befriedigt dann die Förderbank. Gerade Existenzgründer verfügen nicht über ausreichende Sicherheiten.

Hier kommt eine besondere Art der Förderung ins Spiel: die Ausfallbürgschaft der Bürgschaftsbanken. Diese Banken werden in den einzelnen Bundesländern betrieben und stellen für Kreditnehmer aus dem Kreis der gewerblichen Unternehmen und der freien Berufe Ausfallbürgschaften zur Verfügung.

Die Ausfallbürgschaft ersetzt den Banken die Rückzahlung des Kredites, wenn der Kreditnehmer den Kredit nicht mehr zurückzahlen kann. Deshalb werden die Ausfallbürgschaften von den Banken als vollwertige Sicherheiten anerkannt.

! **ACHTUNG**

Die Haftung des Kreditnehmers ist durch eine Ausfallbürgschaft nicht ausgesetzt. Die Ansprüche der durch die Ausfallbürgschaft befriedigten Banken gehen auf die Bürgschaftsbank über, die den Kreditnehmer zur Verantwortung ziehen wird.

ARBEITSHILFE ONLINE

- Der Antrag auf eine Ausfallbürgschaft wird über die Hausbank bei der jeweiligen Bürgschaftsbank gestellt.
- In manchen Bundesländern ist auch ein Antrag ohne Hausbank (Bürgschaft ohne Bank; BoB) möglich. Eine Liste der Bürgschaftsbanken finden Sie auf dem Download-Portal zum Buch (Arbeitshilfen online).
- Der Antrag auf eine Ausfallbürgschaft enthält ähnliche Informationen wie der Antrag auf eine Förderung. Hinzu kommt eine Beschreibung der beantragten Kredite, für die gebürgt werden soll, und eine Selbstauskunft bzw. eine Schufa-Auskunft über den Antragsteller.
- Die Ausfallbürgschaft deckt maximal 80 % des Risikos, den Rest muss die Hausbank tragen.
- Der Kreditnehmer zahlt eine einmalige Bearbeitungsgebühr und eine laufende jährliche Gebühr. Beide Gebühren betragen 1 bis 1,5 % der Bürgschaftssumme.
- Der maximale Bürgschaftsbetrag beträgt 1 Mio. €. Es sollten mindestens 10.000 € beantragt werden.

Mikrofinanzkredite

Das System der Mikrofinanzierungen wurde in den Entwicklungsländern zur Finanzierung von Kleinstunternehmungen entwickelt und wurde jetzt auch auf Deutschland übertragen. Ziel der Mikrofinanzkredite ist es, Unternehmen mit geringem Finanzmittelbedarf (max. 20.000 €) und ohne Sicherheiten, schnell und unbürokratisch zu den benötigten Finanzmitteln zu verhelfen.

Dazu wurde in Deutschland ein Mikrofinanzfonds gegründet. Die Träger dieses Fonds sind:

- Das Bundesministerium für Arbeit und Soziales,
- das Bundesministerium für Wirtschaft und Technologie,
- die KfW-Bankengruppe, Düsseldorf,
- die GLS-Bank, Bochum.

Der Fonds ist erreichbar unter:

Mikrofinanzfond Deutschland
Christstraße 9
44789 Bochum
Tel.: 0234 5797162
mikrofinanz@gls.de
www.mikrofinanzfonds.de

Die Verteilung der Fondsmittel erfolgt durch regionale Mikrofinanzinstitutionen. Welche Vergabestelle für Sie zuständig ist, erfahren Sie über den Mikrofinanzfond. Um einen Mikrofinanzkredit zu bekommen, ist es ganz besonders wichtig, dass Sie die verantwortlichen Manager von Ihrer Gründungsidee überzeugen. Banknübliche Sicherheiten werden nicht verlangt. Es gibt keine Vorgaben zur Eigenkapitalquote. Folgekredite sind möglich. Allerdings werden umfangreiche Informationen zur Unternehmensidee, zum Existenzgründer und seinem Umfeld (z. B. Schufa-Auskunft) verlangt.

Die Mikrofinanzierung ist für Kleinstgründungen sinnvoll, die über keine Sicherheiten verfügen. Die Gründungsidee muss fundiert sein. Der Gründer sollte dazu in der Lage sein, sein Vorhaben besonders engagiert vorzustellen und zu verteidigen. Wie sehr diese Form der Gründungsförderung den Existenzgründern in Deutschland helfen kann und wird, bleibt abzuwarten.

Förderung von Gründungen aus der Arbeitslosigkeit heraus

Selbstverständlich können alle Fördermöglichkeiten genutzt werden, auch wenn der Existenzgründer arbeitslos ist. Da es sich bei Gründungen aus der Arbeitslosigkeit heraus oft um Kleinstunternehmen ohne Sicherheiten handelt, bietet es sich an, Mikrofinanzierungen zu nutzen. Es gibt aber für arbeitslose Existenzgründer auch spezielle Förderungen durch die Agentur für Arbeit.

- Der Gründungszuschuss ist für Arbeitslose gedacht, die noch einen Anspruch von mindestens 150 Tagen auf Arbeitslosengeld (nicht ALG II) haben. Er wird für maximal 15 Monate gezahlt. In einer ersten Phase von 6 Monaten besteht der Gründungszuschuss aus dem Arbeitslosengeld und einer Pauschale von 300 € pro Monat für die Sozialversicherung. Danach wird für maximal 9 Monate nur noch die Pauschale für die Sozialversicherung gezahlt. Voraussetzung für den Gründungszuschuss ist, dass die selbstständige Tätigkeit zur Beendigung der Arbeitslosigkeit führt. Bei Existenzgründungen mit Partnern muss eine gleichberechtigte Partnerschaft mit unternehmerischem Risiko für den Antragsteller vorliegen, damit der Gründungszuschuss gezahlt wird. Seit 2012 ist der Gründungszuschuss eine Ermessensleistung der Agentur. Ein Rechtsanspruch besteht nicht.
- Für Bezieher von Arbeitslosengeld II gibt es als Förderung durch die Agentur für Arbeit das Einstiegsgeld. Ob, wie lange und in welcher Höhe das Einstiegsgeld gezahlt wird, entscheidet der Fallmanager in der Agentur für Arbeit. Das Einstiegsgeld wird als Zuschuss zum ALG II gezahlt. Auch hier können für besondere, mit der Existenzgründung verbundene Ausgaben weitere Zuschüsse bewilligt werden. Die Höhe des regelmäßigen Zuschusses bestimmt der Fallmanager in Abhängigkeit von der Dauer der Arbeitslosigkeit und der Größe der Bedarfsgemeinschaft.

Ansprechpartner für beide Formen der speziellen Gründungsförderung für Arbeitslose ist die zuständige Agentur für Arbeit. Die Zahlung des Gründungszuschusses oder des Einstiegsgelds ist für die Förderung durch andere Programme nicht schädlich.

Weitere Förderungsmaßnahmen
Neben den bisher genannten und speziell für die Existenzgründung geeigneten Fördermitteln gibt es noch viele weitere Förderprogramme. Selbstverständlich können auch gerade gegründete Unternehmen diese Förderprogramme nutzen. Im Vordergrund dieser Programme stehen politische Ziele, die erreicht werden sollen.

Es gibt Förderprogramme, die umweltpolitische Ziele verfolgen (Energieeinsparungen belohnen oder den Einsatz erneuerbarer Energien unterstützen). Viele Programme beschäftigen sich mit Forschung und Entwicklung und mit innovativen Technologien. Auch in der Infrastruktur und im Wohnungsbau gibt es Möglichkeiten, Geld vom Staat zu bekommen.

Wenn die Existenzgründung sich z. B. mit energiesparenden Maßnahmen beschäftigt, können neben der Existenzförderung auch Gelder aus den entsprechenden Fördertöpfen fließen.

▶ **BEISPIEL**

Jochen Gilde hat sich als Bäckermeister selbstständig gemacht und eine kleine Bäckerei mit 3 Verkaufsfilialen eröffnet. Er beschäftigt in seiner Backstube neben den Verkäuferinnen noch zwei Auszubildende. Schon nach 3 Monaten wird klar, dass die Kapazität, die der Meister zur Verfügung stellen kann, nicht ausreicht. Es fehlt sowohl Arbeitskraft als auch Know-how. Beides hat Jochen Gilde in dem Bäckergesellen Michael Roth gefunden. Der 52-jährige war seit mehr als drei Jahren arbeitslos, bringt aber 30 Jahre Bäckereierfahrung mit. Über das Förderprogramm „Eingliederungszuschüsse" erhält das junge Unternehmen über 3 Jahre 50 % des Bruttoentgeltes als Zuschuss für den neuen, alten Gesellen. Damit wird Know-how eingekauft, und das zu einem vertretbaren Preis.

● **TIPP**

Um die optimale Förderung Ihres neuen Unternehmens zu gewährleisten, müssen Sie sich entweder selbst mit der sehr komplexen Materie befassen oder einen Experten konsultieren. Selbst diese Beratung durch einen Externen kann förderfähig sein und verspricht zudem Erfolg.

3.3 Das laufende Geschäft

Durch das Bestimmen des Produkts und der Kunden wurden die Einnahmen des neuen Unternehmens in der Planung bereits festgelegt. Die Kosten der Gründung und das Finanzierungsvolumen wurden berechnet. Was jetzt noch fehlt, ist eine Betrachtung der laufenden Kosten, also der Kosten für den eigentlichen Geschäftsbetrieb.

Die wichtigsten Kostenarten müssen Ihnen bekannt sein und geplant werden. Dazu gehören auch die Abschreibungen, die eine besondere Kostenform darstellen, weil ihnen keine direkten Auszahlungen gegenüberstehen.

3.3.1 Ihr angemessener Unternehmerlohn

In den bisherigen Berechnungen haben wir bereits Mittel für die Lebensführung des Existenzgründers in der Gründungsphase einkalkuliert. Das reicht für den laufenden Betrieb des Unternehmens nicht aus. Dem Unternehmer steht nicht nur das aller Notwendigste zum Leben zu, sondern eine angemessene Bezahlung seiner Leistung. Ist das Unternehmen nicht dazu in der Lage, einen angemessenen Unternehmerlohn zu zahlen, sollte sich der Existenzgründer eine andere Aufgabe suchen. Doch was bedeutet angemessen?

- Ob die Entlohnung eines Existenzgründers angemessen ist, kann beispielsweise durch einen Vergleich mit dem Gehalt, das der Existenzgründer bisher als Angestellter erhalten hat bzw. das er in einer vergleichbaren angestellten Position erzielen würde, geprüft werden.
- Unternehmer gehen ein Risiko ein und zeigen ein erhebliches Engagement. Das wird berücksichtigt, wenn die Entlohnung anderer Unternehmer in vergleichbaren Positionen als Anhaltspunkt für ein angemessenes Gehalt des Existenzgründers herangezogen wird.

TIPP

In der Anfangszeit, in der das Unternehmen noch aufgebaut wird und die Mittel knapp sind, sollte der Unternehmerlohn anhand der preiswerteren Variante des Gehaltsvergleiches ermittelt werden. Läuft das Unternehmen, kann auf die zweite Version, das Unternehmergehalt, umgestiegen werden. Um dahin zu kommen, können z. B. zu einem niedrigen Fixgehalt erfolgsabhängige Tantiemen gezahlt werden. Wichtig für Ihre Unternehmensgründung ist, dass Sie bereits in der Planungsphase eine entsprechende Vorhersage bezüglich Ihrer Entlohnung machen.

Bei Einzelunternehmen hat die Berechnung des Unternehmerlohnes keine rechtliche oder steuerliche Bedeutung. Der Gewinn des Unternehmens kann als Lohn des Einzelunternehmers angesehen werden. Für die Wirtschaftlichkeitsberechnung für und den Businessplan muss der Lohn des Unternehmers trotzdem festgelegt werden.

Wird ein Unternehmen von mehreren Partnern in Form einer Personengesellschaft geführt, muss von vornherein geklärt werden, welche Entnahmen die einzelnen Partner tätigen dürfen, um damit ihren Lebensunterhalt zu bestreiten.

Im Falle von Kapitalgesellschaften ist die Frage nach dem angemessenen Gehalt des Geschäftsführers und der Vorstände durchaus von steuerlicher Relevanz. Ist das Gehalt nach Meinung der Finanzbehörde nicht angemessen, besteht der Verdacht einer verdeckten Gewinnausschüttung, was unter Umständen sogar rechtliche Konsequenzen nach sich ziehen kann.

▶ **BEISPIEL**

So lässt sich ein Angestelltengehalt mit einem Unternehmergehalt vergleichen:
Das Gehalt soll 3.000 € pro Monat betragen, als Urlaubsgeld werden 1.000 € und als Weihnachtsgeld (Jahressonderzahlung) 3.000 € bezahlt. Das ergibt ein Jahresgehalt von 40.500 € (brutto).
Zu diesem Gehalt wird der Arbeitgeberanteil an den Sozialversicherungsbeiträgen, der in der Summe 20,5 % des Jahreslohnes beträgt, addiert. Damit steigt das zu erwirtschaftende Gehalt für den Unternehmer um 8.302,50 € auf 48.802,50 €.
Das Engagement des Unternehmers zeigt sich in der nie enden wollenden Arbeit. Nur wenig Urlaub, keine Feiertage und Wochenendarbeit. Auch das muss berücksichtigt werden. Zumindest müssen 30 Tage Urlaub und 10 Feiertage pro Jahr berücksichtigt werden. Das sind nochmals ca. 17 %. Damit steigt das zu erwirtschaftende Unternehmergehalt um 8.296,43 € auf 57.098,93 € pro Jahr. Das ist der Wert, der mit dem Angestelltengehalt verglichen werden sollte, nicht der oben berechnete Bruttolohn.

Ein mit einem Angestelltengehalt vergleichbarer Unternehmerlohn liegt also erheblich über dem Bruttolohn, der gemeinhin als Vergleichsbasis angesehen wird.

! ACHTUNG

Während die Lohnsteuer in einem Angestelltenverhältnis (und übrigens auch im Falle eines angestellten Geschäftsführers) automatisch abgeführt wird, müssen Sie in einem Einzelunternehmen eigenständig Geld für die Zahlung Ihrer Einkommensteuer zurücklegen. Sie sollten damit rechnen, dass Sie Ihre Einkommensteuer nach der Festsetzung des Finanzamtes kurzfristig zahlen müssen.

Das Geschäftsführergehalt

Das Finanzamt prüft, ob ein Geschäftsführergehalt als angemessen beurteilt werden kann. Dabei bezieht es alle Entlohnungsbestandteile (wie z. B. das Fixgehalt, leistungsabhängige Tantiemen, Dienstwagen, Pensionszusagen) in die Prüfung mit ein. Das Geschäftsführergehalt muss dann (in Abhängigkeit von der Größe des Unternehmens, der Ertragslage, der Branche, der Anzahl der Geschäftsführer usw.) den Vergleich mit anderen Geschäftsführergehältern bestehen.

Die Vorstellungen der Finanzbehörden sind in solchen Fällen nicht immer nachvollziehbar und können sich auch ändern. Stimmen Sie sich deshalb bereits frühzeitig mit Ihrem Steuerberater ab. Er hat in der Regel Zugang zu Vergleichslisten.

ARBEITSHILFE
ONLINE

Berechnung Geschäftsführergehalt	pro Monat	pro Jahr	Jahres-brutto
Fixgehalt	3.000,00		36.000,00
Tantieme		15.000,00	15.000,00
Dienstwagen 1-%-Regelung	300,00		3.600,00
Dienstwagen Fahrten zum Arbeitsplatz	225,00		2.700,00

Berechnung Geschäftsführergehalt			
	pro Monat	pro Jahr	Jahres-brutto
Versicherungen		3.155,00	3.155,00
Pensionszusage (Wert)	480,00		5.760,00
			66.215,00

Tab. 1: Beispiel Berechnung Geschäftsführergehalt Handwerk

3.3.2 Die wichtigsten Kostenarten

Die betrieblichen Kosten sind sehr vielfältig. Sie werden zu Kostenarten zusammengefasst, wobei die Struktur der Kostenartenrechnung individuell an die Unternehmen angepasst werden muss. So spielen in Handelshäusern andere Kostenarten eine Rolle als in Beratungsunternehmen und dort wieder andere als in Fertigungsunternehmen.

Der Materialeinsatz

Abgesehen von Beratungsunternehmen und Freiberuflern müssen alle Unternehmen Material einkaufen, um es als Handelsware wieder zu verkaufen oder im Fertigungsprozess zu verarbeiten. Die Bedeutung des Materialeinsatzes ist so groß, dass in der Gewinn- und Verlustrechnung eine Zwischensumme nach Abzug vom Erlös gezogen wird, wodurch sich der sogenannte Rohertrag ergibt.

- Nicht die Summe der eingekauften Rohstoffe, Materialien und Handelswaren in einer Periode gilt als Materialkosten bzw. als Wareneinsatz. Nur der verbrauchte Teil davon verursacht Kosten. Der Rest geht in die Bestandsveränderungen ein.

▶ **BEISPIEL**

Ein Fertigungsunternehmen ist mit einem Lagerbestand von 50.000 € für Rohstoffe in das Jahr gegangen. Eingekauft wurden Rohstoffe für 500.000 €, der Lagerbestand am Ende des Jahres beträgt 80.000 €. Der

Verbrauch beträgt demnach 50.000 € + 500.000 € — 80.000 € = 470.000 €. Es entstehen also Kosten in Höhe von 470.000 €, nicht in Höhe von 500.000 €.

- Die Kosten für den Einsatz von Rohstoffen, Materialien, Bauteilen, Handelswaren und Verpackungsmaterialien werden zusammengefasst. Hilfs- und Betriebsstoffe wie Schrauben oder Öle fließen nicht in die Berechnung des Materialeinsatzes ein. Sie werden bei den sonstigen Kosten erfasst oder separat ausgewiesen.
- Beim Ermitteln der Kosten wird die Verbrauchsmenge eines Stoffes mit dem dazugehörigen Preis bewertet. Die Mengenkomponente ergibt sich aus den Mengenbuchungen der Materialwirtschaft. Der Preis wird aus dem Einkaufspreis, den Nebenkosten (z. B. Transport oder Versicherung) und den Beschaffungskosten (also den Kosten der Einkaufsabteilung) gebildet.
- Materialkosten sind direkte Kosten, weil sie dem Endprodukt direkt zugeordnet werden können.

Exkurs: Direkte/indirekte Kosten

In der Kostenrechnung unterscheidet man zwischen direkten und indirekten Kosten. Materialkosten und Fertigungslöhne lassen sich bei der Produktion direkt den Endprodukten zuordnen. Sie werden deshalb auch „direkte Kosten" genannt. Ihre Gesamthöhe hängt von der Anzahl der hergestellten Produkte ab. Werden viele Produkte hergestellt, fallen hohe Materialkosten und Fertigungslöhne an. Aus diesem Grund werden die Materialkosten und Fertigungslöhne auch „variable Kosten" genannt. Die direkten Kosten werden von der Konstruktion, dem Fertigungsverfahren, der Qualität von Material und Arbeit beeinflusst.

Den direkten Kosten stehen die indirekten Kosten gegenüber, die keinen direkten Bezug zum Endprodukt haben. Zu den indirekten Kosten gehören z. B. die Löhne von Verwaltungsmitarbeitern, Mieten und Abschreibungen. Typisch für indirekte Kosten ist, dass sie von der Produktionsmenge unabhängig sind und dass sie sich anderen Kriterien unterordnen. Da sie auch anfallen, wenn keine oder nur wenige Produkte hergestellt werden, heißen sie auch „fixe Kosten" oder (weil sie allgemein sind) auch „Gemeinkosten". Die Parameter für die Höhe dieser Kosten sind nicht immer einfach zu bestimmen. Deshalb sind Kostensenkungsmaßnahmen für Gemeinkosten immer sehr ungenau.

Personalkosten

Viele Existenzgründungen verlassen sich zunächst ausschließlich auf die Arbeitskraft des Unternehmers. Doch ein erfolgreicher Unternehmer benötigt schon bald Unterstützung. Dann fallen Personalkosten an. Die sind meistens wesentlich höher, als man zunächst denkt.

- Den größten Teil der Personalkosten bilden die Bruttolöhne und -gehälter. Zu ihnen gehören auch Sonderzahlungen wie Urlaubs- und Weihnachtsgeld.
- Zu den Bruttolöhnen und -gehältern muss der Unternehmer seinen Anteil an den gesetzlichen Sozialversicherungsbeiträgen addieren. Das sind zurzeit (2013) etwa 19,3 % (Krankenkasse 7,3 %, Pflegeversicherung 1,025 %, Arbeitslosenversicherung 1,5 %, Rentenversicherung 9,45 %).

! ACHTUNG

Die Zusatzkosten für die gesetzliche Sozialversicherung Ihrer Mitarbeiter stellen mit ca. 19,3 % eine hohe Belastung dar. Wenn Sie dieser Belastung durch die Beschäftigung von sogenannten Minijobbern (Verdienst kleiner 400 € pro Monat) entgehen wollen, müssen Sie in Ihre Berechnungen einen Zuschlag von zurzeit (2012) 32,9 % auf die Beträge, die der Arbeitnehmer erhält, aufschlagen. Ein Vorteil für Ihr Unternehmen kann also nur im niedrigeren Lohn bestehen, nicht in den Sozialabgaben.

- Zu den gesetzlich vorgeschriebenen Sozialleistungen kommen noch tarifliche und freiwillige Sozialleistungen (wie Fahrtkostenzuschüsse und vermögenswirksame Leistungen) hinzu.
- Pensionszusagen führen ebenfalls zu Kosten, die das Unternehmen tragen muss. Das kann als Zuführung zu einer Pensionsrückstellung geschehen oder als Beitragszahlung für eine Direktversicherung.

! ACHTUNG

Denken Sie daran, dass Sie als Unternehmer auch für Ihr Alter vorsorgen sollten. Als Einzelunternehmer oder als Unternehmer in einer Personengesellschaft müssen Sie das privat tun. Als Geschäftsführer einer GmbH oder als Vorstand einer AG kann das Unternehmen steuerlich interessante Vorsorgemaßnahmen treffen. Da das Thema sehr komplex, anfällig für gesetzliche Veränderungen und sehr langfristig angelegt ist, ist der Rat von Experten an dieser Stelle unverzichtbar.

- Erhält ein Mitarbeiter besondere Vergünstigungen (z. B. dadurch, dass er einen Firmenwagen privat nutzen darf), müssen diese Kosten ebenfalls als Personalkosten verbucht werden. Die Vergünstigungen sind Teil des Entgeltes.
- Bei der Suche nach neuen Mitarbeitern können erhebliche Kosten entstehen (z. B. durch Personalsuchanzeigen, Bewerbungsgespräche und externe Berater). Diese Kosten zählen ebenfalls zu den Personalkosten.
- Mitarbeiter müssen angelernt und geschult werden. Geschieht das durch externe Helfer, entstehen Aus- und Weiterbildungskosten, die in der Kostenart „Personalkosten" zu berücksichtigen sind.
- Die Personalkosten gehören zum Teil zu den direkten Kosten (nämlich dann, wenn sie in der Fertigung anfallen und dem Produkt direkt zugeordnet werden können). Ist das nicht der Fall, handelt es sich um Gemeinkosten.

▶ BEISPIEL

Die Kosten eines Maschinenbedieners an der Produktionsanlage können den dort hergestellten Produkten exakt zugeordnet werden. Es handelt sich folglich um direkte Kosten.

Die Lohnkosten eines Mechanikers, der alle Maschinen im Unternehmen wartet, sind indirekt, weil sie nicht direkt den hergestellten Produkten zugeordnet werden können.

Das Gehalt des Betriebswirtes, der in der Unternehmensberatung arbeitet, ist direkt, wenn er einen Kunden berät. Nimmt er aber z. B. an einer Weiterbildung teil, sind die Personalkosten indirekt.

Raumkosten

Die Kosten für Geschäftsräume können — je nach Branche — einen ganz erheblichen Anteil an den Gesamtkosten haben. Für 1-a-Lagen im Einzelhandel großer Städte werden enorme Mieten verlangt und auch bezahlt. Doch die Mietkosten sind nicht der einzige Bestandteil dieser Kostenart.

- Die Miete stellt den größten Teil der Raumkosten dar. Dieser Kostenpunkt ist in der Regel besonders gut planbar, weil langfristige Verträge üblich sind. Wenn Ihre Geschäftsräume nicht gemietet sind, sondern sich in Ihrem Eigentum befinden, fällt keine Miete an. Als Äquivalent dazu haben Sie für den Kauf oder Bau der Gebäude Investitionen getätigt, die über Abschreibungen zu Kosten werden.
- Reparaturen, Instandhaltungsarbeiten und Renovierungen führen zu Raumkosten.
- Nebenkosten wie Schornsteinfegergebühren, Hausverwaltung, Grundsteuern oder Versicherungen erhöhen die Raumkosten.
- Auch Reinigungskosten für die Geschäftsräume können in dieser Position verbucht werden.
- Raumkosten sind typische indirekte Kosten, weil sie auf alle Produkte verteilt werden müssen und in der Regel keinen Schwankungen (zumindest keinen kurzfristigen) unterliegen, wenn die Produktionsmengen schwanken.

Energiekosten

Die Energiekosten werden immer wichtiger, gerade weil sie starken Schwankungen unterliegen. Der Ausweis der Energiekosten als eigene Kostenart soll den Unternehmer dazu in die Lage versetzen, die Entwicklung der Energiekosten einschätzen und notfalls reagieren zu können.

- Heizkosten sind ein Teil der Energiekosten, die aus dem Verbrauch von Gas, Öl oder anderer Energien entstehen. Kann ein Energieträger gespeichert werden (z. B. Öl), gilt (wie beim Material), dass nur der reine Verbrauch, nicht aber der Einkauf zählt.
- Der Stromverbrauch wird in vielen Existenzgründungen vernachlässigt, kann aber durchaus einen Einfluss auf das Betriebsergebnis haben. Nicht nur Fertigungsbetriebe müssen mit hohen Stromkosten rechnen, auch Einzelhandelsgeschäfte mit komplexer Beleuchtung müssen mit hohen Stromkosten fertig werden.
- Wer will, kann zu den Energiekosten auch den Wasserverbrauch addieren. Er ist meistens nicht sehr hoch und wird von den gleichen Lieferanten wie Strom und Gas ins Unternehmen geliefert.
  Wird Wasser als ein signifikanter Bestandteil für die Herstellung eines Produktes benötigt, müssen die Kosten dafür als Rohstoffverbrauch gebucht werden. Dann gehören auch die Wasserkosten zu den direkten Kosten.

- Prinzipiell gehören Energiekosten zu den indirekten Kosten. Lässt sich aber der Energieverbrauch einer Maschine exakt der Produktionsmenge zuordnen, gehört dieser Teil der Energiekosten zu den direkten Kosten.

Marketingkosten

Die Kosten für das Marketing eines Unternehmens werden ohne die Kosten für die in der Abteilung beschäftigten Mitarbeiter gesammelt. Die Kosten für die Mitarbeiter finden sich ja bereits in der Kostenart „Personalkosten". Das Unternehmen muss wissen, wie viel Geld es für Werbemaßnahmen und andere Marketingaufgaben ausgegeben hat.

- Die Kosten für die Werbung in Zeitungen, Zeitschriften, Rundfunk oder Fernsehen, werden in dieser Rubrik verbucht.
- Die Teilnahme an Messen verursacht zum Teil erhebliche Kosten, die in einer eigenen Kostenart beobachtet werden können.
- Die sonstigen Marketingkosten (z. B. für die Herstellung und Verteilung von Flyern, Prospekten, Katalogen) müssen ebenfalls berücksichtigt werden.

Zinsaufwand

Der Zinsaufwand wird im Neutralen Ergebnis verbucht und mit den Zinserträgen verrechnet. Für die Liquiditätsplanung ist es notwendig, die Höhe der gezahlten und zu zahlenden Zinsen zu kennen. Deshalb ist eine eigene Kostenart — zumindest für diesen Zweck — sinnvoll.

Sonstige Kosten

Es gibt natürlich noch eine Vielzahl anderer Kosten. Sie werden in der Kostenart „Sonstige Kosten" gesammelt. Hierzu gehören: Versicherungsbeiträge, Rechts- und Beratungskosten, IT-Kosten, Kosten des Fuhrparks usw.

Welche Kosten eine eigene Kostenart bilden und welche zu den „Sonstigen Kosten" addiert werden, entscheiden Sie als Unternehmer selbst. Ist eine Kostenart für Ihr Ergebnis wichtig, muss sie als eigene Position in der Gewinn- und Verlustrechnung aufgeführt werden. Wer z. B. nur ein kleines Büro mietet und nur wenige Mietkosten hat, muss die Raumkosten nicht getrennt ausweisen, verbuchen und planen. Ein Einzelhändler, der viele Tausend Miete pro Monat zahlt, sollte das jedoch auf jeden Fall tun.

3.3.3 Die Abschreibungen

> **BEISPIEL**
>
> Gerlinde Weber, eine Altenpflegerin mit staatlichem Abschluss und jahrelanger Berufserfahrung, rechnet ihre geplante Selbstständigkeit durch. Die Zahl der Patienten und den sich daraus ergebenden Umsatz kann sie sehr gut einschätzen, viele der Kosten auch. Als sie jedoch den Kaufpreis für das notwendige Fahrzeug in die Kosten einbezieht, wird das Existenzgründungsvorhaben sofort unwirtschaftlich.
>
> Glücklicherweise hat Frau Weber ihre Berechnungen einem befreundeten Kaufmann gezeigt, der den Fehler sofort erkannt hat: Der Preis, den Frau Weber für das Fahrzeug gezahlt hat, darf nicht sofort im ersten Jahr vollständig als Kosten verbucht werden; er muss auf die Lebensdauer des Pkws verteilt werden. Dadurch sinken die Kosten im Jahr der Anschaffung, der geplante mobile Pflegedienst wird wirtschaftlich.

Da in einem Unternehmen immer wieder Entscheidungen über Investitionen zu treffen sind, muss der Existenzgründer mit den Auswirkungen von Investitionen auf die Kosten und den Gewinn seines Unternehmens umgehen können. Investitionen haben zudem auch steuerliche Auswirkungen.

Bei den Material-, Personal- und Energiekosten stehen dem Verbrauch der Faktoren durch das Unternehmen kurzfristige Ausgaben gegenüber. Werden dagegen langlebige Vermögensgegenstände genutzt, fallen die Ausgaben für diese Vermögensgegenstände und ihr Verbrauch zeitlich auseinander. Zunächst wird investiert (also das Auto, die Maschine, das Haus o. Ä.) gekauft, dann werden die Vermögensgegenstände über Jahre hinweg genutzt. Im Anlagevermögen des Unternehmens wird also gesammelt, was an Vermögensgegenständen gekauft und nur langsam verbraucht wird: die Investitionen.

Der langsame Verbrauch von Vermögensgegenständen (wie Gebäuden, Maschinen oder Fahrzeugen) zeigt sich in der Abnutzung, die nach einer bestimmten Dauer dazu führt, dass das Wirtschaftsgut ersetzt werden muss. Nur dieser Verbrauch geht in die Kostenrechnung des Unternehmens ein, und zwar als Absetzung für Abnutzung (AfA) oder Abschreibung.

> **! ACHTUNG**
>
> Auch wenn den Abschreibungen keine Auszahlungen gegenüberstehen, müssen Sie diese Kosten in Ihrer Kalkulation berücksichtigen. Der Kunde muss sie mit dem Produkt bezahlen, denn irgendwann müssen die abgenutzten Wirtschaftsgüter ersetzt werden. Wurde dann die Abnutzung nicht erwirtschaftet, fehlen dem Unternehmen die notwendigen Mittel für die Ersatzbeschaffung.

Die Höhe der jährlichen Abschreibung berechnen Sie, indem Sie die Anschaffungskosten des Wirtschaftsgutes durch seine Nutzungsdauer teilen:

Anschaffungskosten in : Nutzungsdauer in Jahren = Abschreibung in pro Jahr

> **▶ BEISPIEL**
>
> Das Auto für den Pflegedienst von Frau Weber hat Anschaffungskosten in Höhe von 20.000 € verursacht. Es wird von einer Nutzungsdauer von 6 Jahren ausgegangen. Die Abschreibung beträgt demnach 3.333,33 € pro Jahr.

Die in diesem Beispiel erläuterte Form der Abschreibung wird lineare Abschreibung genannt. Sie ist die einzige steuerlich zulässige Form der Abschreibung. Dabei werden in jedem Jahr gleiche Abschreibungsbeträge fällig. Vor einigen Jahren wurde die degressive Abschreibung, bei der zu Beginn der Nutzungsdauer höhere Abschreibungsbeträge geltend gemacht werden konnten, steuerlich verboten.

Die degressive AfA wird von der Politik als Steuererleichterung eingesetzt, um wirtschaftliche Entwicklungen zu beschleunigen (zuletzt 2010 und 2011).

Abschreibungserleichterungen sind kein Steuergeschenk, sondern lediglich eine Steuerverschiebung. Denn sowohl bei der linearen als auch bei der degressiven AfA können in der Summe maximal die Anschaffungskosten abgeschrieben werden. Aber gerade für Unternehmen in der Gründungsphase kann eine Entlastung der Liquidität durch die Verschiebung von Steuerzahlungen in spätere Wirtschaftsjahre hilfreich sein.

▶ **BEISPIEL**

Im Fall des Autokaufs für den Pflegedienst von Frau Weber ergibt sich im ersten Jahr ein Unterschied von 1.666,76 € für den Abschreibungsbetrag. Bei linearer AfA beträgt die Abschreibung 3.333,33 € pro Jahr, bei degressiver AfA 5.000 € pro Jahr (das 2,5-fache des linearen Betrages, maximal aber 25 % der Anschaffungskosten).

Bei einem individuellen Steuersatz von 35 % kann Frau Weber 583,37 € Steuern in spätere Jahre verschieben. Das scheint zunächst einmal nicht viel zu sein. Beim Kauf von Maschinen ergeben sich allerdings weitaus größere Beträge.

Zu den Anschaffungskosten zählen (egal ob die lineare oder die degressive AfA gewählt wird) neben dem reinen Einkaufspreis des Wirtschaftsgutes auch alle Nebenkosten (Transportkosten, Transportversicherung usw.). Für Pkws fallen z. B. die Überführungskosten und die Anmeldegebühren an. Auch Installationskosten (z. B. für den Aufbau und die Ersteinrichtung einer Maschine) werden aktiviert. Sind bei der Beschaffung Kosten (z. B. durch eine Besichtigung oder einen Messebesuch) entstanden, gehören auch diese Kosten zu den Anschaffungskosten.

● **TIPP**

Je mehr Kosten in die Anschaffungskosten gebucht werden können, desto stärker verbessert sich das Unternehmensergebnis im Jahr der Anschaffung, weil die Kosten den Gewinn nicht mindern. Dafür sinkt der Gewinn in den Folgejahren, weil die Abschreibungen steigen. Ein höherer Gewinn im Anschaffungsjahr bedeutet zugleich auch, dass mehr Steuern gezahlt werden müssen. Sie sollten also das Wahlrecht, das Ihnen bei einigen Positionen des Anschaffungswertes zur Verfügung steht, überlegt nutzen.

Um möglichst hohe Abschreibungen vornehmen zu können, versuchen viele Unternehmen, die Nutzungsdauern möglichst niedrig anzusetzen. So können zunächst Steuern gespart werden. Das Finanzamt vertritt allerdings (verständlicherweise) eine andere Auffassung. Um Diskussionen zu vermeiden, gibt es offizielle Tabellen mit üblichen Nutzungsdauern, die von den Finanzbehörden herausgegeben werden.

Abweichungen von den offiziellen Nutzungsdauern sind nur noch mit besonders guter Begründung möglich. Gründe für Abweichungen können z. B. unüblich lange Belastungen (Dreischichtbetrieb) oder besonders schlechte Arbeitsbedingungen für die Maschinen sein.

ARBEITSHILFE ONLINE Hier ein paar Beispiele für typische Nutzungsdauern aus der AfA-Tabelle. Die Tabelle finden Sie auch bei den Arbeitshilfen online. Aktuell wird diese Tabelle unter www.bundesfinanzministerium.de (als Suchbegriff „AfA-Tabelle" eingeben) als Download zur Verfügung gestellt.

- Hallen in Leichtbauweise: 14 Jahre
- Bierzelte: 8 Jahr
- Golfplätze: 20 Jahre
- Stromerzeugungsaggregate: 19 Jahre
- Hochregallager: 15 Jahre
- Pkw: 6 Jahre
- Lkw: 9 Jahre
- Segelyachten: 30 Jahre
- Drehbänke: 16 Jahre
- mobile Bohrmaschinen: 6 Jahre
- Büromöbel: 13 Jahre

3.4   Der Wert Ihrer Leistung

Die Leistung eines jeden Unternehmens muss auf dem Markt verkauft werden. Dabei kann der Verkäufer den Preis nur selten nach den individuellen Ansprüchen des Unternehmens bestimmen. In der Regel gilt der Marktpreis. Warum dann also noch den Preis selbst kalkulieren?

- Mit der Kalkulation des Verkaufspreises stellt das Unternehmen fest, welchen Preis es auf dem Markt erzielen muss, um wirtschaftlich erfolgreich zu sein.

- Die Kalkulation des Preises gibt dem Unternehmer einen Einblick in die Abhängigkeit des Preises von den einzelnen Kostenkomponenten und liefert Ansätze für die Kostenoptimierung.
- Im Unternehmen selbst konkurrieren mehrere Produkte um knappe Ressourcen wie z. B. um Maschinenkapazitäten. Mit der Kalkulation kann festgehalten werden, bei welchen Produkten dem Unternehmen der größte Nutzen entsteht. Die knappen Ressourcen lassen sich entsprechend verteilen.
- Ist dem Unternehmer bekannt, welche Kostenkomponenten in seine Kalkulation einfließen, kann er in besonderen Situationen (wie z. B. bei einem Preiskampf) schnell und zum Vorteil seines Unternehmens reagieren.

▶ BEISPIEL

Seit einigen Wochen kann Jürgen Raubold seine Produktionsmaschinen für Edelstahlbauteile nicht mehr richtig auslasten. Ein sehr interessanter Verbraucher, um dessen ersten Auftrag Herr Raubold bereits lange kämpft, möchte einen Testauftrag zu besonderen Konditionen platzieren. Der Unternehmer kennt seine Kalkulation und weiß, dass darin auch Fixkosten enthalten sind, die unabhängig von seiner Produktionsmenge anfallen. Diese Fixkosten kann er bei der Kampfpreiskalkulation außer Acht lassen, sodass durch die Kalkulation nur seine variablen Kosten gedeckt sind.

Mit dem Wissen um diese Preisuntergrenze geht Jürgen Raubold in die Verkaufsverhandlungen und kann den Auftrag zu einem Preis gewinnen, der knapp über seinen variablen Kosten liegt. Mit diesem Auftrag kann er den Kunden von der Leistungsfähigkeit seines neuen Unternehmens überzeugen.

Bei der Kalkulation der Verkaufspreise, die das Unternehmen für seine Leistung benötigt, geht es immer darum, alle Kosten möglichst gerecht auf die einzelnen Produkte zu verteilen. Trotz gleicher Zielsetzung ist die Kalkulation in den unterschiedlichen Unternehmenstypen verschieden. Der Handwerker kalkuliert anders als der Einzelhändler, der Dienstleister anders als der Produzent. Das liegt an den unterschiedlichen Strukturen.

3.4.1 So kalkulieren Dienstleister

Das Gebiet der von Unternehmen angebotenen Dienstleistungen ist sehr weitläufig. Deshalb gibt es bei den einzelnen Arten von Dienstleistungen eigene Kalkulationsrichtlinien. Obwohl viele Freiberufler nach Gebührenordnungen abrechnen (müssen), können auch sie einen Vergleichswert für die eingesetzte Zeit des Leistungserbringers durch Kalkulation ermitteln.

So tun das z. B. Berater, bei denen die Kosten erwirtschaftet und ausreichende Gewinne erzielt werden müssen. Die Schätzung der wirklich berechenbaren Zeiten ist für diesen Unternehmerkreis problematisch.

Die notwendigen Einnahmen

- Selbstverständlich müssen alle bereits ermittelten Kosten durch den Leistungsverkauf gedeckt werden. Die Höhe des Betrages ergibt sich aus der Wirtschaftlichkeitsberechnung.
- Das Einkommen des Existenzgründers muss erwirtschaftet werden. Als Grundlage reichen die Annahme eines Bruttojahreseinkommens (inkl. Sonderzahlungen) und der Aufschlag für den Arbeitgeberanteil an der Sozialversicherung, weil dieser Anteil jetzt vom eigenen Unternehmen erwirtschaftet werden muss.
- Der Unternehmer investiert Kapital in die Existenzgründung, er engagiert sich und geht ein erhebliches Risiko ein. Dafür steht ihm ein Ausgleich in Form eines angemessenen Gewinns zu.

! ACHTUNG

Die im Allgemeinen angenommene Höhe des Gewinns eines Unternehmens ist weit überhöht. So liegt er im Einzelhandel bei ca. 3 % des Nettoumsatzes, in anderen Branchen gehören 8 bis 10 % vom Umsatz bereits zu den guten Werten. Gerade in der Gründungsphase sollten Sie mit Gewinnerwartungen sehr vorsichtig sein. Auf Dauer muss Ihr Unternehmen allerdings einen angemessenen Gewinn abwerfen.

Die verkäufliche Zeit

Ein Berater verkauft seine Arbeitszeit an seine Kunden. Deshalb muss er feststellen, wie viel Zeit ihm zur Verfügung steht und wie viel er davon berechnen kann. Unternehmensberatungen kalkulieren auf Tagesbasis.

- Für die Berechnung der verfügbaren Tage kann die folgende Vorgehensweise verwendet werden:

Anzahl Tage im Jahr	365
minus Wochenenden	104
minus Feiertage	10
minus Urlaubstage	30
minus durchschnittliche Krankheitstage	5
gleich verfügbare Tage	216

- Selbst gut ausgelastete Freiberufler (wie z. B. Ärzte) können nicht an 216 Tagen im Jahr Leistungen erbringen, die auch verkauft werden können. Bei Unternehmensberatern ist der Prozentsatz fakturierbarer Tage noch wesentlich geringer. Die übrige Zeit muss für Weiterbildung, Kundenakquise, Schreiben von Rechnungen und Angeboten usw. verwendet werden. Auch die Auftragslage spielt eine Rolle. In schlechten Zeiten können nicht alle verfügbaren Tage verkauft werden. Welcher Prozentsatz der verfügbaren Tage berechnet werden kann, ist von Branche zu Branche verschieden. Bestehende Unternehmen haben den Vorteil, dass sie entsprechende Aussagen aus Vergangenheitswerten ableiten können. Neu gegründete Unternehmen müssen sich mit eigenen Schätzungen und Branchenwerten begnügen. Für Unternehmensberatungen sind maximal 60 % fakturierbarer Zeit (von der verfügbaren Zeit) keine Seltenheit.

- Neben der eigentlichen Beratungstätigkeit können zusätzliche Einnahmen entstehen. Für Weiterempfehlungen können beispielsweise Provisionen eingenommen werden. Kleinere Materialien oder Literatur kann an die Kunden verkauft werden. Diese Einnahmen werden auch zur Deckung der Kosten herangezogen.

Für die Kalkulation der Dienstleistung wird demnach die folgende Rechnung aufgestellt:

	notwendige Einnahmen pro Jahr
—	sonstige Einnahmen pro Jahr
=	Dienstleistungshonorar pro Jahr
:	fakturierbare Tage pro Jahr
=	notwendiges Honorar pro Tag

ARBEITSHILFE
ONLINE Eine Excel-Tabelle, mit der Sie wie im folgenden Beispiel Ihre Kalkulation durchführen können, finden Sie bei den Arbeitshilfen online.

Kalkulation Dienstleister
alle Werte in Euro pro Jahr

Notwendige Einnahmen			
Kosten des Unternehmens			25.000,00
eigenes Gehalt			
Bruttolohn inkl. Sonderzahlungen		50.000,00	
AG-Anteil Sozialversicherungen	19,5%	9.750,00	59.750,00
Gewinn			12.000,00
Summe			96.750,00
Sonstige Einnahmen			4.350,00
durch Fakturierung zu decken			92.400,00
Anzahl Tage			
Jahresmaximum	365		
Wochenenden	104		
Feiertage	10		
Urlaubstage	30		
Kranktage	5		
verfügbare Tage	216		
Auslastung	60%		
fakturierbare Tage	129,6		
Mindesthonorar Euro/Tag			712,96

Abb. 7: Beispiel: Kalkulation Dienstleister

Haben Sie ein Mindesthonorar von 712 € pro Tag errechnet und können Sie 800 € pro Tag realisieren, ist Ihre Kostenstruktur in Ordnung. Sie haben sogar noch etwas Sicherheit, wenn die Auslastung Ihrer Zeit wie angenommen ein tritt.

Liegt Ihr Kalkulationsergebnis über dem realisierbaren Betrag, kann in Ihrer Kostenstruktur oder in Ihren Annahmen etwas nicht stimmen. Der Marktpreis spiegelt die Situation und die Strukturen Ihrer Mitbewerber. Stimmt Ihre angenommene Auslastung? Haben Sie zu hohe Ansprüche an Ihre Bezahlung? Welche Kosten sind zu hoch? Ist der Gewinn angemessen? Auf diese Fragen müssen Sie Antworten finden.

3.4.2 So kalkulieren Händler

Obwohl sowohl Großhändler als auch Einzelhändler zu den Händlern gehören, gibt es zwischen ihnen erhebliche Unterschiede, die sich in den Kosten und damit auch in der Kalkulation niederschlagen.

Der Großhändler kann preiswerte Lagerhäuser mieten, benötigt keine aufwändigen Schauräume und muss die Endverbraucher nicht teuer bewerben.

Der Einzelhändler muss teure Geschäftsräume mieten, aufwändige Verkaufsstellen ausstatten, Endverbraucherwerbung betreiben und kompetentes Beratungspersonal beschäftigen.

Deshalb ist die Marge, die beiden zusteht, unterschiedlich hoch. Ausgangspunkt für die gesamte Vertriebskette ist der Verkaufspreis, der auf dem Markt vom Endverbraucher gezahlt wird. Beide Händler arbeiten mit Spannen oder Margen, die als Aufschlag auf die Einkaufspreise oder als Abschlag auf die Verkaufspreise verwendet werden. Dabei wird nicht jeder einzelne Artikel betrachtet. Das ist bei der Vielzahl von Waren auch nicht notwendig. Meistens wird das gesamte Geschäft betrachtet.

● TIPP

Verkaufen Sie Produktgruppen mit erheblich unterschiedlichen Kostenstrukturen und verschiedenen Margen, sollten Sie sie separat kalkulieren. Es ist allerdings schwer, die allgemeinen Kosten für die unterschiedlichen Kalkulationen entsprechend aufzuteilen.

Die Einzelhandelskalkulation

In Deutschland ist eine Preisbindung (mit Ausnahme des Buchhandels) nicht erlaubt. Grundsätzlich kann jeder Einzelhändler seine Preise festlegen, wie er will. Es gibt gesetzliche Regelungen und Gerichtsurteile zur Festlegung von Endverbraucherpreisen unterhalb der Einkaufskosten des Einzelhändlers. Eine solche Preisgestaltung ist nicht erlaubt, wenn dadurch andere Händler bedroht werden.

!	**ACHTUNG**

Achten Sie bei allen folgenden Berechnungen darauf, ob Mehrwertsteuer im Verkaufspreis eingeschlossen ist oder nicht. Im Einkaufspreis ist sie regelmäßig nicht berücksichtigt, im Verkaufspreis können Auf- und Abschläge jeweils mit und ohne Berücksichtigung der Mehrwertsteuer angegeben werden. Sie müssen nur wissen, ob sie enthalten ist oder nicht.

- Die Differenz zwischen dem Verkaufspreis und dem Einkaufspreis eines Produktes ist der Rohertrag.
- Die Kalkulation errechnet die Mindestspanne, die durch das gegründete Unternehmen erreicht werden muss.
- Der Warenverbrauch enthält die Einkaufskosten aller verkauften Waren. Auch hier darf keine Verwechselung mit den Einkaufsvolumen des Jahres vorkommen. Bestandserhöhungen müssen herausgerechnet, Bestandsverminderungen dazugezählt werden.
- Durch den Rohertrag müssen alle Kosten des Einzelhandelsgeschäftes einschließlich des Gehaltes des Unternehmers abgedeckt werden.
- Auch dem Einzelhändler steht ein angemessener Gewinn zu. Üblich im Einzelhandel ist ein niedriger einstelliger Prozentsatz vom Umsatz.

Die Kalkulation macht die folgende Rechnung auf:

	Jahresumsatz (brutto)
—	Mehrwertsteuer
=	Jahresumsatz (netto)
—	Wareneinsatz des Jahres
=	Rohertrag des Jahres
.	Wareneinsatz des Jahres
=	Rohspanne des Jahres in Prozent vom Wareneinsatz

Kalkulation Einzelhandel
alle Werte in Euro pro Jahr

Notwendige Rohspanne			
Kosten des Geschäftes			52.000,00
eigenes Gehalt			
Bruttolohn inkl. Sonderzahlungen		30.000,00	
AG-Anteil Sozialversicherungen	19,5%	5.850,00	35.850,00
Gewinn			5.000,00
Summe			92.850,00
Warenverbrauch			50.000,00
Mindestumsatz netto			142.850,00
Mehrwertsteuer	19%		27.141,50
Mindestumsatz brutto			169.991,50
Rohertrag	Euro		92.850,00
Rohspanne	%		65,0%
Aufschlag auf EK-Preis ohne MWSt.			185,7%
Aufschlag auf EK-Preis mit MWSt.			240,0%

Abb. 8: Beispiel Mindestkalkulation im Einzelhandel

ARBEITSHILFE
ONLINE

Sie finden die Excel-Tabelle zur eigenen Kalkulation bei den Arbeitshilfen online. Die Beispielkalkulation errechnet aus gegebenen Kosten, gewünschtem Gehalt und Gewinn sowie aus einem vorgegebenen Warenverbrauch den Rohertrag und die Aufschläge auf die Einkaufspreise inklusive und exklusive Mehrwertsteuer im Verkaufspreis. Die Rohspanne und die Aufschläge können mit den in der Branche üblichen Werten verglichen werden, um Abweichungen festzustellen.

▶ BEISPIEL

Eine andere Fragestellung ergibt sich bei Existenzgründungen: Wie viel Umsatz muss das Geschäft erwirtschaften, um bei einer gegebenen Rohspanne die Kosten und das Gehalt des Existenzgründers zu decken?
Die Berechnung erfolgt anhand der Formel:

(Kosten + Gehalt + Gewinn) : Rohspanne.

Ergeben die Kosten, das Gehalt und der Gewinn einen Betrag von 92.850 € und geht man von einer Rohspanne von 65 % aus, ergibt die Formel: 92.850 € : 65 % = 142.846 €.

Liegt der erwartete Umsatz über diesem Wert, lohnt sich das Geschäft, liegt er darunter, bleibt der Erfolg aus.

Die Großhandelskalkulation

Groß- und Einzelhandel müssen sich die Gesamtdifferenz zwischen dem Verkaufspreis, den der Endverbraucher zahlt, und dem Einkaufspreis des Großhandels, den der Hersteller erhält, teilen. Steht die Rohspanne des Einzelhandels fest und erweist sich der Verkaufspreis des Herstellers auf der Grundlage einer Kostenkalkulation als gerechtfertigt, bleibt für den Großhandel ein fester Betrag übrig.

▶ **BEISPIEL**

Ein Produkt, das im Einzelhandel 119 € kostet, kann die folgende Verteilung des Kaufpreises mit sich bringen:

119,00 €	Verkauf an Endverbraucher
19,00 €	Mehrwertsteuer an den Staat
100,00 €	Nettoeinnahme des Einzelhändlers
65,00 €	Rohertrag für den Einzelhändler
5,00 €	Rohertrag für den Großhändler
30,00 €	Erlös für den Hersteller

Aufschläge zwischen 10 % und 20 % auf den Einkaufspreis sind für Großhändler durchaus übliche Werte. Selbstverständlich gibt es Unterschiede, die von der Branche, der Region und den Produkten abhängen.

Die Verteilung erfolgt nicht so einvernehmlich, wie die Rechnung einen vielleicht Glauben macht. Ausgehend vom gegebenen Marktpreis wird jedes Unternehmen in der Kette, also der Hersteller, der Großhändler und der Einzelhändler um einen möglichst großen Teil davon kämpfen. So wird z. B. ein

Großhändler kleineren Einzelhändlern mit geringen Abnahmemengen geringere Margen zugestehen als einem Großabnehmer.

! ACHTUNG

Sowohl Groß- als auch Einzelhändler müssen ihre Spannen und Erträge an die Spannen und Erträge anpassen, die in der Branche übliche sind. So bestehen z. B. erhebliche Unterschiede in den Aufschlägen auf die Einkaufspreise zwischen dem Lebensmitteleinzelhandel und dem Einzelhandel für Geschenkartikel. Wer sich zu viel Marge gönnt, wird auf dem Markt nicht lange bestehen. Eine zu geringe Marge führt indessen zu Problemen bei der Kostendeckung.

So kalkulieren Fertigungsunternehmen

Der Prozess der Fertigung eines Produktes ist meistens wesentlich komplexer als der Prozess des Handelns mit dem Produkt. Deshalb ist die Kalkulation in einem Fertigungsunternehmen auch wesentlich komplexer als die Kalkulation eines Beratungsunternehmens oder eines Händlers.

Jedes Produkt, das vom Unternehmen hergestellt wird, muss individuell kalkuliert werden. Dabei ist die Zuordnung der direkten Kosten problemlos möglich. Darüber sollten in der Entwicklungsabteilung ausreichend Dokumente vorhanden sein oder die Erfahrung der kalkulierenden Mitarbeiter kann die Zuordnung erledigen. Aufgabe der Kalkulation im Fertigungsunternehmen ist es, alle anfallenden indirekten Kosten möglichst gerecht auf die einzelnen Produkte zu verteilen.

● TIPP

Bauen Sie Ihre Kalkulationsschemata so auf, dass die Plankalkulation aus der Gründungsphase möglichst einfach mit den tatsächlich angefallenen Kosten verglichen werden kann. Mit dieser Nachkalkulation lässt sich sehr schnell erkennen, wo Fehler gemacht wurden und wo Potenziale liegen.

Die am weitesten verbreitete Version der Kalkulation in Fertigungsunternehmen ist die Zuschlagskalkulation. Dabei werden die Gemeinkosten durch Zuschlagssätze zu den direkten Kosten auf die Produkte verteilt. Die Zuschlagskalkulation wird in der Regel für ein Stück des Produktes durchgeführt.

- Die Materialkosten bilden die Summe aus dem Materialeinsatz pro Stück und dem Materialgemeinkostenzuschlagssatz (MGK-Zuschlagssatz). Der Materialeinsatz kommt aus den Stücklisten des Produktes. Der MGK-Zuschlagssatz wird errechnet, indem die im Jahr angefallenen oder für das Jahr geplanten Einkaufskosten (Personalkosten, Raumkosten, Energieanteil etc.) ins Verhältnis zum Einkaufsvolumen gesetzt werden.

BEISPIEL

Der Einkauf im Unternehmen wird von einem Einkäufer durchgeführt. Als Kosten fallen Personalkosten, anteilige Raumkosten, IT-Kosten, Reisekosten usw. an. Die Berechnung ergibt eine Planung von 85.000 € pro Jahr. Damit erledigt das Unternehmen einen Einkauf im Gesamtvolumen von 1.500.000 €. Das ergibt einen MGK-Zuschlagssatz von 5,7 % auf den Materialpreis.

- Die Fertigungskosten setzen sich aus den Fertigungslöhnen und dem Fertigungsgemeinkostenzuschlagssatz (FGK-Zuschlagssatz) zusammen. Die Fertigungslöhne ergeben sich aus den Arbeitsplänen oder aus den Berechnungen der Produktionsplanung. Sie umfassen nur die direkten Lohnkosten. Die indirekten Lohnkosten werden mit allen anderen indirekten Fertigungskosten (Miete für die Fertigungshalle, Abschreibungen auf die Maschinen, Energieverbrauch, Handwerker, Produktionsleitung usw.) summiert. Das Ergebnis wird ins Verhältnis zur gesamten Summe aller direkten Fertigungslöhne gesetzt. Das Ergebnis ist der Fertigungsgemeinkostenzuschlagssatz.

BEISPIEL

Die Fertigung hat im Jahr neben den direkten Kosten für Mieten, Energie, Abschreibungen, Reparaturen usw. Ausgaben in Höhe von 2.580.500 € verursacht. Die direkten Fertigungslöhne betrugen 1.425.900 €. Das ergibt einen FGK-Zuschlagssatz von
2.580.500 : 1.425.900 = 181 %.

- Eine besondere Stellung nehmen die Sondereinzelkosten der Fertigung bei der Kalkulation ein. Dabei handelt es sich um Kosten, die in ihrer Art zwar eigentlich zu den indirekten Kosten gehören, die sich aber für ein bestimmtes Produkt exakt feststellen lassen. Beispiele dafür sind besondere Transportkosten, Aufheizkosten, die nur für ein Produkt entstehen, Reinigungskosten usw. Die Sondereinzelkosten müssen der Beschreibung über den Produktionshergang entnommen werden. In der Regel können die Entwickler und die Produktionsplaner diese Kosten identifizieren. Es geht darum, die Sondereinzelkosten gerecht zu verteilen und andere Produkte nicht damit zu belasten.

- Die Summe der Materialkosten, Fertigungskosten und Sondereinzelkosten ergibt die Herstellkosten eines Produktes. Die Herstellkosten dienen in der Kalkulation als Grundlage für weitere Zuschlagssätze.

! ACHTUNG

Die Berechnung der im Fertigungsprozess anfallenden Herstellkosten muss genau sein und exakt dokumentiert werden. Sie dient als Bewertungsgrundlage für die Bestände an Halbfertigteilen und fertigen Produkten. Das ist gesetzlich so geregelt.

- In einem Fertigungsunternehmen entstehen Vertriebskosten durch Verkaufsmitarbeiter, Provisionen, Reisekosten, Versandkosten usw. Auch diese Kosten müssen durch den Verkaufspreis der Produkte gedeckt werden. Sie müssen deshalb in der Kalkulation berücksichtigt werden. Das geschieht mit dem Vertriebsgemeinkostenzuschlagsatz (VertrGK-Zuschlagssatz). Er wird berechnet, indem alle im Laufe eines Jahres anfallenden Vertriebskosten den Herstellkosten aller im Jahr verkauften Produkte gegenübergestellt werden.

▶ BEISPIEL

Verkäufergehälter, Provisionszahlungen und weitere Kosten des Vertriebes machen für das erste Planjahr einen Betrag in Höhe von 368.500 € aus. Die Summe aller Herstellkosten ergibt sich aus der Summe aller Material-, Fertigungs- und Sondereinzelkosten. Das sind in unserem Beispiel 5.643.500 €. Damit ergibt sich ein VertrGK-Zuschlagssatz in Höhe von 6,5 %.

- Wie der VertrGK-Zuschlagssatz wird auch der Verwaltungskostenzuschlagssatz (VerwGK-Zuschlagssatz) berechnet und verwendet. Alle Verrwaltungskosten eines Jahres werden addiert. Ihre Summe muss alle Kosten beinhalten, die bislang noch nicht durch Zuschlagssätze verteilt werden konnten.
Achten Sie darauf, dass in Ihrer Kalkulation mit den Verwaltungskosten alle noch nicht verrechneten Kosten berücksichtigt werden. Vergessen Sie eine Kostenart, fehlen diese Kosten in den von Ihnen kalkulierten Preisen. Dann werden Ihnen diese Kosten nicht über die Verkaufspreise vom Kunden ersetzt.

BEISPIEL

Die Verwaltungskosten und alle bisher nicht zugeordneten Kosten des ersten Jahres nach der Gründung ergeben einen Betrag von 175.400 €. Dieser Betrag wird wieder ins Verhältnis zur Summe aller Herstellkosten (5.643.500 €) gesetzt. Das ergibt einen VerwGK-Zuschlagssatz in Höhe von 3,1 % der Herstellkosten.

- Die Summe der Herstellkosten und der Vertriebs- und Verwaltungskosten ergibt die Selbstkosten des Unternehmens.
- Zu den Selbstkosten wird ein angemessener Gewinnaufschlag hinzugefügt. Der Gewinnaufschlag kann von Produkt zu Produkt durchaus unterschiedlich sein.
- Die Selbstkosten und der Gewinn bilden den Nettoerlös, den ein Produkt erbringen muss. Davon müssen noch die gewährten Skonti und Rabatte abgezogen werden.

Kalkulation Fertigungsunternehmen
Zuschlagkalkulation

Zuschlagssätze		Kalkulation		
Zuschlagssätze		**Kalkulation**		
Materialgemeinkostenzuschlagssatz		Materialeinsatz		75,00
Kosten des Einkaufs pro Jahr	85.000,00	MGK	5,7%	4,25
Einkaufsvolumen pro Jahr	1.500.000,00	= Materialkosten		79,25
Zuschlagssatz	5,7%			
		Fertigungslöhne		124,52
Fertigungsgemeinkostenzuschlagssatz		FGK	181,0%	225,35
Kosten der Fertigung por Jahr	2.580.500,00	= Fertigungskosten		349,87
Fertigungslohnkosten pro Jahr	1.425.900,00			
Zuschlagssatz	181,0%	Sondereinzelkosten		10,00
Summe Sondereinzelkosten	52.100,00	= Herstellkosten		439,12
Vertriebsgemeinkostenzuschlagssatz		Vertr.GK	6,5%	28,67
Kosten des Vertriebes pro Jahr	368.500,00	Verw.GK	3,1%	13,65
Summe aller Herstellkosten pro Jahr	5.643.500,00			
Zuschlagssatz	6,5%	= Selbstkosten		481,44
Verwaltungsgemeinkostenzuschlagssatz		Gewinnaufschlag	5%	24,07
Kosten der Verwaltung pro Jahr	175.400,00			
Summe aller Herstellkosten pro Jahr	5.643.500,00	= Nettoerlös		505,51
Zuschlagssatz	3,1%			
		Skonto	3,0%	14,89
		= Rechnungspreis		496,33
		Rabatt	25,0%	165,44
		= Listenpreis netto		661,77
		Mehrwertsteuer	19%	125,74
		= Verkaufspreis		787,51

Abb. 9: Beispiel Kalkulation Fertigungsunternehmen

! **ACHTUNG**

Skonti und Rabatte werden in der Zuschlagskalkulation als Prozentsätze angegeben. Sie beziehen sich allerdings (anders als die bisherigen Prozentsätze) auf den übergeordneten Wert. Skonti beziehen sich auf den Rechnungspreis, Rabatte auf den Listenpreis (netto). Das ist bei der Kalkulation zu berücksichtigen.

Grundsätzlich sind die Zuschlagssätze für Materialkosten, Fertigungslöhne, Vertriebs- und Verwaltungskosten für alle Produkte gleich. Für bestimmte Produktgruppen können aber unterschiedliche Kalkulationsschemata verwendet werden. Zum Beispiel sind Produkte, die in großen Stückzahlen produziert werden, weniger anspruchsvoll, was den Verbrauch an Fertigungsgemeinkosten anbelangt, als Produkte, die nur in kleinen Stückzahlen produziert werden. Das kann von einem Unternehmen berücksichtigt werden, wenn die vollständige Verteilung aller Kosten sichergestellt ist.

▶ **BEISPIEL**

In vielen Branchen kommt es vor, dass die Produkte auf dem Markt einem harten Preiskampf unterliegen. Die Margen sind klein, Gewinnzuschläge in der Kalkulation kaum möglich. Jede Einsparung muss genutzt werden, um zumindest die Herstellkosten decken zu können. Die Verbrauchsmaterialien oder Ersatzteile kann der Kunde allerdings nur vom Unternehmen beziehen. Hier kann die Kalkulation das Minus, das sich bei den Hauptprodukten ergibt, wieder wettmachen.

Eine solche Situation herrscht im Augenblick auf dem Markt für Computerdrucker. Die Preise der Drucker selbst befinden sich im Fokus der Kunden, die Tinten und Toner scheinen jedoch überteuert zu sein. Hier erkennt man auch den Pferdefuß dieser Vorgehensweise: Kunden sind schnell verärgert, wenn sie feststellen, dass das Verbrauchsmaterial (die Tinte) fast so teuer ist wie das Hauptprodukt (der Drucker). Solange die gesamte Branche so handelt, werden neue Anbieter kaum eine Chance haben, sich dem System zu widersetzen.

3.4.3 So kalkulieren Handwerker

Wer die Vertriebsinhalte im Handwerksbetrieb betrachtet, erkennt schnell, dass es hier Ähnlichkeiten mit Beratungsunternehmen (Verkauf von Zeit), Händlern (Verkauf von Material) und manchmal auch mit Fertigungsunternehmen (wenn aus den Materialien durch handwerkliche Arbeit ein neues Produkt entsteht) gibt.

Entsprechend vielfältig ist die Kalkulation, die in einem Handwerksbetrieb vorgenommen werden muss. Neben dem Personal muss auch das Material kalkuliert werden. Manche Produkte werden wie im Einzelhandel kalkuliert.

Die Personalleistung

Ähnlich wie bei den Beratern geht es im Handwerk darum, dem Kunden die durch den Einsatz der Mitarbeiter und des Handwerkers selbst verursachten Kosten zuzüglich eines angemessen Gewinns in Rechnung zu stellen. Anders als beim Berater wird beim Handwerker normalerweise kein Tagessatz, sondern ein Stundenlohn kalkuliert, der sogenannte Mittellohn.

Da bei einer Auftragskalkulation noch nicht bekannt ist, welcher Geselle und Auszubildende den Auftrag ausführen wird, wird ein Durchschnittslohn des Handwerksunternehmens gebildet. Für Auszubildende gilt eine eigene Kalkulation.

▶ **BEISPIEL**

Jürgen Weder hat sich als Malermeister selbstständig gemacht. Die Auftragslage ist so gut, dass er bereits zwei Gesellen und einen Auszubildenden beschäftigen kann. Für seine Kalkulation errechnet er aus den Lohnsätzen seiner Angestellten und seinem angenommenen Unternehmerlohnsatz einen Mittellohn:

	Stundenlohn	Anteil operativ	verwendeter Stundenlohn
Jürgen Weder	20,00 €	50 %	10,00 €
Klaus Strum	16,20 €	100 %	16,20 €
Michael Werter	14,80 €	100 %	14,80 €
Summe			41,00 €
Mittellohn 1			13,67 €

Der Durchschnittslohn wird um die Arbeitgeberanteile zur Sozialversicherung (+20 %) und um die bezahlten Freitage (Urlaub, Feiertage, Krankheitstage +17 %) erhöht. Außerdem muss noch eine Verteilung aller mit dem Erbringen der Personalleistung verbundenen Kosten auf die Stunden erfolgen. Dazu wird die Kostenplanung verwendet. In der Summe ergibt das den Mittellohn, der von den Kunden bezahlt werden muss, damit alle Kosten und ein angemessener Gewinn gedeckt werden.

Kalkulation Handwerksunternehmen
Personal + Material

Personalkalkulation

Mittellohnberechnung	Stundenlohn in Euro	Anteil operativ	verwendeter Stundenlohn in Euro
Handwerker Meister	20,00	50%	10,00
Geselle	16,20	100%	16,20
Geselle	14,80	100%	14,80
			41,00
Mittellohn 1			13,67
Arbeitgeberanteil	20%	2,73	16,40
Freitage	17%	2,79	19,19

	Gesatmkosten ohne direkte Personalkosten, inkl. Gewinnaufschlag	Anzahl verfügbarer Stunden	Aufschlag Kosten pro Stunde
	128.500,00	4.400	29,20

Mittellohn Kalkulation	Handwerker		48,39
Mittellohn Kalkulation	Auszubildender		24,20

Materialkalkulation

Kosten für Beschaffung, Lagerung, Verteilung	50.820,00
Gewinnaufschlag	5.082,00
Einkaufswert verbrauchtes Material	120.000,00
Zuschlagssatz	46,6%

Abb. 10: Beispiel Kalkulation Handwerker

In Ihren Angeboten sollten Sie einen Stundensatz verwenden, der mit den Stundensätzen Ihrer Mitbewerber vergleichbar ist. Der Kunde wird den Stundensatz mit Konkurrenzangeboten vergleichen und auf dieser Grundlage

Schlüsse über die gesamte Preislage Ihres Handwerksbetriebes ziehen. Wenn es möglich ist, sollten Sie also knapp unter den Stundensätzen Ihrer Mitbewerber liegen. Weniger sensibel als die Stundensätze ist die Gesamtzahl der gebrauchten Stunden.

Die Materialkalkulation

Die Materialkalkulation funktioniert wie die Berechnung des Materialzuschlagssatzes im Fertigungsbetrieb. Der Summe aller Einkaufspreise des verkauften Materials werden die Kosten, die für den Einkauf, die Lagerung und die Verteilung des Materials entstanden sind, gegenübergestellt. Auch der Gewinnaufschlag wird berücksichtigt. Daraus ergibt sich ein Zuschlagssatz, der auf die Beschaffungspreise aufgeschlagen wird.

Sie müssen darauf achten, dass keine Kosten gleichzeitig im Personalbereich und im Materialbereich verrechnet werden. Das gilt z. B. für die Buchhaltungskosten, die sowohl für das Personal als auch für das Material anfallen. Hier müssen Sie entweder eine Zuordnung zu einem der beiden Bereiche oder eine Aufteilung zwischen den Bereichen vornehmen.

> **▶ BEISPIEL**
>
> Der Malermeister Jürgen Weder verkauft selbstverständlich auch die bei seinen Aufträgen benötigte Farbe. Kostet ihn ein Eimer Fassadenfarbe im Einkauf 100 €, bietet er ihn seinen Kunden für 146,60 € an, weil sein Aufschlag 46,6 % beträgt (siehe Tabelle oben).

Auch hier wird Ihr Angebot mit dem Ihrer Wettbewerber verglichen, denn auch Ihre Wettbewerber bieten dem Kunden ihr Material an. Sie müssen deshalb nach außen konkurrenzfähig sein. Ihre interne Kalkulation dient dazu, die Position Ihres Handwerksunternehmens auf dem Markt darzustellen.

Viele Handwerker verkaufen auch ohne Handwerksauftrag Produkte aus ihrem Anwendungsbereich. Der Maler verkauft Farbe und Tapeten, der Elektriker Waschmaschinen und Kühlschränke, der Schreiner Kleinmöbel. Solche Produkte werden wie im Einzelhandel kalkuliert, weil die Strukturen vergleichbar sind. Weniger aufwändige Verkaufsräume führen zu geringeren Kosten und damit auch zu geringeren Aufschlägen.

Bei der Kalkulation der einzelnen Aufträge müssen Sie die Mehrwertsteuer sowie Rabatte und Skonti berücksichtigen. Dabei müssen Sie zunächst die Stundensätze und die Materialkosten um mögliche Rabatte und Skonti erhöhen. Die Mehrwertsteuer wird auf den Endpreis des Angebots aufgeschlagen, wenn sich ein Angebot an private Kunden richtet.

3.5 Der Businessplan – Grundlage der Fremdfinanzierung

Um an Fremdkapital für sein Unternehmen zu gelangen, muss der Existenzgründer die Fremdkapitalgeber über sein Vorhaben informieren und von seiner Idee überzeugen. Das geschieht mithilfe eines Businessplans, der (neben dem persönlichen Gespräch) als Beurteilungsgrundlage für den Kreditantrag dient. Für den Existenzgründer selbst bietet der Businessplan die Möglichkeit, die Unternehmensplanung in klaren Definitionen und Zahlen festzuhalten. Das kann später als Kontrolle dienen, wenn das Erreichte mit den Planwerten verglichen wird.

Die Bedeutung des Businessplans für die Fremdfinanzierung und damit nur allzu oft für die gesamte Realisierung der Geschäftsidee verführt in der Praxis dazu, die Zahlen positiver darzustellen als sie es tatsächlich sind. Das wird oft vom Gegenüber schnell erkannt. Die Chance auf eine Unterstützung ist dann vertan. In der Realisierungsphase können geschönte Businesspläne zu einem schnellen Ende des jungen Unternehmens führen.

Bleiben Sie deshalb beim Aufstellen des Businessplans realistisch. Dokumentieren Sie jede Planzahl mitsamt den Quellen, aus denen sie stammt. Eine Dokumentation gehört zwar nicht zum Businessplan dazu, muss aber auf Verlangen und für Nachfragen greifbar sein.

Die häufigsten Fehler beim Aufstellen eines Businessplans sind:

- Der Businessplan wird ohne ausreichende eigene oder fremde Qualifikation aufgestellt. Besonders wenn es um die Ergebnis- und Liquiditätsplanung geht, ist betriebswirtschaftliches Know-how notwendig. Nur so kann der Gesprächspartner, der in aller Regel ein Kaufmann ist und täglich mit solchen Aufstellungen zu tun hat, beeindruckt werden.

- Der Businessplan wird ohne Struktur und sinnvolle Gliederung aufgestellt und abgegeben. Dann findet sich der Leser in der komplexen Materie nicht alleine zurecht. Außerdem zeugt ein strukturloser Businessplan nicht gerade von der Fähigkeit des Existenzgründers, strukturiert zu arbeiten.
- Unverständliche Formulierungen sollen in der Praxis oft Unwissenheit (bezüglich wirtschaftlicher Themen) kaschieren. Gleichzeitig wird das Fachgebiet des Gründers so beschrieben, dass Laien sich nichts darunter vorstellen können. In der Praxis wird sich ein Kapitalgeber nicht lange mit einem solchen Businessplan aufhalten. Er hat genügend andere zur Auswahl.
- Besonders schlechte Auswirkungen auf die Beurteilung des Gründungsvorhabens haben Rechenfehler im mathematischen Teil des Businessplans. Das sollte eigentlich jedem Existenzgründer klar sein, trotzdem kommen solche Fehler in der Praxis immer wieder vor.

Im Grunde haben wir alle Bestandteile des Businessplans schon in den bisherigen Kapiteln angesprochen. Jetzt geht es um die Frage, wie die Informationen des Businessplans so aufbereitet und gegliedert werden können, dass sie den Ansprüchen der Informationsempfänger genügen. Eine Gliederung in die folgenden Abschnitte hat bereits mehrfach erfolgreich den Praxistest bestanden.

ARBEITSHILFE
ONLINE Der Businessplaner auf unserem Download-Portal hilft Ihnen zusätzlich dabei, Schritt für Schritt zum Businessplan zu gelangen.

- Die Beschreibung der Geschäftsidee (mit Informationen über den Gründer, das geplante Angebot und die Randbedingungen)
- Die Investitionsplanung (mit allen geplanten Ausgaben für die Gründung, für Vermögensgegenstände und Betriebsmittel)
- Die Finanzplanung (mit der geplanten Herkunft der benötigten finanziellen Mittel)
- Die Ergebnisplanung (mit den Erlösen und Kosten des Unternehmens in den ersten drei Jahren)
- Die Liquiditätsplanung (mit dem Nachweis, dass das Unternehmen dazu in der Lage ist, die notwendigen Geldströme zu generieren)

● ███ **TIPP**

Falls vorhanden, fügen Sie den nüchternen Definitionen und Zahlen Muster und Beispiele bei. Zeigen Sie Ihr bereits entwickeltes Logo, fügen Sie Prospekte und Flyer bei, auch wenn sie vorerst nur als Entwürfe vorliegen. Wenn Sie ein Produkt herstellen wollen, dann beschaffen Sie sich Muster und geben Sie dem Leser des Businessplans eine Vorstellung, wovon Sie dort schreiben.

3.5.1 Die Beschreibung Ihrer Geschäftsidee

Im ersten Kapitel des Businessplans wird die Geschäftsidee beschrieben. Dabei sind Formulierungen zu wählen, die der kaufmännische Leser auch versteht, vor allem, wenn es um technische Beschreibungen geht. Die Überlegungen, die der Existenzgründer bereits für die eigene Beurteilung seines Vorhabens angestellt hat, können jetzt in den Businessplan übernommen werden.

Das führt zu den folgenden Gliederungspunkten im Kapitel „Geschäftsidee":

- **Der Gründer:** Über einen tabellarischen Lebenslauf wird die besondere Qualifikation des Existenzgründers nachgewiesen. Ausbildung, Erfahrung und notwendige Prüfungen werden dokumentiert.
- **Das Angebot:** Die eigentliche Geschäftsidee wird beschrieben, indem das geplante Angebot für die Kunden des geplanten Unternehmens dargestellt wird.
- **Die Zielgruppe:** Auch der Entscheider über ein Engagement als Fremdkapitalgeber möchte die wirtschaftlichen Chancen einschätzen können. Deshalb benötigt er Informationen über die geplante Zielgruppe.
- **Der Standort:** Warum wurde der geplante Standort gewählt? Diese Frage muss ebenfalls beantwortet werden. Sollten Sie schon geeignete Räume gefunden haben, dann beschreiben Sie sie. Legen Sie ein Exposé Ihres Maklers oder Vermieters bei. Der Leser kann sich dann ein viel besseres Bild machen.
- **Das Marketing:** Auch ein Fremdkapitalgeber möchte wissen, wie der Unternehmer seine Kunden erreichen will. Vor diesem Hintergrund kann ein Banker das Vorhaben wesentlich besser beurteilen.

Die bisherigen Planinhalte helfen also nicht nur dem Existenzgründer selbst, sich Klarheit über seine Geschäftsidee zu verschaffen. Sie helfen ihm auch dabei, fremde Dritte von seiner Geschäftsidee zu überzeugen, damit sie sein Unternehmen mit Fremdkapital unterstützen. Der letzte, jetzt folgende Punkt zeigt dem Adressaten des Businessplans, dass sich der Existenzgründer intensiv mit der Materie befasst hat:

- **Risiken und Chancen:** Jedes Geschäft beinhaltet Risiken. Unternehmer sein heißt, Risiken einzugehen, um die mit den Risiken verbundenen Chancen zu nutzen. Damit das gelingt, müssen die Risiken erkannt werden. Dass er das kann, zeigt der Existenzgründer, indem er die wichtigsten Risiken und Chancen seines Vorhabens im Businessplan beschreibt.

3.5.2 Die Investitionsplanung

Im Businessplan werden die geplanten Investitionen zusammengefasst:

- **Gründungskosten:** Unter dem Punkt „Gründungskosten" werden alle Kosten zusammengefasst, die dem Existenzgründer durch die eigentliche Gründung entstehen.
- **Investitionen:** Alle Vermögensteile wie Gebäude, Maschinen, Fahrzeuge, Einrichtungsgegenstände werden unter dem Punkt „Investitionen" aufgeführt. Auch immaterielle Wirtschaftsgüter (wie z. B. Lizenzen oder Firmenwerte, die bei einer Geschäftsübernahme bezahlt werden müssen) werden an dieser Stelle genannt.

TIPP

Machen Sie durch die Beschreibung der wichtigsten Investitionen klar, dass Sie für Ihre Existenzgründung nur solche Vermögensteile kaufen wollen, die Sie unbedingt benötigen. Auch der Funktionsumfang sollte deutlich machen, dass keine Luxusanschaffungen geplant sind.

Wenn Sie bereits Vorentscheidungen zu wichtigen Maschinen, Fahrzeugen oder Gebäuden getroffen haben, legen Sie die Unterlagen dem Businessplan bei. Dann kann sich der Entscheider ein korrektes Bild Ihres Vorhaben machen.

- **Betriebsmittel:** Die Bestände, die Sie für den Start Ihres Unternehmens benötigen, müssen vorfinanziert werden. Ihre Forderungen gegenüber Kunden werden, außer im Einzelhandel, nicht sofort bezahlt. Den Forderungsaufbau müssen Sie vorfinanzieren. Berücksichtigen Sie im Businessplan auch eine Reserve für unvorhergesehene Ausgaben in der Gründungsphase oder kurz danach. Sie sollte ca. 20 % der Betriebsmittelvorfinanzierung betragen.
- **Lebenshaltungskosten:** Die Lebenshaltungskosten des Existenzgründers, die während der Gründungsphase des Unternehmens und bis zu dem Zeitpunkt anfallen, zu dem ausreichende Einnahmen erzielt werden, sollte als eine Summe angegeben werden. Details sind nur notwendig, wenn besonders hohe Beträge berücksichtigt wurden.

3.5.3 Die Finanzplanung

ARBEITSHILFE
ONLINE

Der Fremdkapitalgeber will für seine Entscheidung möglichst genaue Zahlen haben. Deshalb müssen an dieser Stelle der Bedarf an Finanzmitteln und eine eventuell bereits vorhandene Finanzierung genau angegeben werden. Der kurz- und mittelfristige Finanzplanungsrechner auf dem Download-Portal „Arbeitshilfen online" unterstützt Sie dabei.

Vermeiden Sie bei der Bestimmung Ihres Finanzbedarfes ungenaue Aussagen wie „so viel wie möglich" oder „das, was die Banken geben können". Durch die exakte Berechnung des Finanzbedarfes zeigen Sie, dass Sie mit der Materie umgehen können. Dass die Werte mit einer gewissen Wahrscheinlichkeit verbunden sind, weiß der Leser des Businessplans auch.

- **Das Eigenkapital:** Die Höhe des vorhandenen Eigenkapitals und seine Quellen (z. B. Ersparnisse, Abfindungen etc.) werden als Information weitergegeben.
- **Das Fremdkapital:** Die Höhe des benötigten Fremdkapitals lässt sich leicht errechnen. Auch hier sollten die vorgesehenen Quellen bereits genannt werden.
- **Die Fördermittel:** Werden Fördermittel als Quelle für einen Teil des Fremdkapitals eingeplant, werden die möglichen Förderprogramme angegeben.

3.5.4 Die Ergebnisplanung

Wichtig für die eigene Entscheidung, aber auch für die Entscheidung eines fremden Kapitalgebers ist die Profitabilität des geplanten Unternehmens. Die Kosten werden den Erlösen gegenübergestellt. Das Ergebnis wird ausgewiesen. Die Ergebnisplanung sollte im Businessplan eine Vorhersage aufweisen, die über ein Jahr hinausgeht. Mindestens drei Jahre sollten geplant und angegeben werden. Für das erste Jahr sind in der Regel monatliche Angaben erwünscht. Für die Jahre zwei und drei werden normalerweise Jahreswerte akzeptiert.

> **!** **ACHTUNG**
>
> Denken Sie daran, in der Ergebnisrechnung alle Werte ohne Mehrwertsteuer darzustellen! Behandeln Sie die Mehrwertsteuer wie Kosten bzw. Erlöse, wird Ihnen das als ein grober unternehmerischer Fehler angekreidet. Dass die Umsatzsteuer ein durchlaufender Posten ist, sollte Ihnen als angehender Unternehmer bekannt sein.

Die Ergebnisplanung enthält die folgenden Positionen:

- **Die Erlöse:** Die reinen Erlöszahlen pro Monat und pro Jahr müssen durch Angaben zum geplanten Verkaufspreis und zur unterstellten Menge ergänzt werden. Angaben zum Markt erleichtern das Verständnis der Zahlen.
- **Der Rohgewinn:** Wenn das Unternehmen signifikant Material verbraucht, wird der Materialeinsatz in der Ergebnisrechnung gesondert ausgewie-

sen. Unternehmen ohne großen Materialverbrauch (Berater, Dienstleister, Handwerker) weisen keinen Rohgewinn aus. Zur Ermittlung des Rohgewinns wird der Materialeinsatz vom Erlös abgezogen. Auch hier gilt wieder, dass der Warenverzehr des Planzeitraums und nicht der Wareneinkauf für die Berechnungen zu verwenden ist. Vergleichen Sie Ihren Rohgewinn (als Prozentsatz des Umsatzes) mit dem durchschnittlichen Rohgewinn der Branche. Weicht er erheblich vom durchschnittlichen Rohgewinn ab, sollten Sie erläutern, warum das der Fall ist. Das gilt auch für positive Abweichungen.

- **Die Kosten:** Die größten Kostenblöcke und die Kostenarten, die einen großen Einfluss auf das Ergebnis des Unternehmens haben, werden in der Ergebnisrechnung separat ausgewiesen. Damit wird die Darstellung individuell auf das Unternehmen zugeschnitten. Weitere Kosten werden unter „sonstige Kosten" summiert. Erklären Sie für die wichtigsten Kostenpositionen, wie der Planwert zustande kommt. Welche Werte wurden zugrunde gelegt? Welche Annahmen wurden getroffen? Beeindrucken Sie den Leser durch Ihre Kenntnisse und durch Ihr strukturiertes Vorgehen.

- **Das Ergebnis:** Vom Rohgewinn bzw. vom Erlös wird die Summe der Kosten abgezogen. Das Ergebnis wird ausgewiesen. Es muss nicht in jedem Monat positiv sein. Negative Ergebnisse sollten sich jedoch später ausgleichen und müssen erklärt werden.

- **Die Steuern:** Auf Gewinne muss das Unternehmen Steuern zahlen. Handelt es sich bei dem Unternehmen um ein Einzelunternehmen, muss der Unternehmer das selbst tun. Deshalb steht ihm das Ergebnis nicht vollständig zur Verfügung. Die individuelle Steuerlast, die sich für den geplanten Gewinn ergibt, muss der Steuerberater feststellen.

Ergebnisplanung
alle Werte in Euro, ohne Mehrwertsteuer

Startmonat	Jan. 10	Feb. 10	Mrz. 10	Apr. 10	Mai. 10	Jun. 10	Jul. 10	Aug. 10	Sep. 10	Okt. 10	Nov. 10	Dez. 10	2010	2011	2012
betriebliche Erlöse	10.000	15.000	20.000	20.000	20.000	20.000	15.000	15.000	20.000	20.000	25.000	30.000	230.000	250.000	300.000
sonstige Erlöse													0		
Summe Erlöse	**10.000**	**15.000**	**20.000**	**20.000**	**20.000**	**20.000**	**15.000**	**15.000**	**20.000**	**20.000**	**25.000**	**30.000**	**230.000**	**250.000**	**300.000**
Materialeinsatz	5.000	7.500	10.000	10.000	10.000	10.000	7.500	7.500	10.000	10.000	12.500	15.000	115.000	120.000	130.000
Rohgewinn	**5.000**	**7.500**	**10.000**	**10.000**	**10.000**	**10.000**	**7.500**	**7.500**	**10.000**	**10.000**	**12.500**	**15.000**	**115.000**	**130.000**	**170.000**
Personalkosten	6.000	6.000	6.000	6.000	6.000	6.000	7.500	6.000	6.000	6.000	6.000	12.000	79.500	90.000	110.000
Raumkosten	750	750	750	750	750	750	750	750	750	750	750	750	9.000	10.000	10.000
Energiekosten	250	250	250	250	250	250	250	250	250	250	250	250	3.000	3.000	3.000
Abschreibungen	1.500	1.500	1.500	1.500	1.500	1.500	1.500	1.500	1.500	1.500	1.500	1.500	18.000	20.000	20.000
...													0		
sonstige Kosten	150	150	150	150	150	150	150	150	150	150	150	150	1.800	2.000	2.000
Summe der Kosten	**8.650**	**8.650**	**8.650**	**8.650**	**8.650**	**8.650**	**10.150**	**8.650**	**8.650**	**8.650**	**8.650**	**14.650**	**111.300**	**125.000**	**145.000**
Ergebnis vor Steuern	**-3.650**	**-1.150**	**1.350**	**1.350**	**1.350**	**1.350**	**-2.660**	**-1.150**	**1.350**	**1.350**	**3.850**	**350**	**3.700**	**5.000**	**25.000**
Steuern	-1.095	-345	405	405	405	405	-795	-345	405	405	1.155	105	1.110	1.500	7.500
Ergebnis nach Steuern	**-2.555**	**-805**	**945**	**945**	**945**	**945**	**-1.855**	**-805**	**945**	**945**	**2.695**	**245**	**2.590**	**3.500**	**17.500**

Abb. 11: Beispiel: Ergebnisplanung

Sie müssen alle in der Ergebnisplanung angegebenen Positionen realistisch geplant haben und das auch nachweisen können. Das Gesamtergebnis sollte positiv sein, damit das Vorhaben überhaupt einen Chance auf Erfolg hat.

3.5.5 Die Liquiditätsplanung

Die Planung der Gründungskosten, der Finanzierung und des Ergebnisses mündet in den Liquiditätsplan. Durch ihn kann der Existenzgründer, aber auch ein externer Geldgeber erkennen, ob die geplanten finanziellen Mittel ausreichen, um die Verpflichtungen des Unternehmens zu erfüllen. Auch erfolgreiche Unternehmen, die sehr gute Gewinne abwerfen, können insolvent werden. Wenn Kunden nicht pünktlich bezahlen, Lieferanten plötzlich auf Bezahlung drängen oder Geldgeber ihr Geld zurückfordern, kann es passieren, dass keine finanziellen Mittel mehr zur Verfügung stehen, um z. B. die Sozialabgaben zu bezahlen. Das kann das Ende für ein Unternehmen bedeuten. Darum ist Liquiditätsplanung so wichtig.

Die Planung der liquiden Mittel erfolgt für das erste Jahr in Monatszeiträumen. Kurzfristige, kritische Situationen können so frühzeitig erkannt werden. Die nächsten Jahre können in Jahreszeiträumen geplant werden. Mit ihrer Hilfe wird geprüft, ob die Gesamtliquidität ausreicht. Aus der Jahresplanung des Folgejahres muss rechtzeitig eine Monatsplanung erarbeitet werden, damit kurzfristige Probleme frühzeitig erkannt werden können. Tun Sie das spätestens 6 Monate vor Beginn des Folgejahres.

Die Positionen der Liquiditätsplanung

Liquide Mittel sind Kassenbestände und Bankguthaben. Auch freie Kreditlinien, die sofort und bedingungslos genutzt werden können, gehören zu den liquiden Mitteln.

Die üblichen Einnahmen liefert das Unternehmen. Diesen steht das in der Periode erwirtschaftete Ergebnis als die Differenz zwischen den Erlösen und den Kosten zur Verfügung.

Dazu kommen die Abschreibungen, die das Ergebnis reduziert haben, denen aber keine Ausgaben gegenüberstehen. In der Liquiditätsplanung werden die Ursprungsausgaben, die zu Abschreibungen führen, bereits in den Investitionsausgaben berücksichtigt.

Die laufenden Ausgaben des Geschäftes wurden bereits im Ergebnis berücksichtigt. Hier geht es nun um außergewöhnliche Ausgaben.

- Die Gründungskosten kommen nur beim Start des Unternehmens vor. Später kann diese Zeile entfallen.
- Investitionen sind in der Gründungsphase besonders hoch, kommen aber auch später immer wieder vor.
- Ausgaben für Betriebsmittel finanzieren den Aufbau von Beständen und Forderungen. Spätere Veränderungen (z. B. ein weiterer Aufbau von Beständen) können in dieser Zeile dargestellt werden.
- Die Lebenshaltungskosten werden solange als zusätzliche Ausgaben finanziert, bis das Geschäft dem Existenzgründer ein regelmäßiges Gehalt zahlen kann.
- Unter „Sonstige Ausgaben" werden alle weiteren Abflüsse liquider Mittel verbucht (z. B. Mietkautionen).

! **ACHTUNG**

Sollen Gewinne ausgeschüttet werden und nicht zur Stärkung des Eigenkapitals im Unternehmen verbleiben, dann müssen die ausgeschütteten Gewinne in einer eigenen Zeile im Block „Ausgaben" ausgewiesen werden. In den ersten Jahren sollten keine Ausschüttungen vorgesehen werden. Sie sind unrealistisch und verstören potenzielle Geldgeber.

Der Saldo zwischen Einnahmen und Ausgaben muss, wenn er negativ ist, finanziert werden. Positive Salden stehen als liquide Mittel zur Verfügung.

Im Block „Finanzierung" werden die Geldquellen angegeben. Neben dem Eigenkapital sind das verschiedene Kredite und Fördermittel. Tilgungen von Krediten werden als negative Werte in der jeweiligen Zeile eingetragen.

! **ACHTUNG**

Die Zinsen für Kredite und Fördermittel sind Teil der Kosten, die im laufenden Geschäft verbucht werden. Deshalb müssen sie bereits im Ergebnis berücksichtigt sein. Sind sie das nicht, muss eine zusätzliche Ausgabenzeile eingefügt werden.

Das liquide Ergebnis der Periode wird hier angezeigt. Es verändert die Höhe der liquiden Mittel.

Addiert man die liquiden Mittel zu Beginn der Periode mit der Liquidität der Periode ergeben sich die verfügbaren Finanzmittel am Ende der Periode. Dieser Wert ist gleichzeitig der Startwert für die nächste Periode.

Sind die liquiden Mittel am Ende der Periode positiv, ist das Unternehmen ausreichend mit finanziellen Mitteln ausgestattet. Negative Werte deuten auf einen Finanzbedarf hin. Der Finanzbedarf muss vor Abgabe des Businessplans an mögliche Geldgeber geklärt und in den Liquiditätsplan aufgenommen werden.

Liquiditätsplanung
alle Werte in Euro, ohne Mehrwertsteuer

Spaltengruppen: **vor der Gründung** (Sep. 09, Okt. 09, Dez. 09) · **Gründung** · **nach der Gründung** (Jan. 10 – Dez. 10)

Startmonat	Sep. 09	Okt. 09	Dez. 09	Gründung	Jan. 10	Feb. 10	Mrz. 10	Apr. 10	Mai. 10	Jun. 10	Jul. 10	Aug. 10	Sep. 10	Okt. 10	Nov. 10	Dez. 10	2010	2011	2012
zu Beginn der Periode liquide Mittel	0	54.250	25.500	0	25.250	7.850	5.700	7.050	9.900	12.750	14.100	12.950	13.300	14.650	17.500	22.850	25.250	23.200	14.200
Einnahmen																			
Ergebnis vor Steuern					-3.650	-1.150	1.350	1.350	1.350	1.350	-2.650	-1.150	1.350	1.350	3.850	350	3.700	5.000	25.000
Abschreibung					1.500	1.500	1.500	1.500	1.500	1.500	1.500	1.500	1.500	1.500	1.500	1.500	18.000	20.000	20.000
Einnahmen aus Geschäft					-2.150	350	2.850	2.850	2.850	2.850	-1.150	350	2.850	2.850	5.350	1.850	21.700	25.000	45.000
Sonstige Einnahmen			0	0													0		
Summe Einnahmen	0	0	0	0	-2.150	350	2.850	2.850	2.850	2.850	-1.150	350	2.850	2.850	5.350	1.850	21.700	25.000	45.000
Ausgaben																			
Gründungskosten	1.500	1.500	500	3.500	500												500		
Investitionen		25.000	15.000	40.000	10.000						15.000						25.000	10.000	10.000
Betriebsmittel			2.500	2.500	2.500	2.500											5.000		
Lebenshaltung	1.750	1.750	1.750	5.250	1.750												1.750		
Steuern				0													0	8.000	8.000
Sonstige Ausgaben	2.500	500	500	3.500	500												500		
Summe Ausgaben	5.750	28.750	20.250	54.750	15.250	2.500	0	0	0	0	15.000	0	0	0	0	0	32.750	18.000	18.000
Einnahmen – Ausgaben	-5.750	-28.750	-20.250	-54.750	-17.400	-2.150	2.850	2.850	2.850	2.850	-16.150	350	2.850	2.850	5.350	1.850	-11.050	7.000	27.000
Finanzierung																			
Eigenkapital	40.000			40.000							10.000						10.000		
Kredit 1	20.000			20.000			-1.500			-1.500			-1.500			-1.500	-6.000	-6.000	-6.000
Kredit 2			10.000	10.000													0	-5.000	-5.000
Kredit 3											5.000						5.000		
Fördermittel			10.000	10.000													0	-5.000	
Saldo Finanzierung	60.000	0	20.000	80.000	0	0	-1.500	0	0	-1.500	15.000	0	-1.500	0	0	-1.500	9.000	-16.000	-11.000
Liquidität der Periode	54.250	-28.750	-250	25.250	-17.400	-2.150	1.350	2.850	2.850	1.350	-1.150	350	1.350	2.850	5.350	350	-2.050	-9.000	16.000
am Ende der Periode liquide Mittel	54.250	25.500	25.250	25.250	7.850	5.700	7.050	9.900	12.750	14.100	12.950	13.300	14.650	17.500	22.850	23.200	23.200	14.200	30.200

Abb. 12: Beispiel Liquiditätsplan

Das obige Beispiel, dessen Formular Sie auch bei den Arbeitshilfen online finden, gibt eine vereinfachte Form der Liquiditätsplanung wieder. Für viele Existenzgründer reicht diese vereinfachte Form, gerade in der Gründungsphase, aus. Es gibt jedoch einige Punkte, die für eine differenziertere Liquiditätsplanung sprechen:

- Bei Verkäufen auf Rechnung zahlen die Kunden in der Regel zeitlich versetzt. Die Erlöse der Periode werden erst später zu Einnahmen (z. B. in der Folgeperiode).
- Die Einkäufe des Unternehmens geschehen in der Regel auf Rechnung und werden erst nach Ablauf einer vereinbarten Zahlungsfrist bezahlt. Die Kosten werden demnach zumindest teilweise nicht in der Periode bezahlt, in der sie anfallen.
- Lagerbestände an Material und an Fertigwaren können schwanken. Damit wird Material, das vor einigen Perioden eingekauft und bezahlt wurde, erst später verbraucht. Bei relativ gleich bleibenden Beständen muss das nicht berücksichtigt werden. Auch gibt es eine Vorfinanzierung der Betriebsmittel im Liquiditätsplan, der den Aufbau dieser Bestände berücksichtigt.

> **!** **ACHTUNG**
>
> Wenn die Forderungen, Verbindlichkeiten oder Bestände in Ihrem Unternehmen stark schwanken, müssen Sie das Ergebnis aus der Geschäftstätigkeit durch Zahlen ersetzen, die eine zeitliche Verschiebung berücksichtigen. Schwanken die Forderungen, Verbindlichkeiten oder Bestände nicht sehr stark, sollten Sie das im Kapitel „Liquiditätsplan" erwähnen, damit der Banker erkennt, dass Sie das Problem erkannt und berücksichtigt haben.

3.5.6 Textbausteine Businessplan

Die Aufstellung des Businessplans bereitet vielen Gründern Probleme. Während der Zahlenteil noch relativ logisch aufgebaut werden kann, ist der Textteil für in finanziellen Belangen ungeübte Jungunternehmer ein großes Hindernis. Darum finden Sie auf dem Download-Portal „Arbeitshilfen online" eine

Vielzahl von Bausteinen, aus denen Sie Ihren Businessplan zusammensetzen können.

Die Textbausteine wurden für die typischen Gründungsbereiche Handwerk, Einzelhandel, Großhandel, Industrie und Freie Berufe parallel erstellt. Sie decken inhaltlich einen großen Teil der möglichen Formulierungen ab. Da die Geschäftsidee, die persönliche Situation des Gründers und die gewählte unternehmerische Vorgehensweise sehr individuell sind, können die vorgeschlagenen Texte jedoch nur eine Formulierungshilfe sein. Eine persönliche Überarbeitung ist natürlich sinnvoll.

So benutzen Sie die Textbausteine:

1. Verwenden Sie den Textbaustein mit dem Gründungsbereich, der Ihrer Geschäftsidee entspricht (Handwerk, Einzelhandel, Großhandel, Industrie, Freier Beruf).
2. Wählen Sie für jeden Bereich die Textbausteine, die Ihre Situation am besten beschreiben.
3. Füllen Sie etwaige Leerstellen im Textbaustein aus.
4. Passen Sie die Textbausteine in der Formulierung so an, dass sie Ihre Idee, Ihr Unternehmen und Sie selbst genau beschreiben.
5. Ergänzen Sie die Textbausteine durch Texte, die noch fehlende wichtige Inhalte ergänzen.

In vielen Fällen können die Textbausteine nur eine Formulierungshilfe sein. Sie geben Ihnen jedoch eine gute Struktur vor. Als Anregung für die Formulierung können Sie auch gerne die Textbausteine zum gleichen Thema in den anderen Unternehmensgruppen nutzen.

● TIPP

Zeigen Sie in Ihrem Businessplan die Individualität, die in Ihnen und Ihrer Geschäftsidee steckt. Je einzigartiger das neue Unternehmen, desto größer die Chance, dass Sie die Leser der Informationen für sich gewinnen. Das schaffen Sie nicht mit einem Businessplan aus der Retorte. Ein gewisser Aufwand ist notwendig und führt meist auch zum Erfolg.

3.6 Das Bankgespräch – Sicherheit durch gute Vorbereitung

Viele Existenzgründungen sind auf Fremdkapital angewiesen und müssen es in der Regel von den Banken besorgen. Auch die Fördermittel werden durch die Bank beantragt und müssen mit einer Beurteilung des Vorhabens durch die Bank begründet werden. Darum ist das Bankgespräch für das Vorhaben besonders wichtig. In ihm kann der Unternehmer den zuständigen Entscheidern in der Bank sein Vorhaben erklären und die Wirtschaftlichkeit nachweisen.

Der Erfolg eines Bankgesprächs (also die Zusage der Finanzierung der Existenzgründung) hängt nicht allein vom Inhalt des Vorhabens ab. Auch die Präsentation und das Auftreten des Unternehmens beeinflusst die Gesprächspartner in ihrer Entscheidung. Eine gute Vorbereitung auf das Gespräch, das richtige Verhalten im Gespräch und die sorgfältige Nachbereitung des Gesprächs erhöhen die Chance auf ein positives Ergebnis.

3.6.1 Die Vorbereitung

ARBEITSHILFE
ONLINE **Checkliste Vorbereitung Bankgespräch**

Eine gute und sorgfältige Vorbereitung des Bankgespräches gibt dem Existenzgründer die notwendige Sicherheit für ein selbstbewusstes Auftreten und ist Teil der Erfolgsstrategie.

1. Als Erstes werden die Banken ausgesucht, mit denen das Gespräch gesucht werden soll. Die Banken müssen hinsichtlich ihrer Kundenstruktur und ihrer Arbeitsweise zur Existenzgründung passen.

2. Gleichzeitig wird festgelegt, wer am Gespräch teilnehmen soll. Der oder die Existenzgründer müssen selbstverständlich dabei sein. Der Lebenspartner kann dem Existenzgründer seine Unterstützung zeigen, indem er ihn zu dem Gespräch begleitet. Ist ein Berater in die Unternehmensgründung involviert, sollte der als Verstärkung am Bankgespräch teilnehmen.

3. Der richtige Gesprächspartner in der Bank wird ermittelt. Er sollte ein Spezialist für Unternehmensbetreuung und/oder Existenzgründungen sein. Auch ein Förderspezialist kann wichtig sein.

Checkliste Vorbereitung Bankgespräch

4. Der Termin wird mit dem zuständigen Mitarbeiter der Bank vereinbart.
   a) Der Termin wird so gewählt, dass der Existenzgründer problemlos pünktlich erscheinen kann und nicht durch einen Folgetermin zeitlich beschränkt ist.
   b) Bei der Terminvereinbarung wird bereits der Inhalt des Gespräches kurz angesprochen.
   c) Es wird festgestellt, welche Unterlagen die Bank benötigt und welche dieser Unterlagen den Bankmitarbeitern schon vorab geschickt werden sollten.
   d) Die Teilnehmer auf der Seite des Existenzgründers werden genannt.

5. Die von der Bank gewünschten Unterlagen (z. B. Businessplan, anderle Dokumente, Nachweise des Eigenkapitals) werden rechtzeitig vorbereitet.

6. Auf Wunsch werden die Unterlagen vorab der Bank zugestellt, damit sich deren Vertreter vorbereiten können.

7. Wird der Gründer von seinen Geschäfts- oder Lebenspartnern oder von seinem Berater begleitet, wird vorab geklärt, wie die Aufgabenverteilung während des Gespräches verteilt wird. Der Gründer muss auf jeden Fall der wichtigste Ansprechpartner für die Bank sein.

TIPP

Reden Sie mit mehreren Banken und rechnen Sie nicht damit, dass alle Banken die Finanzierung übernehmen wollen. Beginnen Sie mit der Bank, mit der Sie weniger gern zusammenarbeiten würden. Sie können das dort geführte Bankgespräch zur Übung nutzen. Fehler haben dann nicht ganz so schlimme Konsequenzen. Heben Sie sich Ihre bevorzugte Bank bis zuletzt auf.

3.6.2 Der Termin

ARBEITSHILFE
ONLINE **Checkliste „Im Bankgespräch"**

Das Bankgespräch selbst ist für viele Existenzgründer eine Ausnahmesituation. Trotz guter Vorbereitung stellt sich Nervosität ein, die es in den Griff zu bekommen gilt.

1. Das Erscheinungsbild des Existenzgründers und seiner Begleiter sollte den Erwartungen der Banker entsprechen. Es gilt, die Kleidung und den allgemeinen Zustand zu treffen, der das beste Bild von der Person des Gründers abgibt und gleichzeitig zum Projekt passt.

2. Pünktlich zum Bankgespräch zu erscheinen, ist absolut notwendig. Für eine Verspätung gibt es keine ausreichende Entschuldigung.

3. Der Existenzgründer sollte sicher und zuversichtlich auftreten. Er ist kein Bittsteller, sondern ein gleichberechtigter Partner, ein Kunde der Bank oder einer, der es werden soll.

4. Es gilt, das Anliegen und die Geschäftsidee offensiv zu vertreten. Die Bank muss erkennen, dass der Gründer hundertprozentig hinter seinem Vorhaben steht.

5. Wirft die Bank Fragen auf oder sieht sie bestimmte Problemfelder, sollte bereits im Gespräch nach gemeinsamen Lösungsansätzen gesucht werden.

6. Offene Punkte und Aufgaben müssen exakt definiert und festgehalten werden. Realistische Termine für das Erledigen der Aufgaben müssen vereinbart werden.

7. Abschließend wird gemeinsam festgelegt, wie es weitergehen soll. Es sollten möglichst sofort Folgetermine vereinbart werden. Ansprechpartner werden definiert.

TIPP

Kredit hat trotz aller Sicherheiten und Businesspläne noch immer sehr viel mit Vertrauen zu tun. Machen Sie dem Banker klar, dass Sie eine langfristige, vertrauensvolle Zusammenarbeit wünschen und die Zusammenarbeit durch zeitnahe und regelmäßige Informationen unterstützen werden.

3.6.3 Die Nachbereitung

ARBEITSHILFE
ONLINE

Checkliste Nachbereitung Bankgespräch

Nach dem Bankgespräch ist die Arbeit noch lange nicht vorbei. Nur eine bereits im Gespräch erteilte Absage macht eine Nachbereitung unnötig.

1. Damit Sie sich auch später noch exakt an das Gespräch erinnern können, getroffene Abmachungen erkennen und Vereinbarungen einfordern können, sollten Sie ein Protokoll des Gespräches anfertigen. Darin werden alle wichtigen Punkte festgehalten.

2. Die im Bankgespräch vereinbarten Aufgaben (z. B. die Beschaffung weiterer Dokumente, die Berechnung neuer Szenarien) werden pünktlich zu den vereinbarten Terminen erledigt.

3. Wurden weitere Termine vereinbart, sind sie sorgfältig vorzubereiten und pünktlich wahrzunehmen.

4. Hat die Bank eine interne Entscheidung versprochen, ist es durchaus möglich, nachzufragen. Dabei sollten Sie der Bank eine Frist von einigen Tagen gewähren, um nicht als Drängler zu erscheinen.

3.6.4 Alternativen zur Bank

Für eine seriöse Fremdfinanzierung Alternativen zu einer Bank zu finden, ist schwer. Es gibt ein paar wenige Stellen, die dazu bereit und in der Lage sind, einem Unternehmensgründer Fremdkapital zur Verfügung zu stellen und auf unternehmerische Einflussnahme zu verzichten. Vermögende Privatleute können das z. B. tun, verlangen aber — wie die Banken auch — entsprechende Sicherheiten und Zinsen.

Auch wenn Sie mögliche Fremdkapitalgeber außerhalb des Bankenbereiches finden, müssen Sie sie von Ihrer Idee überzeugen. Auch hier besteht also die Notwendigkeit für ein Gespräch, zwar nicht mit der Bank, aber mit der gleichen Zielsetzung und Vorgehensweise. Um eine echte Alternative handelt es sich also nicht.

4 Die Wahl der geeigneten Unternehmensform

Ihr Unternehmen und Sie als Unternehmer nehmen am täglichen Leben aller teil. Sie schließen Verträge ab, zahlen Ihre Schulden nicht oder zahlen sie pünktlich. Sie haben Forderungen, die Sie eintreiben müssen, und Sie betreiben Maschinen und Fahrzeuge, von denen auch eine Gefährdung von Umwelt und Menschen ausgeht. Darum muss auch ein rechtliches Konstrukt wie Ihr Unternehmen eine rechtliche Form haben, mit der es am geregelten Leben teilnehmen kann. Die Rechtsform eines Unternehmens bestimmt nicht nur die Höhe seiner Haftung, sie bestimmt auch die Art und Weise, wie das Unternehmen agieren kann.

Dieses Kapitel ist auch dann für Sie interessant, wenn Sie Ihre Wahl bereits getroffen haben. Ihre Geschäftspartner, Lieferanten und Kunden sind auch Unternehmen mit einer bestimmten Rechtsform. Diese Rechtsform bestimmt die Haftung und damit Ihre Sicherheit in der Zusammenarbeit mit anderen Unternehmen. Mit dem Wissen, das Ihnen in diesem Kapitel vermittelt wird, können Sie Ihre Geschäftspartner besser einschätzen.

Auch die Existenzgründung selbst muss die richtige Form für den Existenzgründer haben. Abhängig von der individuellen Bereitschaft, Risiken einzugehen und Chancen zu nutzen, können unterschiedliche Formen der Existenzgründung genutzt werden. Alternativen wie das Franchising oder die Unternehmensübernahme haben unterschiedliche Risikostrukturen. Der Jungunternehmer muss entscheiden, welche Form zu ihm passt.

4.1 Der optimale Weg in die Selbstständigkeit

Jede Existenzgründung birgt Chancen und Risiken. Nicht jeder ist dazu bereit, die Gefahr eines Scheiterns völlig alleine zu tragen. Es gibt Wege in die Selbstständigkeit, die bestimmte Risiken reduzieren, dafür aber auch Chancen beschneiden. Jeder Mensch muss auf seinem Weg zum eigenen Unternehmen für sich selbst entscheiden, ob eine Neugründung, ein Franchiseunternehmen oder eine Unternehmensübernahme der richtige Weg für ihn ist. Auch der Start in die Selbstständigkeit als Nebenerwerb sollte geprüft werden. Nicht immer stehen Ihnen alle denkbaren Wege offen. So ist z. B. der Start einer Praxis für Physiotherapie nur in Vollzeit möglich, weil die Krankenkassen ansonsten keine Zulassung erteilen. In anderen Branchen gibt es kein sinnvolles Angebot für Franchisenehmer.

4.1.1 Die Unternehmensneugründung

Der Existenzgründer beginnt praktisch bei Null, gründet sein Unternehmen und baut es vollständig neu auf. Das bedeutet:

- ein neues Unternehmen,
- neue Verträge mit Vermietern, Lieferanten, Handelsvertretern usw.,
- neue Kunden müssen gewonnen werden,
- neue Lieferanten müssen gesucht werden,
- neue Banken müssen gefunden werden, die das Unternehmen finanzieren und den Zahlungsverkehr abwickeln,
- neue Mitarbeiter müssen eingestellt werden.

Das Unternehmen hat völlig neue Beziehungen, die anderen Unternehmen ähneln, aber rechtlich auf eigenen Füßen stehen. Diese Beziehungen müssen vom Existenzgründer selbst aufgebaut werden.

Eine Unternehmensneugründung hat verschiedene Vor- und Nachteile.

Nachteile:

- Alle Beziehungen müssen neu aufgebaut werden. Das kostet Zeit und Geld.
- Die mit Mühe aufgebauten Beziehungen können sich als falsch erweisen. Das kann ein junges Unternehmen stark belasten. Wenn Sie feststellen, dass eine neue Beziehung nicht Ihren Erwartungen entspricht (ein Mitarbeiter also z. B. nicht die erwartete Leistung erbringt oder ein Lieferant

keine Qualitätsprodukte liefert), dann beenden Sie die Beziehung sofort und bauen eine neue auf. Zum einen können neue Beziehungen meistens einfacher gelöst werden als alte, zum anderen benötigen Sie — gerade in der Gründungsphase — hundertprozentige Leistung.

- Die Einschätzungen, die vor der Gründung des Unternehmens gemacht wurden, können sich als falsch erweisen. Wenn die Erfahrung fehlt, können Umsätze niedriger und Kosten höher ausfallen als erwartet.

Vorteile:

- Die Bedingungen, das Unternehmen nach den Vorstellungen des Existenzgründers zu gestalten, sind optimal.
  Gestaltungsmöglichkeiten haben Sie selbstverständlich nur im Rahmen dessen, was in der Branche üblich ist. Kunden, Lieferanten und andere Geschäftspartner haben bestimmte Vorstellungen, denen auch ein neu gegründetes Unternehmen entsprechen muss.
- Das neue Unternehmen hat keine Altlasten aus der Vergangenheit. Das Image des Unternehmens ist noch vollkommen frisch. Mitarbeiter können neu ausgesucht werden. Außerdem hat das Unternehmen noch keine schlechten Produkte mit den entsprechenden Risiken auf dem Markt.
- Der Unternehmer hat gute Chancen auf ein angemessenes Einkommen, weil seine Finanzen nicht durch Franchisegebühren und einen Unternehmenskauf belastet werden.

Kosten als Vergleich

Die Kosten einer Neugründung haben wir bereits berechnet. Hier gibt es Unterschiede zu anderen Gründungsformen, die aber gering sind, wenn man ausschließlich die Kosten der Gründungsformalitäten betrachtet. Wir werden die Unternehmensneugründung als Vergleichsmaßstab verwenden, wenn wir die Kosten der anderen Arten der Unternehmensgründung betrachten.

Risiken

Die vollständige Neugründung eines Unternehmens bringt in der Summe die meisten Risiken mit sich, auch wenn sich die Risiken von denen des Franchisings, der Unternehmensübernahme oder dem Nebenerwerb unterscheiden.

- Der Existenzgründer begibt sich in ein Gebiet, in dem es so gut wie keine Sicherheit gibt. Die zu erwartende Entwicklung von Erfolg und Einkommen lässt sich nur schätzen. Ein Sicherheitsnetz existiert nicht.

  Bevor Sie aufgrund dieses Risikos vor einer Unternehmensneugründung zurückschrecken, überlegen Sie, ob Sie nicht doch ein Sicherheitsnetz aufspannen können. Ist es Ihnen möglich, persönlich finanzielle Rücklagen für den Fall des Scheiterns zu bilden? Was macht Ihre Familie in einem solchen Fall? Wird sie Sie unterstützen? Wie ist das Verhältnis zu Ihrem bisherigen Arbeitgeber? Können Sie zurück?

  Die Praxis zeigt, dass fast jeder Existenzgründer über ein kleines Sicherheitsnetz verfügt, das zumindest den Fall abmildert, falls das Vorhaben scheitert. Ob das Netz ausreicht, müssen Sie selbst beurteilen.

- Die Zukunft des Unternehmens kann nur schlecht geplant werden. Die meisten Parameter sind mit einer hohen Unwahrscheinlichkeit versehen. Überraschungen sind an der Tagesordnung.

- Das neu gegründete Unternehmen läuft nur langsam an. Bis es genügend Kunden gibt, bis Mitarbeiter eingestellt wurden und einen Beitrag zum Erfolg leisten können, vergeht meistens viel Zeit. In der Regel vergehen zwei bis drei Jahre, bis sich das Unternehmen auf relativ sicheren Bahnen bewegt.

- In der ersten Zeit ist der Arbeitsaufwand für den Existenzgründer sehr hoch. Viele Dinge müssen vom Existenzgründer selbst erledigt werden, bevor es sich lohnt, Mitarbeiter einzustellen. Nicht immer hält der Existenzgründer dieser Belastung stand.

Die meisten Menschen denken bei einer Existenzgründung an ein neues Unternehmen und assoziieren mit diesem Weg in die Selbstständigkeit sofort die genannten Nachteile und Risiken. Doch es gibt auch andere Wege, die zum Teil einfacher sind, zum Teil aber auch einfach nur andere Risiken bergen.

4.1.2 Das Franchising

Über Franchising kann der Weg in die Selbstständigkeit über eine gekaufte Geschäftsidee erfolgen. Es gibt den Franchisegeber, der die Idee entwickelt hat und sie mit der entsprechenden Unterstützung an den Franchisenehmer weitergibt.

Ein Existenzgründer kann sich auch als Franchisegeber selbstständig machen. Dafür benötigt er allerdings eine Idee, deren Erfolg er bereits beweisen konnte. Nur solche Ideen lassen sich im Franchisesystem erfolgreich vertreiben. Deshalb beschäftigen wir uns in diesem Kapitel nicht mit der Seite des Franchisegebers, sondern mit der Existenzgründung aus Sicht des Franchisenehmers.

Auf dem Markt für Franchiseideen gibt es noch immer viele schwarze Schafe, die nur darauf aus sind, das Geld der Franchisenehmer zu kassieren. Es gibt aber auch viele erfolgreiche Franchisesysteme, die sich auch auf dem deutschen Markt behaupten.

▶ BEISPIELE

Einige Beispiele für erfolgreiche Franchisesysteme in Deutschland, die nicht immer sofort mit dieser Geschäftsform in Verbindung gebracht werden, sind

- McDonalds (Fast Food),
- Burger King (Fast Food),
- Fressnapf (Tierbedarf),
- Schülerhilfe (Nachhilfe),
- The Body Shop (Kosmetik),
- OBI (Baumarkt).

Was bekommt der Existenzgründer vom Franchisegeber?

Franchisegeber und -nehmer gehen eine vertragliche Beziehung ein, in der das Geben und Nehmen detailliert geregelt ist. Für den Existenzgründer ist zunächst wichtig, was er vom Franchisegeber erwarten kann.

- **Die Geschäftsidee:** Der Franchisegeber verkauft seine Geschäftsidee. Das Franchisegeben selbst ist zwar der Zweck des Vertragspartners, begonnen hat aber alles mit der eigentlichen Geschäftsidee.

▶ BEISPIEL

Die Franchisekette „The Body Shop" hat mit der Idee begonnen, besondere Kosmetika und Drogerieartikel mit natürlich belassenen Grundstoffen anzubieten. Das Franchising selbst wird genutzt, um das Konzept schneller und mit einem geringeren Risiko für den Franchisegeber auszudehnen.

Die ursprüngliche Geschäftsidee des Franchisegebers kann mit der des Existenzgründers ganz oder teilweise übereinstimmen. Ein möglicher Weg besteht aber auch darin, sich von den vielen Franchiseangeboten auf dem Markt inspirieren zu lassen und daraus seine eigene Geschäftsidee zu entwickeln.

▶ BEISPIEL

Udo Hecker hat vor einigen Jahren sein Examen als Lehrer abgelegt, dann aber in vielen anderen Berufen sein Geld verdient. Durch einige Vertretungsverträge an einer privaten Schule hat er erneut viel Spaß an der Lehrtätigkeit entwickelt, für den Wiedereinstieg als traditioneller Lehrer ist er aber zu alt. Selbstständigkeit reizt ihn jetzt, doch welches seiner vielen Talente soll der dafür nutzen?

Herr Hecker recherchiert im Internet und findet viele Informationen über Franchising. Die Idee der geteilten Risiken gefällt ihm. Als er das Angebot eines Franchisegebers zum Aufbau eines Dienstleistungsunternehmens für Schülernachhilfe findet, ist er begeistert. Die Idee gefällt ihm sofort.

- **Das Konzept:** Es gibt zwar Franchisegeber, die nur ihre Idee verkaufen, seriös ist das aber nicht. Zur Geschäftsidee gehört auch ein Konzept, wie die Idee in ein Unternehmen umgesetzt werden kann. Informationen über die Zielgruppe, das Angebot, den Standort usw. müssen vom Franchisegeber geliefert werden. Dazu gehört auch eine gewisse Bekanntheit des Konzeptes, die Marke.

❗ ACHTUNG

Vorsicht ist bei Franchiseangeboten angebracht, die noch neu und relativ unbekannt sind. Die finanziellen Bedingungen sind dort zwar besser, die Risiken gegenüber Angeboten mit bekannten Markennamen sind dafür aber auch wesentlich höher. Sie als Existenzgründer übernehmen wieder einen Teil der Risiken, die durch Franchising eigentlich reduziert werden sollen.

- **Gründungshilfen:** Der Franchisegeber ist auf neue Kunden für seine Idee angewiesen. Deshalb hat er ein Interesse daran, den Franchisenehmern den Markteintritt und damit auch die Unternehmensgründung so einfach wie möglich zu machen. Er kann dem Existenzgründer mit Rat und Tat zur Seite stehen, wenn es um die Standortsuche, die notwendigen Anmeldungen und das Aufstellung des Businessplans geht. Fragen Sie nach einem typischen Businessplan für den Franchisenehmer. Der Franchisegeber sollte aus seiner Erfahrung wissen, welche typischen Kosten in welcher Höhe anfallen, wie die Idee beschrieben wird und wie der Liquiditätsanspruch ist. Dadurch beweist der Franchisegeber auch die notwendige Kompetenz und zeigt, dass er ein wirkliches Interesse an erfolgreichen Partnern hat.
- **Finanzielle Hilfe:** Dass es für Existenzgründer nicht leicht ist, Fremdkapital zu bekommen, bewegt manche Franchisegeber dazu, ihren Franchisenehmern selbst finanzielle Mittel zur Verfügung zu stellen. Das kann in Form typischer Fremdkapitalmittel (wie Kredite) geschehen, aber auch als unternehmerische Minderheitsbeteiligung am neuen Geschäft.

! **ACHTUNG**

Auch im Franchise müssen Sie als Existenzgründer einen eigenen Eigenkapitalanteil mitbringen. Erfolgreiche Franchisesysteme bauen auf dem Engagement der Existenzgründer auf. Das Engagement wird meistens über die Bereitschaft und die Fähigkeit, eigenes Kapital zu riskieren, gemessen. Außerdem steigt bei einer Beteiligung des Partners an Ihrem Unternehmen die bereits sehr hohe Abhängigkeit vom Franchisegeber noch weiter. Ein ausgewogenes Finanzierungskonzept ist deshalb notwendig.

- **Exklusivität:** Ein seriöser Franchisegeber bringt seine Partner nicht in Konkurrenz zueinander. Dabei würden alle verlieren. Deshalb wird dem Franchisenehmer in aller Regel regionale Exklusivität zugesagt. Das gilt vor allem im Geschäft mit privaten Endverbrauchern.
- **Marketing:** Aufgabe des Franchisegebers ist die Betreuung der Marke. Überregionale und bundesweite Werbung, Marktbeobachtungen und Aktionen werden deshalb von ihm durchgeführt. Außerdem werden alle Marketinginstrumente (z. B. die Preispolitik und das Angebotssortiment) zentralgesteuert. Für lokale Werbung ist der Franchisenehmer verantwortlich. Dabei wer-

den in vielen Franchisevereinbarungen der Umfang und die Art der lokalen Werbung sowie der gesamte Auftritt in der Öffentlichkeit vorgeschrieben. Das Konzept und die Marke sind das wichtigste Kapital des Franchisegebers. Deshalb wird er alles tun, um dieses Kapital zu schützen. Dazu gehören (zu Recht) auch sehr strikte Vorgaben zu Werbung und PR. Kein Franchisegeber versteht in dieser Hinsicht Spaß. Halten Sie sich also besser an die Vorgaben.

- **Betriebswirtschaftlichen Hilfen:** Haben die Franchisenehmer (was durchaus typisch ist) eine Größe, in der eigene betriebswirtschaftliche Funktionen nur unwirtschaftlich aufgebaut werden können, gibt es Hilfe vom Franchisegeber. Der Franchisegeber gibt Kalkulationshilfen (z. B. durch Empfehlungen zum Verkaufspreis), hilft bei der Buchführung und beim Aufstellen und Interpretieren betriebswirtschaftlicher Auswertungen.
Gerade die betriebswirtschaftlichen Auswertungen zu den Umsätzen, Kosten, Deckungsbeiträgen usw. stehen auch im Interesse des Franchisegebers. In manchen Verträgen wird die regelmäßige Überlassung von Kennzahlen festgeschrieben. Außerdem werden Ziele hinsichtlich bestimmter Kennzahlen vereinbart. Dadurch wird der Franchisenehmer ein etwas weniger selbstständiger Unternehmer.

- **Schulung:** Ein wichtiger Punkt auf der Liste der Unterstützungen des Franchisenehmers durch den Franchisegeber ist die Schulung des Existenzgründers selbst, aber auch seiner Mitarbeiter. Das Spektrum reicht von der Gründungsberatung über die typische Unternehmensberatung bis hin zur unverzichtbaren Schulung im Umgang mit den Produkten und Leistungen. Vorstellbar ist das gesamte Aus- und Weiterbildungsprogramm eines Unternehmens.

TIPP

Die hier gelieferte Aufzählung von Bewertungskriterien ist nicht vollständig. Je nach Branche, Vertriebsweg oder Produkt sind zusätzliche Punkte denkbar. Außerdem kann die Gewichtung der einzelnen Kriterien je nach individueller Situation des Existenzgründers unterschiedlich sein. Nutzen Sie für Entscheidungen zum Franchising am besten die Checkliste am Ende dieses Kapitels.

Was muss der Existenzgründer für die Unterstützung tun?
Selbstverständlich will der Franchisegeber mehr als nur das Wachstum seiner Geschäftsidee erreichen. Der Franchisenehmer muss zahlreiche vertragliche Verpflichtungen erfüllen.

- **Gebühren:** Schulung, Marketing, betriebswirtschaftliche Unterstützung gibt es nicht umsonst. Der Franchisenehmer muss die Leistungen seines Vertragspartners bezahlen. Die Art und Weise, wie die Kostenbeteiligung geregelt wird, ist unterschiedlich:
  - In vielen Fällen muss vorab eine sogenannte Eintrittsgebühr entrichtet werden. Damit werden die grundsätzliche Idee und das Konzept bezahlt. Auch die Gründungsunterstützung und Schulung kann mit der Eintrittsgebühr abgegolten werden.
  - Die Angemessenheit der Eintrittsgebühr zu beurteilen, ist sehr schwer. Ob sie angemessen ist oder nicht, hängt sehr stark von der Qualität und vom Umfang der gebotenen Leistungen ab. Untersuchungen zufolge beträgt die Eintrittsgebühr bei mehr als 60 % aller Franchiseverträge unter 10.000 €. Es gibt aber auch Eintrittsgebühren, die bei mehreren 10.000 € liegen. Hier kann Ihnen nur eine langfristige Planung der Kosten und Erlöse helfen, in der die Investition in Form der Eintrittsgebühr und die laufenden Franchisegebühren berücksichtigt werden.
  - Die Eintrittsgebühr wird durch eine laufende Franchisegebühr ergänzt. Sie hängt in der Regel vom Umsatz, der durch das neu gegründete Unternehmen erwirtschaftet wird, ab. Typisch ist eine Gebühr in Höhe von 5 % des monatlichen Umsatzes. Mit ihr werden laufende Marketing- und Schulungsmaßnahmen bezahlt. Es können aber auch vollkommen andere Größenordnungen vereinbart werden.

❗ ACHTUNG

Seien Sie sehr vorsichtig, wenn der Franchisegeber mit Hinweis auf keine oder sehr geringe laufende Franchisegebühren eine hohe Eintrittsgebühr verlangt. In der Regel können Sie dann später nicht mehr mit einer weiteren sinnvollen Unterstützung durch den Franchisegeber rechnen.

- Manche Franchiseverpflichtungen sehen vor, dass der Unternehmer seine Waren beim Franchisegeber einkaufen muss. Das ist einzusehen, wenn es sich um Markenprodukte handelt, wobei die Marke ein Bestandteil des Franchisings ist. Bei anderen Produkten können durch den gemeinsamen Einkauf aller Franchisenehmer Preisvorteile erzielt werden. Andere Systeme ersetzen mit dem Einkauf von Materialien die Franchisegebühr.
- Werden im Franchising z. B. Steuerfachseminare durchgeführt, werden die Schulungsunterlagen für die Teilnehmer zentral vom Franchisegeber hergestellt und für jeden Teilnehmer an den Franchisenehmer verkauft. Das ermöglicht eine hundertprozentige Kontrolle des Seminarveranstalters durch den Franchisegeber.
- Neben zusätzlichen individuellen Schulungskosten werden den Franchisenehmern häufig Umlagen für die gemeinsame Werbung zugemutet. Solche Umlagen können in ihrer Höhe allerdings nicht vom Franchisenehmer bestimmt werden. Prozentuale Anteile am Umsatz sind in diesem Fall gerechter.

- **Produkte und Leistungen:** Der Franchisenehmer muss selbstverständlich die Produkte und Leistungen des Franchisegebers verkaufen. Ob ein zusätzliches Programm in Form von Waren und Leistungen, die nicht vom Vertragspartner stammen, erlaubt ist, hängt vom Vertrag ab. Die meisten Franchisegeber verlangen zumindest einen Einfluss auf die verkauften Produkte.
- **Einkaufsverpflichtungen:** Prüfen Sie unbedingt, ob eventuelle Einkaufsverpflichtungen zu seriösen Bedingungen abgewickelt werden. Wenn darin die Franchisegebühr enthalten sein sollte, rechnen Sie genau nach. Die Praxis zeigt, dass die Einkaufsvorteile vom Franchisegeber oft nicht an die Franchisenehmer weitergegeben werden. Dazu sind die Franchisegeber nämlich verpflichtet.
- **Auftritt:** Der Franchisenehmer muss seinen unternehmerischen Auftritt in Form von Werbung, Public Relation oder Sponsoring an die Vorschriften des Franchisegebers anpassen.

- **Erfolg:** Der Franchisegeber erwartet einen gewissen Erfolg seines Partners in Form von Mindestumsätzen und damit auch Mindestgebühren für den Franchisegeber.

Vor- und Nachteile

Es sollte schon klar geworden sein, dass Franchising eine sehr besondere Form des Unternehmertums ist. Grundsätzlich bietet dieser Weg für viele Menschen große Vorteile. Diesen Vorteilen stehen aber auch Nachteile gegenüber.

Vorteile:

- Die Sicherheit für den Existenzgründer steigt. Er bekommt ein bewährtes Konzept und erhebliche Unterstützung. Er profitiert von den Marktkenntnissen des Franchisegebers, der die Mittel eines großen Unternehmens zur Marktbearbeitung einsetzen kann. Der Franchisegeber hat kein Interesse daran, Partner aufzubauen, die nicht erfolgreich sind. Darum werben die unterschiedlichen Franchisegeber zwar um potenzielle Partner, diese müssen sich aber für das Programm qualifizieren. Je strenger die Auswahlregeln sind, desto sicherer ist der gemeinsame Erfolg.
- Der Erfolg eines neuen Unternehmens stellt sich im Franchisesystem schneller ein als bei einer Neugründung. Dafür sorgen die bekannte Marke und die Unterstützung des Franchisegebers.
- Die oft mögliche finanzielle Unterstützung des Franchisenehmers durch den Franchisegeber vereinfacht die Existenzgründung erheblich.
- Der Existenzgründer kann sich auf seine Kernkompetenz konzentrieren. Er kann sich z. B. um den Verkauf kümmern, während der Einkauf Sache des Partners ist. Er motiviert die Mitarbeiter, während sich der Partner um das Marketing kümmert.

Nachteile:

- Der Existenzgründer muss einen Teil seiner unternehmerischen Freiheiten abgeben. Viele Vorgaben, die dem Schutz der Marke dienen, müssen eingehalten werden.
- Der Gestaltungsspielraum für das Umsetzen eigener Ideen ist stark eingeschränkt. Durch ein starkes Controlling des Partners wird auch betriebswirtschaftliche Kontrolle ausgeübt. Wer diese Unterstützung mag, wird

das nicht als Nachteil sehen. Dennoch geht weitere unternehmerische Qualität verloren.

- Die Abhängigkeit des Franchisenehmers vom Franchisegeber ist sehr stark. Ohne die Beziehung ist das Geschäft nicht aufrechtzuerhalten. Oft geht die Abhängigkeit sogar über die Zeit der Zusammenarbeit hinaus, wenn z. B. ein Wettbewerbsverbot vertraglich vereinbart wird.
- Der Franchisegeber ist ein zusätzlicher Partner für den Existenzgründer, neben Kunden, Lieferanten, Banken usw. Dieser Partner ist sehr anspruchsvoll und muss aufwändig betreut werden.
- Die Franchisegebühren und eventuelle zusätzlich Kosten schmälern den Gewinn des Unternehmens und damit das Einkommen des Existenzgründers. Die unternehmerischen Chancen sinken.

Es sollte klar sein, dass die Risiken auch im Franchisesystem nicht vollständig verschwinden. Sie ändern sich nur. Die geringere Unsicherheit in allen Belangen wird mit einer geringeren Einkommenshöhe bezahlt. Unsicheres Einkommen, das allerdings eine gewisse Höhe erreichen kann, wird durch ein sichereres Einkommen auf niedrigerem Niveau eingetauscht. Gleichzeit entstehen neue Risiken:

- Die Abhängigkeit von einem zusätzlichen Partner, dessen Ansprüche erfüllt werden müssen, steigt.
- Es gibt nach außen keine Differenzierung zwischen den einzelnen Franchisenehmern. Wenn einer der Kollegen Probleme auf dem Markt hat (z. B. ein Lebensmittelskandal in einer Restaurantkette), hat das auch Auswirkungen auf die anderen Franchisenehmer und damit auf das Unternehmen des Existenzgründers.

Die Bewertung der Risiken und Chancen erfolgt selbstverständlich individuell nach Ihrer persönlichen Einschätzung. Darum kann die höhere Sicherheit für Sie so positiv sein, dass Sie die Nachteile des Franchisings in Kauf nehmen. Andere wiederum schreckt die Reduktion der unternehmerischen Freiheit so sehr, dass dieser Weg in die Selbstständigkeit auf keinen Fall infrage kommt.

Ganz wichtig: Die Beurteilung des Franchiseangebots

Die Bindung an den Franchisepartner ist sehr langfristig angelegt. Nach einer Trennung ist eine Weiterführung des Geschäftes kaum praktikabel. Der

Name, die Angebote würden sich ändern, die Kunden müssten sich umstellen. Außerdem gibt es oft Wettbewerbsverbote, die eine Weiterführung des Geschäfts verhindern. Umso wichtiger ist die objektive Beurteilung einer möglichen Zusammenarbeit.

ARBEITSHILFE
ONLINE Dazu können Sie die folgende Tabelle verwenden. Sie finden sie auch bei den Arbeitshilfen online, wo sie eine Anpassung an Ihre persönlichen Verhältnisse vornehmen können.

Fragen zum Franchisesystem	Ergebnis	erledigt
Der Franchisegeber		
Wie ist der genaue Name des Franchisegebers?	☐	☐
Wie viel Umsatz hat der Franchisegeber in den letzten drei Jahren gemacht?	☐	☐
Wie viele Mitarbeiter beschäftigt der Franchisegeber? Wie viele davon arbeiten im Franchisesystem? Wie viele Mitarbeiter arbeiten in der Betreuung der Franchisenehmer?	☐	☐
Ist der Franchisegeber ein deutsches Unternehmen? Wo ist der Standort des Unternehmens?	☐	☐
Welche Rechtsform hat das Unternehmen des Franchisegebers? Wie hoch ist das haftende Eigenkapital?	☐	☐
Wie lange arbeitet der Franchisegeber schon auf dem Markt?	☐	☐
Wie viel Franchisenehmer gibt es? Wie viele davon sind in Deutschland tätig? Wie hat sich diese Zahl in den letzten drei Jahren entwickelt?	☐	☐
Das Konzept		
Passt die Geschäftsidee zu den Wünschen des Existenzgründers ▪ Passt der Markt? ▪ Passt die Region? ▪ Passt die Zielgruppe? ▪ Passt die Unternehmensgröße? ▪ Passt das Angebot?	☐	☐

Fragen zum Franchisesystem	Ergebnis	erledigt
Hat der Franchisegeber eine Marke aufgebaut? Ist die Marke ausreichend geschützt?	☐	☐
Hat der Franchisegeber die notwendige Kompetenz auf dem Markt bewiesen?	☐	☐
Hat die Marke und hat der Franchisegeber ein positives Image auf dem Markt?	☐	☐
Ist das Marketingkonzept in Ordnung?	☐	☐
Wie hoch ist der durchschnittliche Umsatz der Franchisenehmer? Wie hoch ist der durchschnittliche Erfolg der Franchisenehmer?	☐	☐
Das Angebot		
Wird ein Vertriebsgebiet vereinbart? Gibt es Exklusivität? Wie wird diese sichergestellt? Ist die Gebietsgröße ausreichend für den notwendigen Umsatz? Gibt es Unterstützung bei der Standortwahl?	☐	☐
Gibt es Unterstützung bei der Gründung (z. B. in Form einer Gründungsberatung)? Gibt es diese Unterstützung auch vor Vertragsabschluss?	☐	☐
Gibt es Vorgaben zum mindestens verfügbaren Eigenkapital des Franchisenehmers? Beteiligt sich der Franchisegeber selbst an der Finanzierung der Existenzgründung? Kann der Franchisegeber bei der Beschaffung von Fremdkapital und Fördermitteln helfen?	☐	☐
Welche laufende Unterstützung gibt es? ■ im Marketing (bundesweite Werbung, Messeunterstützung etc.) ■ in betriebswirtschaftlichen Fragen ■ bei der Schulung des Gründers ■ bei der Schulung der Mitarbeiter	☐	☐
Gibt es ein Handbuch, in dem das Konzept, das Angebot und die Verpflichtungen detailliert beschrieben sind?	☐	☐
Gibt es Mitspracherechte der Franchisegeber z. B. in Marketingfragen oder bei neuen Produkten? Gibt es offizielle Gremien, in denen die Franchisenehmer mitreden können?	☐	☐

Fragen zum Franchisesystem	Ergebnis	erledigt
Die Verpflichtungen		
Welche Gebühren müssen gezahlt werden? ▪ Eintrittsgebühr ▪ fixe Franchisegebühr pro Monat ▪ variable Franchisegebühr in Abhängigkeit vom Umsatz ▪ Einkaufsverpflichtungen	☐	☐
Gibt es eine Beteiligung an den Werbekosten? Ist die Beteiligung fix oder abhängig vom Umsatz? Gibt es Verpflichtungen, an Aktionen teilzunehmen?	☐	☐
Gibt es weitere einmalige oder laufende Kosten?	☐	☐
Wie hoch ist der vom Franchisegeber erwartete Mindestumsatz?	☐	☐
Welche Informationen werden regelmäßig erwartet? Welche Informationen dürfen darüber hinaus vom Franchisegeber auch unregelmäßig abgerufen werden?	☐	☐
Gibt es sonstige Erwartungen an den Unternehmenserfolg?	☐	☐
Wie lange läuft der Vertrag? Haben Sie als Franchisenehmer ein Optionsrecht zur Verlängerung der Laufzeit?	☐	☐
Gibt es ein Wettbewerbsverbot für die Zeit nach der Zusammenarbeit?	☐	☐
Gibt es außergewöhnliche Gründe für eine außerordentliche Kündigung?	☐	☐
Gilt deutsches Recht? Wenn nein, welches Recht gilt?	☐	☐
Andere Franchisenehmer		
Gibt es andere Franchisenehmer? Dürfen Sie mit ihnen reden? Dürfen Sie mit ihnen auch vor Vertragsabschluss reden?	☐	☐
Sind die Konditionen mit allen Franchisenehmern identisch? Wenn nein, woran liegt das?	☐	☐
Welchen Erfolg haben die anderen Franchisenehmer?	☐	☐

Fragen zum Franchisesystem	Ergebnis	erledigt
Wie beurteilen die anderen Franchisenehmer das Konzept und die Unterstützung durch den Franchisegeber?	☐	☐
Wie ist die Betreuung durch den Franchisegeber?	☐	☐
Wie ist die Erfahrung der Franchisenehmer bezüglich der Mitsprache bei wichtigen Entscheidungen?	☐	☐
Gibt es ein Netzwerk der Franchisenehmer?	☐	☐

Vorsicht Falle: Die größten Fehler bei der Auswahl von Franchisesystemen

Trotz aller Information und Aufklärung gibt es immer wieder Existenzgründer, die mit der Wahl eines Franchisepartners einen großen Fehler machen. Dabei zeigt die Praxis, dass es immer wieder die gleichen Fehler sind. Dass dahinter oft leider auch kriminelle Anbieter von Franchiseverträgen stehen, ist bedauerlich, verbessert aber die Situation der Gründer nicht. Darum hier die wichtigsten Fehler:

1. Das Produkt bzw. die Leistung oder das Konzept des Leasinggebers sind neu. Es gibt noch keine ausreichenden Erfahrungen mit dem Angebot. Lassen Sie andere die Fehler machen!
2. Die Marke des Franchisesystems ist nicht ausreichend bekannt und geschützt. Mitbewerber auf dem Markt können daraus Profit auf Kosten der Franchisenehmer schlagen.
3. Der Franchisegeber bietet nach Vertragsabschluss keine oder nur wenig Unterstützung. Der Existenzgründer ist dann auf sich selbst gestellt.
4. Vor Vertragsabschluss wird kein Kontakt zu anderen Franchisenehmern hergestellt. Dadurch bleiben eine schlechte Betreuung oder überhöhte Kosten unerkannt.
5. Es gibt keine detaillierte Beschreibung des Konzepts mit allen Leistungen und Verpflichtungen. Seriöse Anbieter haben ein umfangreiches Franchisehandbuch, das diese Informationen enthält.
6. Die Entscheidung für das Franchiseangebot wird zu schnell getroffen. Es wird nicht ausreichend geprüft, ob die Idee und das Konzept zu den Vorstellungen des Gründers passen.

7. Die Erwartungen des Franchisegebers an die Gründer sind zu hoch. Damit erwirtschaftet der Gründer nicht genügend Einnahmen für den Partner, der unzufrieden ist. Auf der anderen Seite entstehen zu hohe Kosten für das gegründete Unternehmen.

8. Die Vertragslaufzeit ist zu kurz. Die Investitionen des Gründers in das Unternehmen und in die Eintrittsgebühr können sich nicht amortisieren.

Informationen zum Franchise

Die Informationen über Franchising (z. B. im Internet) sind überwältigend. Doch Vorsicht: Die vielen Sites zum Thema Franchising verfolgen zum großen Teil nur ein Ziel: den Verkauf von Franchiseverträgen der auf der Site vertretenen Anbieter. Deshalb müssen die Inhalte dieser Informationsquellen sehr genau geprüft werden. Um sich Anregungen für Geschäftsideen zu holen, sind diese Adressen allerdings sehr gut geeignet.

Eine beliebte Methode der Informationsbeschaffung ist der Besuch von Franchisemessen. Dort gibt es eine große Auswahl von Franchiseangeboten, die direkt miteinander verglichen werden können. Solche Messen sind u. a.:

- die **NewCome** in Stuttgart,
- die **Chance** in Halle,
- die **Start** an verschiedenen Standorten in Deutschland.

! ACHTUNG

Schließen Sie auf keinen Fall sofort einen Vertrag auf einer solchen Messe ab. Nur unseriöse Anbieter setzen Sie in dieser Situation unter Zeitdruck und argumentieren mit Messerabatten oder argumentieren mit der angeblich letzten Chance, dem Franchise beizutreten. Das stimmt nie!

4.1.3 Der Kauf eines Unternehmens

Eine der größten Herausforderungen in vielen Familienunternehmen ist derzeit die erfolgreiche Regelung der Nachfolge. Gleichzeitig gibt es in den Konzernen weltweit eine Bewegung, sich auf das Kerngeschäft zu konzentrieren und Unternehmen, die nicht zum Kerngeschäft passen, abzustoßen. Allein in Deutschland werden mehr als 30.000 Unternehmen pro Jahr verkauft. Ein riesiges Potenzial, auch für Existenzgründer.

Grundsätzlich gibt es zwei Möglichkeiten, ein Unternehmen zu kaufen:

1. Der Kauf des Unternehmens erfolgt durch die Übernahme von Geschäftsanteilen. Das funktioniert nur dann, wenn es sich um eine Gesellschaft handelt, in dessen Gesellschaftsvertrag die Geschäftsanteile festgeschrieben sind. Auf diese Weise können keine einzelnen Betriebsteile gekauft werden. Die Übernahme umfasst alle Vermögensteile und natürlich auch die Schulden des Unternehmens. Der Nettowert ergibt sich aus der Differenz von Vermögen und Schulden.
2. Bei einem Asset Deal werden die einzelnen Vermögensteile vom Verkäufer auf den Käufer übertragen. Das ist notwendig, wenn Betriebsteile gekauft werden oder wenn es sich um ein Einzelunternehmen handelt, weil in diesen Fällen keine Geschäftsanteile vorhanden sind. Neben den Vermögensteilen müssen auch die Schulden übertragen werden (Verbindlichkeiten an Lieferanten, Bankkredite).

! ACHTUNG

Beim Übertragen von Schulden hat der Gläubiger unter Umständen ein Mitspracherecht. So hat die Bank ihre Kredite auch mit Blick auf die Solvenz der Unternehmerpersönlichkeit vergeben. Wenn der Unternehmer den Kredit jetzt auf einen in den Augen der Bank weniger solventen Existenzgründer übertragen will, wird sie das nicht zulassen.

● TIPP

Um Problemen beim Übertragen von Schulden zu entgehen, können nur die Vermögensteile gekauft und vom Existenzgründer neu finanziert werden. Problematisch kann dabei die Ablösung von Sicherheiten werden. Hierbei sollten Sie einen neutralen Notar hinzuziehen. Der Notar kann die Geschäfte Zug um Zug abwickeln, das allerdings gegen Bezahlung.

Einige Begriffe

Im Bereich von Unternehmenskäufen und -verkäufen gibt es viele Spezialausdrücke, die nicht jedem bekannt sind. Drei Begriffe begegnen dem potenziellen Käufer immer wieder:

- Management-Buy-Out (MBO) wird ein Verkauf genannt, wenn das Unternehmen vom bestehenden Management oder von Teilen davon gekauft wird. Dabei erfolgt die Finanzierung größtenteils aus den eigenen Mitteln der Käufer. Die Existenzgründer sind also ehemalige Mitarbeiter des Unternehmens.
- Management-Buy-In (MBI) ist ein Verkauf an externe Manager. Dabei kann es sich um typische Existenzgründer handeln.
- Leverage-Buy-Out (LBO) bezeichnet einen Verkauf an das existierende Management, der überwiegend mit Fremdkapital finanziert wird.

Auch ein Unternehmenskauf hat Vor- und Nachteile, die der Existenzgründer gegeneinander abwägen muss.

Vorteile:

- Der Existenzgründer beginnt sofort mit einem erfolgreichen Unternehmen. Es gibt keine Gründungsphase.
- Alle Geschäftsbeziehungen zu Kunden, Lieferanten und anderen Partnern bestehen bereits und können sofort genutzt werden.
- Die notwendigen Mitarbeiter müssen nicht erst aufwändig gesucht werden. Sie sind da, kennen ihre Aufgaben und haben die notwendige Erfahrung.
- Das Unternehmen erwirtschaftet sofort Einkünfte. Es gibt keine finanzielle Durststrecke.
- Die Sicherheit für den Existenzgründer ist wesentlich größer als bei einer Neugründung. Alle wichtigen Erfolgsparameter können geplant werden.

Nachteile:

- Durch die Übernahme erhält der Existenzgründer ein fertiges Unternehmen und kann seine eigenen Vorstellungen bei der Gestaltung nicht einbringen.
- Der Umbau des bestehenden Unternehmens, der notwendig ist, um das Unternehmen an die Vorstellungen des Gründers anzupassen, geschieht

meistens sehr schwerfällig. Es gilt, besondere Hindernisse der vorhandenen Strukturen zu überwinden.

- Die Prüfung des Unternehmens vor dem Kauf kann nie alle Unwägbarkeiten aufdecken. Es bestehen immer Risiken im Bereich der Produkte, der Bestände, der Kunden, der Forderungen oder der Mitarbeiter.
- In manchen Familienunternehmen sind wichtige Abläufe und Beziehungen auf die Person des Firmeninhabers ausgerichtet. Ist er plötzlich nicht mehr da, kann das zu wirtschaftlichen Problemen führen.
- Der Kaufpreis und seine Finanzierung belasten das junge Unternehmen. Die Ergebnisse sind niedriger, als sie es bei einer Neugründung wären, auch wenn sie von vornherein anfallen.

▶ BEISPIEL

Klaus Merian will sich als Dachdecker selbstständig machen. Er kann das mit einem neuen Unternehmen tun oder das Unternehmen seines bisherigen Arbeitgebers übernehmen, der keinen Nachfolger hat. Beide Unternehmen hätten eine Gewinnerwartung von 150.000 € pro Jahr. Bei einer Neugründung steigt der Jahreserfolg von 50.000 € im ersten Jahr auf 150.000 € im achten Jahr und bleibt dort. Der Unternehmenskauf bringt sofort 150.000 € pro Jahr, wäre aber mit 50.000 € pro Jahr für den Kaufpreis belastet.

Jahr	Gewinn Neugründung €/Jahr	Gewinn bei Kauf €/Jahr
1	50.000	100.000
2	65.000	100.000
3	80.000	100.000
4	95.000	100.000
5	110.000	100.000
6	125.000	100.000
7	140.000	100.000
8	150.000	100.000
9	150.000	100.000
10	150.000	100.000
Summe	1.115.500	1.000.000

Selbst wenn eine Verzinsung der Differenzen vorgenommen wird, ist die Kaufversion in dieser Konstellation — zumindest mit Blick auf die Gewinne — nicht positiv.

Der richtige Weg zum Unternehmenskauf

Der Kauf eines Unternehmens verursacht hohe Kosten, verlangt viel Verantwortung und bindet den Käufer für sehr lange Zeit. Eine aufwändige Vorbereitung und Prüfung und eine systematische Vorgehensweise sind nicht nur angebracht, sie sind absolut notwendig. Lassen Sie sich nicht von zufälligen Zusammentreffen mit einem zum Verkauf stehenden Unternehmen beeinflussen. Ein solches Unternehmen mag Ihnen als interessantes Objekt erscheinen, vielleicht weil Sie dort arbeiten. Dennoch darf ein Angebot zum Kauf eines bestimmten Unternehmens nur der Anlass dazu sein, eine systematische Suche nach Risiken und eine objektive Beurteilung durchzuführen. Das angebotene Unternehmen kann dann Teil der Untersuchung sein, muss sich aber — wie alle anderen — dem Existenzgründer gegenüber als sinnvoll erweisen.

1. Schritt: Die Wunschvorstellung festlegen

Der Existenzgründer und potenzielle Unternehmenskäufer hat gewisse Vorstellungen von seiner unternehmerischen Tätigkeit. Er ist meistens auf eine Branche festgelegt, in der er sich auskennt, auf bestimmte Produkte und Leistungen und auf eine Region. Er muss sich auch die Unternehmensgröße (gemessen in Umsatz, Anzahl der Mitarbeiter oder Gewinn) zutrauen. Mit dieser Definition seiner Wunschvorstellung geht der Gründer in die Unternehmenssuche.

TIPP

Definieren Sie bei Ihrer Wunschvorstellung für jeden wichtigen Parameter eine Bandbreite. Sie werden nur selten ein Unternehmen finden, dass in allen Punkten exakt Ihren Vorstellungen entspricht. Wenn die meisten Werte in Ihre Bandbreite fallen, sollten Sie das Angebot prüfen.

---

2. Schritt: Die Suche nach passenden Unternehmen

Jetzt werden Unternehmen gesucht, die den definierten Parametern entsprechen und zum Verkauf angeboten werden. Kaum ein Privatmann kennt den Unternehmensmarkt. Die Angebote werden nicht in Tageszeitungen veröffentlicht. Deshalb benötigt der Gründer professionelle Hilfe bei seiner Suche.

- Es gibt Makler und Unternehmensberater, die sich auf den Verkauf von Unternehmen spezialisiert haben. Sie kosten Geld, sorgen aber für eine systematische Suche im festgelegten Bereich.
- Regionale Unternehmen werden auch bei Banken angeboten. Zumindest wissen Banken häufig, ob bestimmte Unternehmen zum Verkauf stehen. Bei Banken wird der Existenzgründer keinen systematisch aufgebauten Marktüberblick für verkaufsfähige Unternehmen erhalten. Die Hinweise sind eher sporadisch und hängen von zufälligen Beziehungen ab.

TIPP

Banken kennen häufig die Nachfolgesituation in Familienunternehmen und können entsprechende Kontakte herstellen, auch wenn das entsprechende Unternehmen noch nicht offiziell zum Verkauf steht. Wenn Sie so ein Unternehmen kennen und die Situation ähnlich einschätzen, sprechen Sie mit der Hausbank. Sie kann vermitteln.

- Im Internet gibt es viele Börsen, an denen Unternehmen, die zum Verkauf stehen, angeboten werden. Diese Börsen werden oft von Verbänden betrieben. Besonders beliebt sind die Unternehmensbörsen der Industrie- und Handelskammern.

TIPP

Versuchen Sie, erste Angebote im Internet zu finden. Gehen Sie dazu auf die Seite der IHK, die für die gewünschte Region zuständig ist. Dort können Sie im Suchfeld die Begriffe „Unternehmenskauf" oder „Nachfolge" eingeben und finden so meistens die Börse für Unternehmen, die zum Kauf stehen. Dort können Sie Ihre Suche auch erfassen und online stellen lassen.

3. Schritt: Eine erste Information

Das wichtigste beim Unternehmenskauf sind die Informationen über das Unternehmen selbst. Die ersten Informationen dienen dazu, die weitaus aufwändigere Due Diligence, in der wirklich jedes Detail untersucht wird, auf die Unternehmen zu beschränken, die wirklich interessant sind.

Die ersten Informationen können noch vom Existenzgründer selbst gesammelt und bewertet werden. Die Daten müssen mit dem abgeglichen werden, was sich der Existenzgründer vorgestellt hat und was sinnvoll erscheint:

- Die Definition der Märkte, auf denen das Unternehmen tätig ist, erleichtert die Einordnung. Betroffen sind nicht nur die Absatzmärkte, auch der Beschaffungsmarkt und der Personalmarkt müssen betrachtet werden.
- Welche Zielgruppe hat das Unternehmen derzeit? Das Potenzial muss ermittelt werden, die Verhaltensweise der Gruppenmitglieder und die Wege zum Kunden.
  Diese Informationen hat der Existenzgründer bereits bei der Beschreibung seiner Geschäftsidee gesammelt und für sich aufbereitet. In der Regel deckt sich das Ergebnis größtenteils mit den jetzt zu erhebenden Daten. Kleinere Abweichungen können akzeptiert, zusätzliche Märkte müssen neu erarbeitet werden.
- Die Wettbewerber um Kunden, Rohstoffe und Mitarbeiter sind auf den jeweiligen Märkten tätig und könnten die Unternehmensübernahme dazu nutzen, Vorteile zu erlangen. So schafft ein Unternehmensverkauf z. B. für viele Mitarbeiter eine gewisse Unsicherheit, die sie für Abwerbungen durch andere Unternehmen empfänglich macht.
- Das Image des Unternehmens auf den Märkten, vor allem auf dem Absatzmarkt, bestimmt seine Zukunftschancen. Es ist also festzustellen, ob der Ruf bei den Kunden Schaden genommen hat oder ob er in Ordnung ist.
  Stellen Sie an dieser Stelle gleich fest, woher der guter Ruf des zu verkaufenden Unternehmens stammt. Ist dafür der jetzige Inhaber verantwortlich, kann sich nach dessen Ausscheiden ein Problem für Sie als junger Unternehmer ergeben. Sie müssen dann dazu in der Lage sein, den guten Ruf auf sich zu übertragen.
- Das Produktportfolio ist ausschlaggebend für den zukünftigen Erfolg des Unternehmens. Es müssen ausreichend Produkte mit guten Absatz- und

Deckungsbeitragszahlen (Cash Cows) vorhanden sein, die für die Mittel der weiteren Entwicklungen sorgen. Gleichzeitig müssen genügend Produkte vorhanden sein, die noch am Anfang ihres Lebenszyklus stehen. Sie müssen dann bereitstehen, wenn die älteren Produkte nicht mehr nachgefragt werden. Auch vollständig neue Produkte mussen in der Pipeline vorhanden sein, damit der Fluss nicht abreißt.

Für die Untersuchung des Produktportfolios ist die Portfolioanalyse hervorragend geeignet. Sie sollte dem Unternehmen vorliegen. Fragen Sie einfach nach und untersuchen Sie sie kritisch.

Am Ende der Analyse der ersten Informationen steht die Entscheidung, sich näher mit dem Unternehmen zu befassen. Lassen die untersuchten Parameter eine erfolgreiche Zukunft erwarten und deckt sich das Unternehmensprofil weitgehend mit den Wunschvorstellungen des Existenzgründers, kann die intensivere Untersuchung des Unternehmens angegangen werden. Die Praxis zeigt, dass nur wenige Existenzgründer und Unternehmen über diesen Schritt hinaus kommen.

4. Schritt: Die Due Diligence

Nach der ersten Prüfung der relativ einfach zu beschaffenden Informationen folgt die sehr detaillierte Prüfung der Lage des Unternehmens: die Due Diligence. Eine sinnvolle Übersetzung des Begriffs „Due Dilligence" ins Deutsche ist bisher nicht gelungen. „Sorgfältigkeitsprüfung" oder „Unternehmenskaufprüfung" sind nicht nur sperrige, sondern auch missverständliche Interpretationen.

In der Due Diligence wird die Lage des Unternehmens anhand von Zahlen, Verträgen und Beschreibungen auf drei Gebieten untersucht:

- Die Untersuchung der handelsrechtlichen Lage beschäftigt sich mit dem Ergebnis, den Kosten und den Erlösen. Außerdem werden die Vermögensteile untersucht und hinsichtlich ihrer Werthaltigkeit geprüft. Es geht um die Zukunft des Existenzgründers. Deshalb wird nicht nur die Vergangenheit betrachtet, es wird auch versucht, möglichst weit in die Zukunft zu schauen.

> ▶ **BEISPIEL**
>
> Noch immer prüfen die Berater von Klaus Merian das Unternehmen, das der Arbeitgeber an seinen Meister verkaufen möchte. In der aktuellen Bilanz sind Forderungen gegen Kunden in Höhe von 175.000 € aufgeführt. Schnell zeigt sich, dass darin auch Forderungen in Höhe von 45.000 € gegen ein Industrieunternehmen enthalten sind, die bereits seit sieben Monaten unbezahlt sind. Nachfragen ergeben, dass der Kunde erhebliche Qualitätsmängel geltend macht und nicht zahlen will. Es ist also nicht damit zu rechnen, dass diese Forderung noch werthaltig ist. Sie ist bei der Berechnung des Firmenwertes herauszunehmen.

- Ein wichtiger Partner jedes Unternehmens ist das Finanzamt. Selbst wer seine Steuern ehrlich und pünktlich zahlt, kann sich irren oder Fehleinschätzungen treffen. Deshalb besteht bei jedem Unternehmen das Risiko, dass Steuernachforderungen gestellt werden. Das soll durch eine Due Diligence erkannt und möglichst ausgeschlossen werden.
- Einem Unternehmen drohen auch zivilrechtliche Risiken. Sind Produkte fehlerhaft, kann es zu Schadenersatzforderungen kommen. Verstöße gegen Umweltschutzgesetze führen zu Strafen. Auch der Datenschutz oder die Arbeitsschutzgesetze sehen zivilrechtliche Auswirkungen vor. Der Existenzgründer als Unternehmenskäufer muss diese Risiken kennen und beurteilen und in die Berechnung des Kaufpreisangebotes einbeziehen.

> ● **TIPP**
>
> Lassen Sie die Due Diligence von Experten durchführen, die von Ihnen beauftragt und bezahlt werden. Nur so können Sie sicher sein, dass Sie ein objektives Ergebnis erhalten.

▶ **BEISPIEL**

Auch wenn die Due Diligence in der Öffentlichkeit nicht sehr bekannt ist, ist die Vorgehensweise bei einem Unternehmensverkauf fast immer die gleiche:

1. Das Unternehmen wird den möglichen Käufern durch das Management präsentiert. Dabei wird die Ist-Situation dargestellt und eine Aussicht auf die weitere Entwicklung gegeben.
2. Bei Interesse bereitet das Unternehmen alle wichtigen Daten vor. Zahlen, Verträge, Dokumente und alle weiteren Informationen werden im Data Room zusammengefasst und dem potenziellen Käufer zur Verfügung gestellt.
3. Der Interessent prüft anhand der Informationen im Data Room das Unternehmen auf Herz und Nieren.
4. Zusätzlicher Informationsbedarf wird im Gespräch mit dem Verkäufer und dem Management geklärt.
5. Ergebnis ist eine Bewertung des Unternehmens mit allen Chancen und Risiken.

Es wird kein Unternehmen geben, das nicht für den Käufer auch Risiken bereithält. Als Unternehmer muss der Existenzgründer dazu bereit sein, unternehmerische Risiken einzugehen. Er muss entscheiden, ob er die durch die Due Diligence aufgedeckten Risiken tragen will, um die ebenfalls aufgezeigten Chancen nutzen zu können.

5. Schritt: Die Preisfindung

Die Praxis zeigt, dass gerade der Verkauf kleiner und mittlerer Familienunternehmen immer wieder an der Preisfindung scheitert. Das kommt vor allem daher, dass der Unternehmer emotional an seinem Lebenswerk hängt. Meistens werden die aufgebauten Werte über- und die vorhandenen Risiken unterschätzt. Prüfen Sie, ob es eine Verquickung von privatem und betrieblichem Vermögen gibt, die bei der Preisfindung Probleme bereitet. Ist z. B. ein Wohnhaus auf dem Firmengelände, kann es nach einem Verkauf meistens nicht mehr entsprechend genutzt werden, weil es ganz auf einen Unternehmer mit direktem Kontakt zum Betrieb zugeschnitten ist. Dadurch sinkt der Preis dieses Vermögenswertes, oft sogar unter den Buchwert aus der Bilanz.

Das Festlegen eines für beide Seiten fairen Kaufpreises sollte man Experten überlassen. Ob dann der Existenzgründer dazu bereit ist, mehr zu bezahlen, muss in endgültigen Verhandlungen geklärt werden. Für die Preisfindung selbst spielen unterschiedliche Parameter eine Rolle:

- Die Vermögenssituation hat Einfluss auf den Kaufpreis. Gehören z. B. die Gebäude und Grundstücke zum Betriebsvermögen oder sind sie gemietet?
- Der in der Zukunft zu erwartende Gewinn bestimmt in hohen Maße den Kaufpreis. Er entspricht der Verzinsung des eingesetzten Kapitals.
- Für die entdeckten Risiken können Abschläge vom Kaufpreis vereinbart werden.
- Der Existenzgründer muss bei seiner Preisberechnung berücksichtigen, dass unter Umständen noch Kosten für eine Restrukturierung des Unternehmens anfallen.

▶ **BEISPIEL**

Zwei gängige Methoden berechnen den Unternehmenspreis nach dem Umsatz bzw. nach dem Gewinn der letzten Jahre. Die Vorgehensweise ist im Detail immer abhängig von der Branche, der Unternehmensgröße und den vorhandenen Risiken. Immer beliebter wird auch die Kombination der beiden Methoden.

- Methode 1: Umsatz mal Faktor
  Der durchschnittliche Umsatz des Unternehmens der letzten fünf Jahre wird mit einem Faktor X multipliziert

  (z. B. 10.000.000 € Umsatz x 0,8 = 8.000.000 € Kaufpreis).

- Methode 2: Ergebnis mal Faktor
  Das durchschnittliche betriebliche Ergebnis vor Steuern der letzten fünf Jahre wird mit einem Faktor X multipliziert

  (z. B. 800.000 € x 10 = 8.000.000 € Kaufpreis).

6. Schritt: Die Finanzierung ordnen

Ist dem potenziellen Käufer bekannt, wie viel er maximal für das Unternehmen zahlen will, wird er die Finanzierung klären. Dabei kommt es darauf an, wie der Kaufpreis gezahlt wird, weil dadurch unterschiedliche finanzielle Belastungen entstehen können.

- Wird der Kaufpreis sofort gezahlt, muss die Finanzierung den gesamten Betrag abdecken.
- Werden mehrere Raten vereinbart, müssen die Raten in den Liquiditätsplan übernommen werden. Zu den Fälligkeitsterminen muss die notwendige Liquidität vorhanden sein.
- Dauerhafte Renten, mit denen der Kaufpreis finanziert wird, belasten das Ergebnis des Unternehmens. Auch das muss in der Liquiditätsplanung berücksichtigt werden.

TIPP

Eine Form der Finanzierung kann auch darin bestehen, den Kaufpreis zumindest teilweise an die Ergebnisse der Zukunft zu binden. So kann z. B. eine prozentuale Beteiligung am Gewinn der nächsten fünf Jahre vorgesehen werden. Auch eine Vereinbarung von Zahlungen, wenn ein gewisser Mindestgewinn überschritten wird, ist denkbar. Damit wird die Finanzierung etwas vereinfacht. Sie wird indirekt vom Verkäufer übernommen.

7. Schritt: Das Kaufangebot abgeben

Der letzte Schritt ist die Abgabe eines verbindlichen Angebotes für das Unternehmen. Die Finanzierung wird zumindest grundsätzlich im vorherigen Schritt geregelt, damit bei einer Übereinkunft auch die Bezahlung des Kaufpreises sichergestellt ist.

TIPP

Schreiben Sie nicht nur den Kaufpreis in das Angebot. Beschreiben Sie auch, welche Bedingungen an den Kaufpreis geknüpft sind, wie er sich errechnet und wie Sie vorhaben, ihn zu bezahlen.

Die Risiken

Auch die Übernahme eines Unternehmens hat besondere Risiken, die an die Stelle der Unsicherheit und der langen Startphase von Neugründungen treten:

- Die Gestaltungsmöglichkeiten des jungen Unternehmers sind stark eingeschränkt. Nicht jeder Chef verkraftet es, dass seine Vorstellungen nicht umgesetzt werden können, weil es enorme Beharrungskräfte im Unternehmen gibt.
- Die Finanzierung des Kaufpreises verursacht Kosten und schmälert die Liquidität des Unternehmens und des Unternehmers. Wenn sich die wirtschaftliche Situation schlechter als angenommen entwickelt, kann das zu Problemen führen.
- In dem Unternehmen verstecken sich Risiken, die selbst bei der genauesten Due Diligence nicht entdeckt werden. Sie tauchen später auf und können den Erfolg des Unternehmens gefährden.

! **ACHTUNG**

Die versteckten Risiken sind oft auch den Mitarbeitern nicht bekannt, die im Rahmen eines MBO das Unternehmen übernehmen wollen. Das kann daran liegen, dass langjährige Mitarbeit zu Gewohnheit führt, die solche Risiken überdeckt. Je genauer die Due Diligence auch bei einem MBO von externen Beratern durchgeführt wird, desto geringer ist das Risiko.

Aus diesen Risiken entwickeln sich auch die größten Fallen, in die ein Unternehmenskäufer tappen kann und in die in der Praxis auch tatsächlich viele Unternehmenskäufer tappen:

1. **Spätschäden vergessen:** Es wird nicht daran gedacht, die langfristigen Risiken in der Bewertung der Bestände und Forderungen, in den Verträgen und in der Produkthaftung zu untersuchen und in die Unternehmensbewertung aufzunehmen.
2. **Emotionen gewinnen:** Vor allem Mitarbeiter, die eine große Chance im Kauf des Unternehmens sehen, lassen ihre Entscheidungen von Emotionen leiten. Das Unternehmen wird nicht genau genug untersucht, der Kaufpreis ist dann zu hoch.

3. **Hindernisse unterschätzen:** Die Hindernisse, die dem neuen Chef durch die bestehenden Strukturen entgegenstehen, sind immens hoch. Mitarbeiter auszutauschen ist unter deutschem Arbeitsrecht kaum möglich oder sehr teuer. Doch auch Kunden und Lieferanten können versuchen, mit dem neuen Unternehmer günstigere Konditionen durchzusetzen.

4. **Mitbewerbern eine Chance geben:** Ein Unternehmen, das sich im Verkaufsprozess befindet, verursacht Unsicherheit bei allen Partnern. Niemand weiß, wie es in Zukunft weitergeht. Dauert der Prozess zu lange, können Kunden zur Konkurrenz abwandern, wichtige Lieferanten die Konditionen anziehen und unentbehrliche Mitarbeiter zum Mitbewerber wechseln.

! ACHTUNG

Fragen Sie in Stufe 3 bereits danach, wie lange das Unternehmen bereits zum Verkauf steht. Je länger das der Fall ist, desto intensiver müssen Sie die Nachteile dieser Unsicherheit für die Partner des Unternehmens während der Due Diligence prüfen.

4.1.4 Existenzgründung im Nebenerwerb

Mehr als 50 % aller Existenzgründungen in Deutschland sind Nebenerwerbsgründungen. 30 % dieser Nebenerwerbsgründer wollen sich früher oder später ganz selbstständig machen. Durch die Teilzeitgründung werden viele Risiken zunächst verringert, dafür entgehen dem Unternehmer aber auch Chancen. Da es sich meistens um Kleinstgründungen handelt, können auf einigen steuerlichen und rechtlichen Gebieten Vorteile in Anspruch genommen werden.

Definiert ist eine Gründung im Nebenerwerb durch die folgenden Parameter:

- Der Unternehmer wendet weniger Zeit als in einer Vollzeitbeschäftigung auf.
- Die Selbstständigkeit wird neben einer Hauptbeschäftigung ausgeübt. Das kann auch eine Hausfrauentätigkeit sein.
- Das Einkommen aus der selbstständigen Nebentätigkeit reicht für den Lebensunterhalt des Unternehmers nicht aus.

Der Kreis der Nebenerwerbsgründer ist sehr weit gefächert. Neben Personen, die in einer Vollzeitfestanstellung beschäftigt sind, kommen immer mehr Eltern auf die Idee, eine selbstständige Tätigkeit neben der Kindererziehung auszuüben. Auch Studierende machen sich immer öfter neben ihrem Studium selbstständig.

Wenn Sie in einer Festanstellung beschäftigt sind, müssen Sie in der Regel Ihren Arbeitgeber um eine Genehmigung für die selbstständige Nebentätigkeit bitten. Der Arbeitgeber kann Ihnen die Genehmigung nur verweigern, wenn dadurch Ihre Leistung im eigentlichen Hauptberuf leidet oder wenn Sie in Konkurrenz zu Ihrem Arbeitgeber die gleichen Leistungen anbieten, die sie sonst für Ihren Chef erbringen. Eine solche Konkurrenz muss er nicht dulden.

Die Unternehmensgründung verlangt einen hohen zeitlichen Einsatz bereits vor dem Start des neuen Unternehmens. Erfolgreiche Gründungen werden den Unternehmer schnell zeitlich mehr fordern. Wenn das in Konflikt mit dem Hauptberuf gerät, könnte eine Teilzeitbeschäftigung der richtige Weg sein, eine angestellte und eine selbstständige Tätigkeit miteinander zu verbinden.

TIPP

Als angestellter Arbeitnehmer haben Sie ein Recht darauf, Ihre Vollzeitstelle in eine Teilzeitstelle umzuwandeln. Nach dem Teilzeit- und Befristungsgesetz muss der Arbeitgeber diesem Wunsch zustimmen, wenn keine betrieblichen Gründe dagegen sprechen. Das gilt nur für Unternehmen, die ohne Auszubildende mehr als 15 Mitarbeiter beschäftigen. Der Antrag dazu muss mindestens drei Monate vor Beginn der Teilzeitphase gestellt werden.

Vorteile:

- Wegen des geringeren Geschäftsumfanges sind auch die notwendigen Investitionen und die Finanzierung der Betriebsmittel geringer als bei einer vollständigen Gründung.
- Die laufenden Kosten im Nebenerwerbsunternehmen sind niedriger und können sicherer kalkuliert und überschaut werden.

- Die Teilzeitselbstständigkeit kann für den Existenzgründer ein Test für eine Vollzeitselbstständigkeit sein. Sie können nach einiger Zeit entscheiden, ob Sie sich vollständig der selbstständigen Tätigkeit widmen wollen oder nicht.

! **ACHTUNG**

Ist eine normale unternehmerische Vollzeittätigkeit nach der Nebenerwerbsgründung geplant, muss bereits bei der Auswahl der Geschäftsidee darauf geachtet werden, dass die Tätigkeit ein ausreichendes Einkommen generieren kann.

- In einer Nebenerwerbsgründung trägt der Existenzgründer weniger Verantwortung. Es werden in der Regel keine Mitarbeiter beschäftigt, was das finanzielle Risiko senkt. Auch vertrauen nicht so viele Kunden dem Unternehmen und müssten bei einer Schließung enttäuscht werden.
- Neben dem Hauptberuf bietet die selbstständige Tätigkeit die Möglichkeit, die Vorstellungen des Gründers zu verwirklichen. Neben der oft als fade empfundenen täglichen Arbeit ist das vielleicht eine gute Abwechslung.
- Durch die selbstständige Nebentätigkeit kann der Unternehmer ein Zusatzeinkommen generieren.

Nachteile:

- Die meistens sehr kleinen Nebenerwerbsgründungen haben es schwer, Kredite und Fördermittel zu bekommen. Dadurch bleiben interessante Geschäftsideen unverwirklicht.
- Eine selbstständige Tätigkeit in einem Heilberuf (z. B. als Physiotherapeut) kann nur dann in Teilzeit begonnen werden, wenn auf die Abrechnung mit den gesetzlichen Krankenkassen verzichtet wird. Die gesetzlichen Krankenkassen schreiben in ihren Bedingungen vor, dass der Praxisinha-

ber den überwiegenden Teil seiner Arbeitszeit für die Patienten erreichbar sein muss.

- Der Gründungsaufwand für kleine Unternehmen ist nicht geringer als der Gründungsaufwand für eine Vollzeitgründung. Die Zeit für die Vorbereitungen und die Kosten für Anmeldungen, Genehmigungen und Informationen bleiben gleich.

- Oft wird die Nebenerwerbsselbstständigkeit damit begründet, dass der Gründer den Zeitaufwand für eine vollständige Gründung scheut. Das gilt nicht für Personen, die noch eine Hauptbeschäftigung haben. Denn bei ihnen kommt es zu einer Doppelbelastung durch die berufliche Tätigkeit und die Selbstständigkeit.

Checkliste Nebenerwerbsgründung

Nicht jede Geschäftsidee und nicht jede persönliche Situation eignet sich für eine Existenzgründung im Nebenerwerb. Stellen Sie fest, ob das für Ihre Idee zutrifft:

1. Ist die Branche bzw. der Inhalt der Geschäftsidee dazu geeignet, auch als Nebentätigkeit Erfolg zu bringen? ☐

2. Ist, falls Sie in einer festen Anstellung beschäftigt sind, Ihr Arbeitgeber mit der selbstständigen Nebentätigkeit einverstanden? ☐

3. Falls Sie arbeitslos sind: Liegt der wöchentliche Zeitaufwand bei weniger als 15 Stunden? Falls nicht, wird das Einkommen aus der selbstständigen Tätigkeit auf das Arbeitslosengeld angerechnet. ☐

4. Wird die Nebenerwerbstätigkeit bei Verlusten vom Finanzamt anerkannt oder besteht die Gefahr, dass die Behörde die Nebentätigkeit als Liebhaberei bewertet? Dann wäre die steuerliche Anrechenbarkeit der Verluste gefährdet. ☐

5. Liegt eine Scheinselbstständigkeit vor? Das ist der Fall, wenn Sie kein eigenes Risiko tragen, nicht frei über Ihre Arbeitskraft verfügen können und wenn Sie die Tätigkeit und Arbeitszeit nicht frei gestalten können. Ein wichtiges Indiz sehen die Sozialbehörden darin, dass der (Schein-)Selbstständige nur für einen Arbeitgeber tätig ist. ☐

Privilegien für Kleinunternehmen

Bei Existenzgründungen im Nebenerwerb handelt es sich in aller Regel um kleine Unternehmen. Kleinunternehmer haben im Steuerrecht einige Privilegien, die der Existenzgründer nutzen kann:

- Unternehmen, deren Umsatz im letzten Kalenderjahr unter 17.500 € lag und deren Umsatz im laufenden Kalenderjahr 50.000 € nicht überschreiten wird, sind von der Umsatzsteuerpflicht befreit. Sie müssen dann auf ihren Rechnungen keine Mehrwertsteuer ausweisen, dürfen aber die gezahlte Umsatzsteuer auch nicht als Vorsteuer abziehen.Sie können für die Umsatzsteuerpflicht optieren und dann sowohl Mehrwertsteuer ausweisen und abführen als auch Vorsteuer verrechnen. Das hat unter zwei Gesichtspunkten Sinn:
  - Wenn bei der Gründung Investitionen angefallen sind, deren Vorsteuer erheblich ist, ist es wirtschaftlich, sie als Vorsteuer sofort vom Finanzamt zurückerstattet zu bekommen. Sonst gehen die gezahlten Umsatzsteuern in den Anschaffungswert über und werden erst mit den Abschreibungen steuerlich wirksam (und das auch nur teilweise).
  - Wenn die Kunden hauptsächlich umsatzsteuerpflichtige Unternehmen sind, dann spielt der Ausweis der Mehrwertsteuer auf Ihrer Rechnung für deren Kosten keine Rolle. Steht auf Ihrer Rechnung dann keine Umsatzsteuer, lässt das gleich auf Ihre Unternehmensgröße schließen.
  Besprechen Sie die Option für die Umsatzsteuer mit Ihrem Steuerberater. Er kann Ihnen entsprechende Auskünfte geben und die Auswirkungen berechnen.
- Unternehmen, deren Umsatz unter 500.000 € pro Jahr liegt und deren Gewinn 50.000 € pro Jahr nicht übersteigt, sind von der Buchführungspflicht befreit. Sie müssen zwar auch einen Gewinn ermitteln, können das aber mit der einfacheren Einnahme-Überschussrechnung tun. Dabei werden die Zahlungsströme der Einnahmen und Ausgaben miteinander verglichen. Das spart die Berechnung und Bewertung von Vorräten, Forderungen und Verbindlichkeiten.

● TIPP

Wenn Ihr Umsatz unter 17.500 € pro Jahr liegt, müssen Sie bzw. Ihr Steuerberater auch nicht das Formular zur Einnahme-Überschussrechnung ausfüllen. Eine einfache, nachvollziehbare Gewinnermittlung reicht dann aus. Das spart Zeit und Kosten.

Weitere Erleichterungen ab 2013

Die Bundesregierung hat ab 2013 noch weitergehende Entlastungen für Kleinstunternehmen in Kraft gesetzt. Das „Gesetz zu Erleichterung für Kleinstkapitalgesellschaften (MicroBilG)" setzt dabei eine EU-Richtlinie um. Es trat am 01.01.2013 in Kraft und sieht vor, dass kleine Kapitalgesellschaften von Berichtspflichten im Zusammenhang mit dem Jahresabschluss befreit werden.

- Betroffen sind Kapitalgesellschaften, die auf zwei aufeinander folgenden Abschlussstichtagen zwei der drei Merkmale nicht überschreiten: 700.000 Euro Umsatzerlöse, 350.000 Euro Bilanzsumme, durchschnittlich 10 beschäftigte Mitarbeiter.
- Die Kleinstunternehmen können auf den Anhang zur Bilanz verzichten, müssen dafür einige Angaben am Schluss der Bilanz machen.
- Die Darstellungstiefe im Jahresabschluss wird reduziert. Das erleichtert die Buchhaltung.
- Die Pflicht zur Offenlegung der Bilanz kann auch durch Hinterlegung erfüllt werden. Interessierte müssen dann kostenpflichtig eine Kopie der Bilanz beantragen.

Wie weit diese Erleichterungen tatsächlich zu Kostenersparnissen führen, muss die Zukunft zeigen.

4.2   Die passende Rechtsform

Unternehmen nehmen am täglichen Leben teil. Sie kaufen ein und müssen ihre Rechnungen bezahlen. Sie verkaufen Produkte und müssen für die dabei gemachten Versprechen einstehen. Sie beschäftigen Menschen und müssen dafür Löhne zahlen. Solange ausreichend Liquidität vorhanden ist, macht sich niemand über die Verantwortung, die dahinter steckt, Gedanken. Doch wer trägt die Verantwortung für das Handeln der Manager und Mitarbeiter eines Unternehmens? Wer muss für die Verpflichtungen aufkommen und in welcher Höhe?

Damit ein Unternehmen überhaupt einen Vertrag abschließen kann, muss es eine rechtliche Persönlichkeit haben. Im Gegensatz zu einem Menschen, der im Rechtsgeschäft eine natürliche Person ist, handelt es sich bei einem Unternehmen um ein von Gesetzen bestimmtes Gebilde, um eine juristische Person. An dieser juristischen Person hängt auch die Beantwortung der Fragen nach der Verantwortung, der Haftung, dem Einfluss und vielem mehr.

> **! ACHTUNG**
>
> Wenn Sie mit Unternehmen Geschäfte machen, sollten Sie wissen, welche juristische Person sich dahinter verbringt. Nur so können Sie richtig abschätzen, wie sicher Ihre Ansprüche im Schadensfall sind. Als Unternehmer tragen Sie die Verantwortung für die Sicherheit Ihres Geschäftes und müssen wichtige Geschäftspartner richtig einschätzen können.

Die für das Unternehmen gewählte Rechtsform bestimmt die juristische Person und damit die Haftung und den Einfluss des Unternehmers. Auch die laufenden Kosten und die Gründungskosten hängen von der Wahl der Rechtsform ab. Es gibt Unterschiede in finanziellen, rechtlichen und in steuerlichen Angelegenheiten.

ARBEITSHILFE
ONLINE

Suchen Sie sich unbedingt die Rechtsform aus, die zu Ihren persönlichen Vorstellungen passt. Berücksichtigen Sie dabei aber auch die Gegebenheiten der Branche, in der Sie tätig werden wollen. Denn auch das Image, das eine Rechtsform bei Ihren Geschäftspartnern hat, bestimmt den Umgang mit Ihrem Unternehmen. Nutzen Sie bei der Auswahl die Übersicht über die wichtigsten Rechtsformen, die Sie am Ende dieses Kapitels und auf unserem Download-Portal „Arbeitshilfen online" finden.

Einen großen Einfluss auf die Rechtsform hat auch die Frage, ob es sich um einen einzelnen Existenzgründer handelt oder um Partner, die zusammen ein Unternehmen aufbauen wollen.

4.2.1 Die Parameter Haftung, Einfluss und Kosten

Die vom Gesetzgeber definierten Rechtsformen unterscheiden sich eindeutig und für den Außenstehenden klar erkennbar in der Höhe der Haftung, die der Unternehmer übernimmt. Von außen nicht deutlich erkennbar ist der Einfluss, den der Selbstständige auf die Belange des Unternehmens nehmen kann. Dabei spielen neben gesetzlichen Vorschriften auch vertragliche Regelungen eine Rolle. Allgemein bekannt dagegen sind wieder die Kosten, die durch die Rechtsform entstehen.

Die Haftung

Auch Unternehmen haften für Schulden und Fehler. Rechnungen von Lieferanten, Mieten, Löhne und Gehälter müssen gezahlt werden. Wie weit muss der Unternehmer haften, wenn sein Unternehmen in Schwierigkeiten gerät und das Betriebsvermögen nicht mehr ausreicht?

- **Haftung vollständig und allein:** Bei Existenzgründungen, die als Einzelunternehmen geführt werden, wird nicht zwischen Mensch und Unternehmen unterschieden. Der Gründer und sein Unternehmen sind rechtlich identisch. Für alle Verpflichtungen des Unternehmens kommt der Gründer alleine auf. Er haftet mit seinem gesamten Vermögen, dem Betriebsvermögen und dem Privatvermögen.

   Die hier zu klärende Frage der Haftung betrifft nicht das Betriebsvermögen eines Unternehmens. Es steht immer als Haftungsmasse für die Befriedigung der Gläubiger zur Verfügung. Geklärt werden muss aber, wie weit sich darüber hinaus die Haftung des Unternehmers erstreckt. Dabei steht zumindest das Eigenkapital zur Debatte, aber auch das gesamte Privatvermögen des Existenzgründers.

   Wenn Sie keine Rechtsform für Ihre Gründung wählen, entsteht automatisch ein Einzelunternehmen mit dem hohen Haftungsrisiko. Nichts zu tun ist also die gefährlichste Möglichkeit. Wer sich bewusst für die vollständige Haftung entscheidet, wird sich der Konsequenzen bewusst sein.

   Einzelunternehmen haben in der Regel ein gutes Image. Mit der Übernahme der vollständigen Haftung auch mit seinem Privatvermögen zeigt der Existenzgründer, dass er zu seiner Idee vollkommenes Vertrauen hat. Außerdem stehen den Banken größere Sicherheiten zur Verfügung. Das ist ein Grund dafür, dass die für den Unternehmer risikostärkste Rechtsform auch die bei Existenzgründern beliebteste ist.

- **Haftung vollständig gemeinsam:** Tun sich mehrere natürliche Personen zusammen, um ein Unternehmen und damit eine juristische Person zu gründen, können sie ebenfalls alle mit ihrem Privatvermögen haften. Einige Rechtsformen, z. B. die OHG (Offene Handelsgesellschaft), sehen eine vollständige Haftung aller Gesellschafter des Unternehmens vor, auch mit ihrem jeweiligen Privatvermögen.

Die Haftung in Personengesellschaften beschränkt sich nicht auf Fehler, die der einzelne Gesellschafter gemacht hat. Jeder Gesellschafter haftete auch für die Fehler der anderen, gleichgültig, wer die Schuld trägt.

Andere Personengesellschaften, z. B. die KG (Kommanditgesellschaft), lassen eine Trennung zwischen vollständig haftenden Gesellschaftern (Vollhaftern), die auch mit ihrem Privatvermögen haften, und teilweise haftenden Gesellschaftern (Teilhaftern), die nur mit ihrer Einlage in die Gesellschaft haften, zu.

- **Haftung eingeschränkt:** Kapitalgesellschaften beschränken die Haftung der Unternehmer auf das ins Unternehmen eingebrachte Haftungskapital. In Kapitalgesellschaften wie der GmbH oder der AG wird die persönliche Haftung der Geschäftsführer und Vorstände immer wichtiger. Kann ihnen ein Fehlverhalten nachgewiesen werden (z. B. bei einer verspäteten Insolvenzanmeldung), haften sie für die dadurch entstandenen Schäden auch mit ihrem Privatvermögen. Das kann besonders Existenzgründer treffen, die gleichzeitig Gesellschafter und Geschäftsführer oder Aktionär und Vorstand sind.

Der unternehmerische Einfluss

Der Existenzgründer will auf die Entwicklung seines Unternehmens Einfluss nehmen. Das wollen aber alle anderen an der Gründung beteiligten Personen (wie z. B. Partner und Geldgeber) auch. Regeln sorgen dafür, dass die Frage nach der Verantwortung und der möglichen Einflussnahme nicht jedes Mal neu geklärt werden muss. Auch diese Regeln sind an die Rechtsform gekoppelt.

- **Vollständiger Einfluss:** Wenn der Gründer das neue Unternehmen alleine aufbaut und keine Partner (d. h. Mitgesellschafter) vorhanden sind, kann er die Geschicke des Unternehmens vollkommen alleine lenken. Er ist nur sich selbst gegenüber verantwortlich.

  Selbst wenn Geldgeber für Eigenkapital gesorgt haben, sie also keine typischen Fremdkapitalgeber wie z. B. Banken sind, und gleichzeitig auf alle Mitspracherechte verzichtet haben, gibt es immer Minderheitenrechte, die der Unternehmer berücksichtigen muss. Die geringste Form der Berücksichtigung besteht in der regelmäßigen Information über die Lage des Unternehmens, auf die selbst Stille Gesellschafter einen Anspruch haben.

- **Geteilter Einfluss:** Sind mehrere Gesellschafter an dem Unternehmen beteiligt, wird auch der Einfluss geteilt. Es gibt Rechtsformen, die unabhängig von den Beteiligungsverhältnissen einen gleichberechtigten Einfluss bestimmen (z. B. GbR). Andere Gesellschaftsformen verteilen den Einfluss so, dass er den Anteilen am Unternehmen entspricht, oder lassen vertragliche Regelungen zu, in denen die Macht der einzelnen Gesellschafter individuell festgelegt werden kann.

  Partner werden in Existenzgründungen so gesucht, dass sie sich fachlich ergänzen. Die Stärke des einen kann die Technik sein, die Stärke des anderen die Unternehmensführung. Dann ist es sinnvoll, die Entscheidungsgewalt so zu verteilen, dass der geeignete Partner den richtigen Einfluss nehmen kann. Besondere Geschäfte (wie z. B. der Kauf und Verkauf von Grundstücken oder die Investition über eine bestimmte Summe) können dann gemeinsam entschieden werden. Vertragliche Regelungen dazu sind notwendig!

- **Kaum Einfluss:** Kaum Einfluss haben Minderheitsgesellschafter, die oft nur ein Informationsrecht haben. In Gesellschafterversammlungen können aber Sperrminoritäten vorhanden sein, die dazu in der Lage sind, bestimmte Geschäfte zu blockieren. Stille Gesellschafter können keinen direkten Einfluss nehmen.

! | **ACHTUNG**

Wichtiger als der Einfluss von Stillen Gesellschaftern oder Minoritätsgesellschaftern sind die Versuche der Fremdkapitalgeber, in das Geschäft des Unternehmens einzugreifen. Banken verlangen für ihre Kredite eine erhebliche Menge an Informationen und werden für den Fall eines Problems auch mit Ratschlägen nicht gerade zurückhaltend sein. Ob sich ein Unternehmer den Einflussnahmeversuchen der Banken verweigern kann, liegt an der individuellen Situation.

Die Kosten

Bei der Gründung und im laufenden Geschäft fallen Kosten an, die von der Rechtsform abhängen. Maßgeblich ist nicht so sehr die Höhe der Kosten, sondern die Bürokratie, die sich dahinter verbirgt.

> ▶ **BEISPIEL**
>
> Ein an der Aktienbörse notiertes Unternehmen muss hohen Ansprüchen an die Berichtspflichten genügen. Quartalsabschlüsse sind zu melden, Abweichungen von den veröffentlichten Plänen müssen in Ad-hoc-Meldungen bekannt gemacht werden. Das verursacht nicht nur Kosten, sondern auch besondere Organisationen, um die Ansprüche sicher und zuverlässig befriedigen zu können. Gerade junge Unternehmen sind durch solche und auch geringere Vorschriften stark belastet.

Je komplexer die rechtlichen Regeln sind, desto höher sind die Kosten. Je differenzierter die Regelungen zur Haftung und zum Einfluss sind, desto komplexer sind die Regeln. Wenn z. B. die Haftung in einer Rechtsform stark beschränkt ist, dann sind die Vorschriften zum Schutz der Gläubiger sehr hoch. Buchführungspflichten, Testate und Veröffentlichungen sind die Folge.

- **Niedrige Komplexität, niedrige Kosten:** Unternehmensformen mit hoher Haftung des Unternehmers und nur wenigen Regeln zur Einflussnahme sind wenig komplex. So entstehen Einzelunternehmen allein durch die geschäftliche Tätigkeit des Gründers, auch wenn die Gewerbeanmeldung noch aussteht oder die Erlaubnis noch fehlt. Auch Gesellschaften mit mehreren Partnern, aber unbeschränkter Haftung brauchen keine hohen Kosten für die Gründung und die laufende Berichterstattung zu fürchten.
- **Mittlere Komplexität, mittlere Kosten:** Wird die Haftung beschränkt und der Einfluss gesetzlich oder vertraglich geregelt, entstehen Vorschriften, die z. B. eine Eintragung ins Handelsregister vorschreiben, eine notarielle Beurkundung des Gesellschaftsvertrages und eine laufende Aufstellung von Bilanzen und anderen Regelwerken.
  Das alles verursacht Kosten, die die Gründung selbst verteuern und auch im laufenden Geschäft anfallen. Für kleine Unternehmen gibt es zum Teil Erleichterungen, die auch von Existenzgründern in Anspruch genommen werden können.
- **Hohe Komplexität, hohe Kosten:** In Abhängigkeit von der Rechtsform und der Größe eines Unternehmens (z. B. AG, große GmbH) kommen noch jährliche Verpflichtungen für die Testate der Bilanz durch Wirtschaftsprüfer und Veröffentlichungspflichten hinzu. Auch das Abhalten von Haupt-

versammlungen (AG) oder Gesellschafterversammlungen (GmbH) ist gesetzlich geregelt.

> **BEISPIEL**
>
> Kapitalgesellschaften müssen ihren Jahresabschluss im elektronischen Bundesanzeiger veröffentlichen. Für eine kleine GmbH gelten vereinfachte Veröffentlichungsregeln, die nicht nur die Kosten senken, sondern auch den Informationsfluss bremsen. Jeder Interessierte (also auch Verhandlungspartner bei Tarifverhandlungen oder Preisvereinbarungen) kann sich Informationen über die wirtschaftliche Lage solcher Unternehmen verschaffen. Durch die Wahl einer Rechtsform aus dem Bereich der Personengesellschaften kann diese Veröffentlichungspflicht vollständig umgangen werden.

4.2.2 Das Einzelunternehmen

Nach Angaben des Statistischen Bundesamtes sind weit mehr als 70 % aller Neugründungen Einzelunternehmen. Gleichzeitig sind weit mehr als 70 % aller gescheiterten Gründungen ebenfalls Einzelunternehmen. Das zeigt sowohl die besondere Bedeutung als auch das besondere Risiko dieser Rechtsform für den Existenzgründer. Eine intensive Untersuchung, ob ein Einzelunternehmen die richtige rechtliche Form ist, scheint angebracht zu sein.

Der Unternehmer

In einem Einzelunternehmen gibt es immer nur einen Unternehmer. Sind mehrere Partner an der Gründung beteiligt, muss eine andere Rechtsform gewählt werden. Wenn es nur einen Unternehmer gibt, ist auch die Frage nach dem Einfluss einfach geklärt. Der Existenzgründer kann alleine bestimmen, was mit dem Unternehmen geschehen soll und wie es arbeitet.

Die Haftung

Wer alleine den Einfluss auf das Unternehmen hat, muss auch alleine haften. Das Besondere daran ist, dass die Haftung nicht mit dem Betriebsvermögen aufhört. Der Besitzer eines Einzelunternehmens haftet immer auch vollständig mit seinem gesamten Privatvermögen. Eine Unterscheidung zwischen betrieblicher und privater Sphäre wird, anders als im Steuerrecht, bei der Haftung nicht gemacht.

! **ACHTUNG**

Bei einem Scheitern der Existenzgründung kann die vollständige Haftung auch schnell das Privatvermögen aufzehren, und damit die private Existenz gefährden.

Wenn Sie sich bei Ihrer Gründung für die Rechtsform des Einzelunternehmens entscheiden, prüfen Sie, wie weit die Haftung auch Ihren Ehepartner betrifft. In Beziehungen ohne Gütertrennung kann schnell das gesamte Familienvermögen verloren gehen. Überlegen Sie vor allem genau, ob Sie Ihrem Partner eine Bürgschaft zumuten wollen, wenn die Bank das verlangt.

Die Formalitäten

Bei der Gründung gibt es keine Formalitäten, das Einzelunternehmen entsteht automatisch, wenn keine andere Rechtsform gewählt wird, mit der Anmeldung beim Gewerbeamt bzw. mit dem Beantragen einer Steuernummer durch einen Freiberufler. Dieser Automatismus kann sich als Haftungsfalle für Existenzgründer, die eine andere Rechtsform gewählt haben, erweisen. Wird das Gewerbe angemeldet, ohne dass die Rechtsform mit Haftungsbeschränkung schon gültig ist, ist der Existenzgründer für eine gewisse Zeit Einzelunternehmer und haftet für die Geschäfte, die er in dieser Zeit tätigt, voll und ganz.

Erfüllt der Einzelunternehmer die Anforderungen an eine Kaufmannseigenschaft, muss auch er sein Unternehmen im Handelsregister eintragen lassen. Laut dem Handelsgesetzbuch (HGB) § 1 gilt:

„Kaufmann ist, wer ein Handelsgewerbe betreibt. Handelsgewerbe ist jeder Gewerbebetrieb, der einen nach Art und Umfang in kaufmännischer Weise eingerichteten Geschäftsbetrieb erfordert."

Freiberufler (also Ärzte, Rechtsanwälte, Architekten usw.) sind keine Kaufleute. Auch für Kleinunternehmen (Umsatz < 500.000 € pro Jahr, Gewinn < 50.000 € pro Jahr) gilt § 1 HGB nicht; sie sind also keine Kaufleute.

TIPP

Es sind keine festen Grenzen definiert, die ein Unternehmen zu einem Handelsgewerbe machen. Ausschlaggebend ist die Gesamtsituation mit der Bedeutung des Unternehmens, der Anzahl der Mitarbeiter usw. Lassen Sie sich von einem Experten (z. B. von einem Steuerberater oder von der IHK) beraten.

Im laufenden Geschäft gibt es keine steuerrechtlichen oder gesellschaftsrechtlichen Anforderungen, die durch die Rechtsform „Einzelunternehmen" bedingt sind. Wenn es sich nicht um ein Kleinunternehmen handelt (Umsatz > 500.000 € pro Jahr, Gewinn > 50.000 € pro Jahr), dann müssen selbstverständlich die Geschäftsbücher geführt werden und ein Jahresabschluss ist aufzustellen.

Von der Veröffentlichung des Jahresabschlusses im Internet bleiben Einzelunternehmen, wie auch Personengesellschaften, verschont. Das spart nicht nur Kosten. Es reduziert auch die Gefahr, dass Dritte mit Zahlen versorgt werden, die sie zu Aktionen gegen das Unternehmen verwenden könnten (z. B. für einen Preiskrieg).

Das Image

Das Einzelunternehmen hat von allen Rechtsformen das beste Image bei Geldgebern, Kunden und anderen Partnern. Durch die hohe Haftung auch mit dem Privatvermögen, steht eine nicht durch Kapitaleinlagen begrenzte Basis für die Begleichung von Schulden zur Verfügung. Wer als Unternehmer diese hohe Haftung akzeptiert und damit ein hohes Risiko eingeht, zeigt Engagement. Das gute Image eines Einzelunternehmens hängt selbstverständlich von der Person ab, die dahinter steht. Hat sie kein Kapital und kein Vermögen, hilft den Gläubigern auch die Haftung mit dem Privatvermögen nichts.

Die typischen Unternehmer

Da es kaum Formalitäten bei der Gründung eines Einzelunternehmens gibt und da kein Mindestkapital verlangt wird, ist diese Rechtsform bei Existenzgründern sehr beliebt. Neu gegründete Unternehmen fallen auch oft unter die Kleinstunternehmerregelungen, sodass hier erheblich Vorteile gegenüber einer Kapitalgesellschaft oder einer Personengesellschaft zu finden sind.

Ganz bewusst wird diese Rechtsform u. a. von Handwerkern gewählt, die damit bei den Kunden gut angesehen sind, oder von Dienstleistern, die nur geringe Investitionen haben, und damit ein geringeres Haftungsrisiko eingehen.

Für eine Existenzgründung in einem Freien Beruf ist die Einzelunternehmung für einen alleinigen Gründer die einzige Möglichkeit, sich unternehmerisch zu engagieren. Kapitalgesellschaften sind für Ärzte, Rechtsanwälte usw. nicht erlaubt oder werden von den Kunden nicht akzeptiert. Für Personengesellschaften benötigt man Partner.

Eine Zusammenfassung

Für die Gründung eines Einzelunternehmens werden sehr geringe Anforderungen gestellt. Das Risiko für den alleinigen Unternehmer ist hoch. Gleichzeitig hat diese Rechtsform ein hohes Image bei den Geschäftspartnern.

4.2.3 Die Personengesellschaften

Finden sich mehrere Personen in einer Existenzgründung zusammen, werden daraus Partner einer Gesellschaft. Wenn in dieser Gesellschaft mindestens eine natürliche Person (also ein Mensch) mit seinem vollständigen Vermögen haftet, entsteht eine Personengesellschaft. Aufgrund der Haftungsverteilung und um den möglichen Einfluss der Gesellschafter zu regeln, sind rechtliche Normen notwendig.

Die Existenzgründer haben grundsätzlich die Möglichkeit, zwischen vier unterschiedlichen Personengesellschaften zu wählen. Das Spektrum reicht von der unkomplizierten Gesellschaft bürgerlichen Rechts bis hin zur komplexeren Kommanditgesellschaft. Auch hier muss die Wahl aufgrund der Haftung und des Einflusses der Gesellschafter auf die Unternehmenspolitik getroffen werden.

Die Gesellschaft bürgerlichen Rechts (GbR)

Die GbR oder auch BGB-Gesellschaft (weil sie nach den Regelungen des Bürgerlichen Gesetzbuchs bewertet wird) ist das Gegenstück zum Einzelunternehmen, wenn der Existenzgründer nicht alleine ist.

- Mehrere Gründer schließen sich zu einer GbR zusammen. Sie sind grundsätzlich gleichberechtigt, was Entscheidungen im und über das Unternehmen anbelangt. Ein Rechtsgeschäft gegenüber Dritten verlangt allerdings die Zustimmung aller Gesellschafter.
- Jeder Gesellschafter in einer GbR haftet vollständig mit seinem gesamten (betrieblichen und privaten) Vermögen. Das gilt auch für Fehler, die andere Gesellschafter machen. Ein Gläubiger der GbR kann sich jeden der Gesellschafter heraussuchen und nur gegen ihn seine Forderung geltend machen. Er nimmt ihn in Gesamthaftung. Die anderen Partner müssen dann rechtlich ihren Anteil daran leisten. Das ist in der Praxis jedoch nicht immer durchsetzbar.
- Eine GbR verursacht nicht zwingend Formalitäten bei der Gründung. Wie das Einzelunternehmen entsteht sie automatisch. Jeder Gesellschafter muss ein eigenes Gewerbe anmelden. Bei Freiberuflern müssen alle Gesellschafter eine eigene Steuernummer beantragen. Eine mündliche Vereinbarung ist als GbR-Vertrag ausreichend. Es ist jedoch dringend zu empfehlen, einen GbR-Vertrag schriftlich aufzusetzen und zu unterschreiben. Professionelle Beratung durch einen Anwalt gibt allen beteiligten Gründern Sicherheit.

! ACHTUNG

Werden in dem GbR-Vertrag Fragen zur Haftung und zur Vertretung der Gesellschaft anders geregelt, als es laut Gesetz üblich ist, gelten diese Vereinbarungen nur im Innenverhältnis unter den Gesellschaftern. Nach außen, also gegenüber Dritten, ist die Vereinbarung ungültig. Schäden daraus müssen die Gesellschafter untereinander ausgleichen.

Während der laufenden Geschäftstätigkeit kommen auf die GbR keine anderen Anforderungen zu als auf ein Einzelunternehmen. Nur muss es eine offizielle Gewinnfeststellung und -verteilung am Jahresende geben.

■ Das Image, das eine GbR bei Geldgebern genießt, ist sehr gut, weil es mehrere Vollhafter gibt. Im täglichen Geschäftsleben wird die GbR als kleines, unwichtiges Unternehmen wahrgenommen, was ja auch manchmal stimmt.

■ Die Gesellschaft bürgerlichen Rechts ist gut geeignet für mehrere Existenzgründer, die gemeinsam ein Kleingewerbe, eine Praxis oder eine Arbeitsgemeinschaft betreiben wollen. Auch viele Angehörige Freier Berufe wählen diese Form der Zusammenarbeit.

TIPP

Schauen Sie sich Ihre Partner genau an, bevor Sie eine GbR gründen. Sie müssen sie genau kennen und ihnen vertrauen. Immerhin haften Sie mit Ihrem Privatvermögen für Fehler, die die GbR und ihre einzelnen Gesellschafter machen.

Partnerschaftsgesellschaft (PartG)

Die Wahrscheinlichkeit beruflicher Fehler und deren finanzielle Auswirkung sind in den Freien Berufen sehr hoch. Ärzte können sich irren, Statiker falsch rechnen, Anwälte falsch beraten. Darum sind viele Zusammenschlüsse von Angehörigen Freier Berufe an der gemeinsamen und vollständigen Haftung aller Gesellschafter gescheitert.

Als Reaktion darauf wurde speziell für die Freiberufler die Partnerschaftsgesellschaft geschaffen. Diese erst wenige Jahre alte Rechtform erfreut sich wachsender Beliebtheit, weil sie ähnlich einfach wie die GbR ist, in der Haftung allerdings spezifische Einschränkungen vorsieht.

■ Eine PartG können nur mehrere Angehörige Freier Berufe bilden. Der Einfluss der einzelnen Partner auf die Gesellschaft ist wie bei der GbR geregelt.

■ In der Haftung gibt es eine besondere Regelung, die genau auf das höhere Risiko der persönlich zuzuordnenden Fehler zugeschnitten ist. Grundsätzlich haften alle Partner gesamtschuldnerisch und persönlich für die Schulden der Gesellschaft. Wenn jedoch Forderungen aus einem fehlerhaft erledigten Auftrag entstehen, mit dem nur einzelne und nicht alle Partner befasst waren, haften dafür nur die an dem entsprechenden Auftrag beteiligten Partner. Jeder Gesellschafter haftet also persönlich für Forderungen aus der unternehmerischen Tätigkeit des Unternehmens. Für persönliche berufliche Fehler haftet nur derjenige auch mit seinem Privatvermögen, der den Fehler zu vertreten hat.

- Das Betriebsvermögen der Partnerschaftsgesellschaft haftet immer voll. Auch die Partner verlieren zumindest das Betriebsvermögen, wenn einer der Gesellschafter für einen Fehler zur Verantwortung gezogen wird.

> ▶ **BEISPIEL**
>
> Ein Auftrag muss klar definiert sein. Es handelt sich z. B. um einen ärztlichen Behandlungsvertrag, das Mandat eines Anwaltes, eine beauftragte Statik für ein Wohnhaus oder einen Beratungsvertrag für eine Existenzgründung. Für nicht gezahlte Gehälter oder Sozialabgaben haften wieder alle Partner vollständig.

- Der Partnerschaftsvertrag muss schriftlich geschlossen werden. Zu seinem Inhalt gibt es detaillierte Vorschriften im Partnerschaftsgesellschaftsgesetz. Die PartG muss notariell beglaubigt und im Partnerschaftsregister eingetragen werden. Für die laufende Geschäftstätigkeit gibt es keine besonderen Anforderungen.
- Das Image der PartG ist gut, weil es für betriebliche Schulden viele Vollhafter gibt. Kunden, die eine Partnerschaftsgesellschaft kaum bewusst wahrnehmen, haben den Vorteil, mit mehreren Fachleuten gleichzeitig zu tun zu haben.
- Die Rechtsform ist nur zulässig für Angehörige Freier Berufe, die sich zur Ausübung ihres Berufes zusammenschließen.

Partnerschaftsgesellschaft mit beschränkter Berufshaftung (PartG mbB)
Die Haftung des Freiberuflers in einer Partnerschaftsgesellschaft ist noch immer unbegrenzt, wenn es sich um einen eigenen Berufsfehler handelt. Das soll aktuell geändert werden. Im Gesetzesverfahren ist derzeit eine Alternative, die eine Haftungsbegrenzung für Berufsfehler auf das Vermögen der Partnerschaftsgesellschaft vorsieht.

Es muss eine Haftpflichtversicherung abgeschlossen werden, die für Berufs-fehler des Freiberuflers haftet. Die Haftungsbeschränkung gilt nur für Forde-rungen aus Berufsfehlern. Andere Forderungen wie z. B. ausstehende Löhne, Gehälter oder Lieferantenrechnungen fallen nicht darunter. Hier gibt es keine Haftungsbeschränkung.

Es ist davon auszugehen, dass die neue Rechtsform ab 2013 möglich ist. Sie ist dann eine Alternative auch zur bisher verwendeten Rechtsform Limited Liability Partnership nach englischem Recht.

Liste Freier Berufe nach § 1 Partnerschaftsgesellschaftsgesetz

Die Freien Berufe haben im allgemeinen auf der Grundlage besonderer beruflicher Qualifikation oder schöpferischer Begabung die persönliche, eigenverantwortliche und fachlich unabhängige Erbringung von Dienstleistungen höherer Art im Interesse der Auftraggeber und der Allgemeinheit zum Inhalt.

Wenn die folgenden Berufe selbständig ausgeführt werden, handelt es sich um Freie Berufe:

Ärzte
Zahnärzte
Tierärzte
Heilpraktiker
Krankengymnasten
Hebammen
Heilmasseure
Diplom-Psychologen
Mitglieder der Rechtsanwaltskammern
Patentanwälte
Wirtschaftsprüfer
Steuerberater
beratenden Volks- und Betriebswirte
vereidigten Buchprüfer (vereidigte Buchrevisoren)
Steuerbevollmächtigten
Ingenieure
Architekten
Handelschemiker
Lotsen
hauptberuflichen Sachverständigen
Journalisten
Bildberichterstatter
Dolmetscher
Übersetzer
Wissenschaftler
Künstler
Schriftsteller
Lehrer
Erzieher

Abb. 1: Liste Freier Berufe im Partnerschaftsgesellschaftsgesetz

Die Offene Handelsgesellschaft (OHG)
Die Offene Handelsgesellschaft ist grundsätzlich eine GbR, die zu groß ist, um nicht ins Handelsregister eingetragen zu werden. Die OHG ist immer auch Kaufmann und kann deshalb nicht von Kleinstunternehmerprivilegien profitieren.

- Mehrere natürliche Personen schließen sich zu einer OHG zusammen. Grundsätzlich haben alle Gesellschafter das Recht, das Unternehmen zu führen. In der Praxis wird es jedoch vertraglich so geregelt, dass nur ein oder wenige Gesellschafter aktiv im Unternehmen arbeiten.

ACHTUNG

Achten Sie darauf, dass diese vertragliche Vereinbarung auch nach außen ganz klar zum Ausdruck kommt. Geschieht das nicht, kann sich ein Dritter unter Umständen darauf berufen, es nicht gewusst zu haben. Dann werden Geschäfte eines nicht berechtigten Gesellschafters auch für die OHG bindend.

- Alle Gesellschafter einer OHG haften für die Verbindlichkeiten des Unternehmens vollständig mit dem Betriebs- und mit dem Privatvermögen. Die Gesellschaftsgründung setzt kein Mindestkapital voraus.
- Die OHG muss ins Handelsregister eingetragen werden. Zur Gründung muss ein Vertrag abgeschlossen werden, dessen Form nicht geregelt ist.

TIPP

Es gibt zwar keine gesetzlichen Vorschriften zum Vertrag über die Gründung einer Offenen Handelsgesellschaft. Es empfiehlt sich aber, einen Juristen, der auf Gesellschaftsrecht spezialisiert ist, hinzuzuziehen. Das kann Ihnen später viel Ärger ersparen.

- Auch bei der OHG ist (wie bei jeder Personengesellschaft) das Image der Gesellschaft gut. Die Gläubiger können auf mehrere Vollhafter zugreifen, wenn die Gesellschaft in Schwierigkeiten gerät.

- Die Rechtsform der OHG ist für größere Existenzgründungen mit mehreren Partnern, die auch unternehmerisch Einfluss nehmen wollen, geeignet.
- Die Haftung der Gesellschafter einer OHG reicht sehr weit. Die Größe des Geschäftes lässt auch erwarten, dass die Risiken groß sein werden. Darum ist die Auswahl der Gesellschafter ein wichtiger Schritt bei der Existenzgründung. In der Regel wird die Offene Handelsgesellschaft für eine Gruppe guter Bekannter oder für eine Familie gewählt, weil hier das Vertrauen sehr groß ist.

Die Kommanditgesellschaft (KG)

Die Rechtsform der Kommanditgesellschaft lässt eine unterschiedliche Verteilung von Haftung und Einfluss auf eine Gruppe von Existenzgründern zu.

- Mehrere natürliche Personen gründen eine Gesellschaft. Einige der Gesellschafter (mindestens einer) ist ein Komplementär (Vollhafter), die anderen Gesellschafter (mindestens einer) ist ein Kommanditist (Teilhafter). Die Kommanditisten sind von der Geschäftsführung des Unternehmens ausgeschlossen. Nur die Komplementäre sind die Unternehmer. Auch sie können vertraglich von der Unternehmensführung ausgeschlossen werden.
- Die Komplementäre einer KG haften vollständig mit dem Betriebs- und dem Privatvermögen. Die Kommanditisten riskieren höchstens ihre Einlage, wenn die Gesellschaft in Schwierigkeiten gerät. Es wird kein Mindestkapital vorgeschrieben.
- Die Kommanditgesellschaft muss in das Handelsregister eingetragen werden. Zur Gründung ist ein formfreier Vertrag notwendig. Auch hier wird dringend die Beteiligung eines Juristen bei der Vertragsformulierung empfohlen.
- Die KG bietet den Gläubigern mindestens eine natürliche Person, die für die Schulden der Gesellschaft vollständig haftet. Ist diese Person solvent, ist das Image der KG bei den Gläubigern sehr gut.
- Die Kommanditgesellschaft eignet sich sehr gut für eine Gruppe von Existenzgründern, in der einige Mitglieder richtige Unternehmer mit hohem Risiko und viel Einfluss sein wollen. Andere Mitglieder wiederum sind lediglich Geldgeber, die aber am Unternehmenswachstum beteiligt sein wollen, um ihr Risiko der Geldanlage bezahlt zu bekommen. Sie unterscheiden sich von typischen Fremdkapitalgebern dadurch, dass

die Kapitaleinlage eines Kommanditisten nicht abgesichert ist und keine Zinsen erwirtschaftet. Belohnt wird das finanzielle Engagement mit einem Gewinnanteil, vor allem aber mit der Wertentwicklung des Anteils, der mit dem Wert des Unternehmens steigt.

> ▶ **BEISPIEL**
>
> Uwe Real will ein Fertigungsunternehmen für die Herstellung von Zulieferteilen für die Automobilindustrie gründen. Dafür benötigt er mehrere Millionen. Das von den Banken gewünschte Eigenkapital in Höhe von 1 Mio. € kann Herr Real nur zur Hälfte selbst aufbringen. Seine zwei Brüder geben jeweils 250.000 € als Kommanditisteneinlage dazu.
> Uwe Real kann die Unternehmensführung alleine wahrnehmen, seine Familie partizipiert am erwarteten Wachstum des Unternehmens. Als Gesellschafter verlieren die Brüder im schlechtesten Fall lediglich ihre jeweils 250.000 €, während Uwe Real auch mit seinem Privatvermögen haftet.

4.2.4 Die Kapitalgesellschaften

Durch die Wahl der Rechtsform einer der Kapitalgesellschaften entsteht bei der Existenzgründung eine neue juristische Person, das Unternehmen. Diese juristische Person haftet mit ihrem gesamten Vermögen (d. h. dem Betriebsvermögen) für die betrieblichen Verbindlichkeiten. Die Haftung der Gesellschafter ist beschränkt auf die Höhe ihrer Kapitaleinlagen.

Wegen der Haftungsbeschränkungen, die von den Gläubigern akzeptiert werden müssen, wenn sie mit einer Kapitalgesellschaft Geschäfte abwickeln, gibt es bei den Kapitalgesellschaften Formalitäten und Vorschriften. Sie bieten den Gläubigern zumindest die Möglichkeit, sich über die rechtlichen Verhältnisse zu informieren und die wirtschaftlichen Verhältnisse richtig einzuschätzen.

Kapitalgesellschaften sind, mit Ausnahme kleiner Unternehmen, verpflichtet, ihre Jahresabschlüsse zu veröffentlichen. Sie werden im elektronischen Bundesanzeiger allen Interessierten zugänglich gemacht. Die Adresse ist: www.bundesanzeiger.de.

Die Gesellschaft mit beschränkter Haftung (GmbH)

Der Name dieser Rechtsform, der auch zumindest mit der Abkürzung GmbH im Unternehmensnamen erscheint, macht klar, worin der Hauptzweck dieser Unternehmensform besteht: der Beschränkung der Haftung.

ARBEITSHILFE
ONLINE

- Eine GmbH wird von einem (Ein-Personen-GmbH) oder mehreren Gesellschaftern gegründet. Die früher vorhandenen Unterschiede zwischen der Ein-Personen-GmbH und einer GmbH mit mehreren Gesellschaftern existieren fast nicht mehr. Die Gesellschafter einer GmbH können, anders als bei Personengesellschaften, auch juristische Personen sein. Also können zwei Unternehmen in der Gesellschaftsform GmbH gemeinsam eine neue GmbH gründen.

- Jede GmbH hat mindestens einen Geschäftsführer, der die Funktion des Unternehmens ausübt und im Namen der Gesellschaft Geschäfte tätigt. Der Geschäftsführer muss eine natürliche Person sein. Er kann gleichzeitig Gesellschafter sein. Ein Muster für einen GmbH-Gesellschaftervertrag finden Sie auf dem Download-Portal zum Buch (Arbeitshilfen online).

- Geschäftsführer einer GmbH kann nicht werden, wer in den letzten 5 Jahren wegen eines der folgenden Delikte verurteilt wurde: Insolvenzverschleppung, Bankrottdelikt, falsche Angaben oder unrichtige Darstellung von Unternehmenstatbeständen oder allgemeine Straftatbestände mit Unternehmensbezug (z. B. Untreue, Unterschlagung oder Betrug).

- Für Schulden und andere Verpflichtungen haftet eine GmbH mit ihrem Betriebsvermögen. Darüber hinaus stehen den Gläubigern keine Mittel mehr zur Verfügung. Das Risiko des Gesellschafters ist damit auf den Verlust seiner Stammkapitaleinlage beschränkt.
Es gibt Situationen, in denen die Gesellschafter einer GmbH trotz der Beschränkung haften müssen. Wenn z. B. ein Verstoß gegen die Regeln zum GmbH-Kapital vorliegt (z. B. unrichtige Bewertung von Sacheinlagen) oder im Falle der Durchgriffshaftung (z. B. wenn kein Geschäftsführer bestellt ist).

- Das Stammkapital einer Gesellschaft mit beschränkter Haftung beträgt mindestens 25.000 €. Davon müssen mindestens 12.500 € eingezahlt sein. Sacheinlagen sind möglich. Die Höhe des Stammkapitals muss dem Umfang des Geschäftes angepasst sein. Sie können nicht mit einem Haftungskapital von 25.000 € ein Unternehmen mit Millionenumsätzen betreiben. Ihre Geschäftspartner werden das nicht akzeptieren. Die neuen Regelungen für eine einfachere GmbH-Gründung mit niedrigerer Anfangshaftung finden Sie im nächsten Kapitel unter der Rechtsform UG (haftungsbeschränkt).

- Die rechtliche Stellung, die Geschäftsführung und die Haftung sind im GmbH-Gesetz geregelt. Dort gibt es weitere Formalitäten, die bei der Gründung berücksichtigt werden müssen und die im laufenden Geschäft anfallen. Zunächst muss die GmbH in das Handelsregister eingetragen werden. Dazu sind notwendig: der Gesellschaftsvertrag, Angaben zum Geschäftsführer, Liste der Gesellschafter mit den Kapitalanteilen, Verträge und Informationen sowie die Wertgutachten zu den Sacheinlagen und eine Versicherung über die geleisteten Einlagen.

! ACHTUNG

Bei der Anmeldung einer GmbH sind bestimmte Fristen für die Entstehung der juristischen Person einzuhalten. Ist der richtige Termin noch nicht erreicht, haften die Gesellschafter für die bis dahin getätigten Geschäfte vollständig, auch mit ihrem Privatvermögen. Lassen Sie sich unbedingt beraten!

Im laufenden Geschäft sind Informationspflichten für Gesellschafter, Gesellschafterversammlungen und Veröffentlichungspflichten zu beachten. Die GmbH ist immer Kaufmann im Sinne des HGB und damit zu Buchführung und Jahresabschlüssen verpflichtet, gleichgültig wie groß das Unternehmen ist.

- Das Image einer GmbH ist bei Fremdkapitalgebern nicht sehr hoch, weil es keine Vollhafter gibt. Dennoch hat sich diese Rechtsform in vielen Branchen durchgesetzt und ist weitgehend akzeptiert. Das Verhältnis von Haftungskapital und Geschäftsvolumen muss allerdings passen.

! ACHTUNG

Die Banken werden bei der Vergabe von Krediten an eine GmbH noch mehr auf Sicherheiten bestehen als bei einer Personengesellschaft. Oft kommen diese Sicherheiten dann aus dem Privatbereich eines Gesellschafters, indem er z. B. sein Wohnhaus als Sicherheit hergibt. Damit ist die Aufgabe der Haftungsbeschränkung nicht mehr erfüllt. Leider ist in der Praxis eine solche Vergabe von privaten Sicherheiten durchaus üblich. Prüfen Sie das genau!

- Die GmbH ist die richtige Rechtsform für Existenzgründer, die ihre Haftung begrenzen wollen und dazu bereit sind, die dafür notwendigen Formalitäten zu erfüllen.

Die haftungsbeschränkte Unternehmergesellschaft (UG (haftungsbeschränkt))

Die haftungsbeschränkte Unternehmergesellschaft ist keine eigene Rechtsform, sondern eine Sonderform der GmbH. Die Regelungen dazu finden sich auch im GmbH-Gesetz. Es handelt sich um eine GmbH mit Erleichterungen in der Mindestkapitalhöhe und bei den Gründungsformalitäten. Die UG (haftungsbeschränkt) wurde als Reaktion auf die zunehmende Verwendung der englischen Limited auch für deutsche Unternehmensgründungen entwickelt. Diese englische Rechtsform bot gegenüber der alten GmbH einige Vorteile. Die Nachteile und Risiken der ausländischen Rechtsform wurden übersehen. Ausführlich werden wir das im folgenden Kapitel über die Limited besprechen.

- Das Mindestkapital der UG (haftungsbeschränkt) beträgt 1 €. Das gewählte Kapital muss vor der Anmeldung zum Handelsregistereintrag vollständig bar eingezahlt werden. Sacheinlagen sind nicht möglich. Vom Gewinn der Gesellschaft werden jährlich 25 % einbehalten und in eine gesetzliche Rückstellung eingeführt, bis das Mindestkapital der GmbH von 25.000 € erreicht ist. Dafür gibt es keine zeitliche Begrenzung. Nach Erreichen des GmbH-Mindestkapitals kann das Kapital der UG (haftungsbeschränkt) auf mindestens 25.000 € erhöht werden. Der Name kann dann auch in eine GmbH geändert werden.

! **ACHTUNG**

Wer versucht, den jährlichen Gewinn und damit die in die Rückstellung einzustellenden 25 % des Gewinns zu reduzieren, indem er z. B. das Geschäftsführergehalt unangemessen erhöht, macht sich strafbar.

- Das GmbH-Gesetz enthält im Anhang zwei Musterprotokolle für eine vereinfachte Anmeldung der UG (haftungsbeschränkt) beim Handelsregister. Diese Protokolle enthalten jeweils einen Gesellschaftsvertrag, die Bestellung des Geschäftsführers und die Gesellschafterliste. Ein Protokoll ist geeignet für die Gründung einer Ein-Personen-Gesellschaft, das andere Protokoll kann für maximal drei Gesellschafter verwendet werden. Diese Musterprotokolle beschleunigen und verbilligen die Anmeldung, weil der Notar die Verträge nicht mehr entwickeln muss.

ARBEITSHILFE
ONLINE

  Auch wenn Sie bei Ihrer Gründung mehr als drei zukünftige Gesellschafter sind, können Sie eine haftungsbeschränkte Unternehmergesellschaft gründen. Sie können dann zwar nicht mehr das Musterprotokoll verwenden, Sie können es aber als Vorlage für einen individuellen Vertrag nehmen. Die Musterprotokolle finden Sie auch bei den Arbeitshilfen online.

- Die UG (haftungsbeschränkt) ist trotz des sperrigen Titels, der auch im Unternehmensnamen auftauchen muss, gut geeignet für die Gründung einer haftungsbeschränkten Gesellschaft, die schnell und preiswert mit wenig Kapital durchgeführt werden soll.

- Die haftungsbeschränkte Unternehmergesellschaft ist eine GmbH. Die laufenden Formalitäten (Buchführung, Jahresabschluss, Gesellschafterversammlung usw.) müssen auch von Unternehmen mit dieser Gesellschaftsform erledigt werden.

Die Limited

In der EU gilt Niederlassungsfreiheit auch für juristische Personen. Damit kann eine Gesellschaft nach englischem Recht eine Zweigniederlassung in Deutschland errichten und darin unternehmerisch tätig werden. Das nutzen findige Existenzgründer, um eine Rechtsform aus England zu wählen. Die Limited (private company limited by shares)

- verspricht mit einem Mindesthaftungskapital von einem Britischen Pfund eine besonders komfortable und risikolose Haftung und

- kann besonders schnell und kostengünstig gegründet werden, weil sie nicht sehr komplex ist.

Das hat dazu geführt, dass viele kleine Unternehmen (z. B. aus der Branche der Fensterreinigung, des Bewachungsgewerbes oder auch aus dem Handwerksbereich) mit dieser Rechtsform gegründet wurden. Es lohnt sich also, sich mit dieser englischen Rechtsform zu beschäftigen.

! **ACHTUNG**

Obwohl die deutsche GmbH 2008 aufgrund des Erfolges der Limited durch die Sonderform der haftungsbeschränkten Unternehmergesellschaft den Erfordernissen einer schnellen und kostengünstigen Gründung angepasst wurde, finden sich in den Unterlagen der Nutznießer einer Gründung in England noch immer nur die Vergleichswerte zur typischen GmbH. Wenn die Unterlagen eines Beraters zur Limited noch keine Hinweise auf die neuen Entwicklungen enthalten, sollten Sie sehr skeptisch sein. Dann will der Berater nur das Geschäft abschließen und nicht korrekt beraten.

Vorteile:

- Die Haftung ist mit mindestens einem britischen Pfund besonders niedrig. Das Haftungskapital muss eingezahlt sein, damit die Limited gegründet werden kann. Sacheinlagen sind möglich.
- Für die Gründung einer Limited reicht ein einfacher Antrag beim zentralen englischen Gesellschaftsregister (Companies House). Der Antrag wird in der Regel genehmigt, wenn kein Rückweisungsgrund vorliegt.

Nachteile:

- Wegen der besonders niedrigen Haftung hat diese Rechtsform bei deutschen Geldgebern einen besonders schlechten Ruf. Es wird ohne zusätzliche Sicherheiten aus dem Privatbereich des Gründers keinen Kredit geben.
- Das englische Recht schreibt einen postalisch erreichbaren Sitz in England vor. Einen solchen bieten entsprechende Dienstleister gegen eine Gebühr von 200–300 Britischen Pfund pro Jahr an.
- Der Jahresabschluss muss nach englischem Handelsrecht aufgestellt werden. Ob auch Abschlüsse nach deutschem Recht möglich sind, ist rechtlich noch nicht abschließend geklärt. Auf jeden Fall muss der Jahresabschluss in englischer Sprache abgefasst sein.

- Einmal pro Jahr muss der Bericht mit Jahresabschluss beim Companies House hinterlegt werden. Andere Hinterlegungspflichten kommen auf die Gesellschaft zu.
- Auch für das Erstellen des englischen Abschlusses und das Hinterlegen verschiedener Unterlagen gibt es Dienstleister, die das aus Deutschland für den Director der Limited (entspricht dem Geschäftsführer) übernehmen. Die Kosten betragen auch hier ca. 200–300 Pfund pro Jahr. Von der Zuverlässigkeit und Qualität des Dienstleisters kann der Bestand der Gesellschaft abhängen.
- Im Zweifel (wenn z. B. eine Klage in England eingereicht wird) müssen alle Unterlagen (Allgemeine Geschäftsbedingungen, Verkaufsprospekte, Angebote usw.) in englischer Sprache vorgelegt werden.
- Es gibt keine steuerlichen oder rechtlichen Vorteile. Die Limited muss für in Deutschland erzielte Gewinne in Deutschland und nach deutschem Recht Steuern zahlen. Für die Tätigkeit in Deutschland müssen alle üblichen Anforderungen und Genehmigungen erfüllt sein. Die Limited kann in Deutschland verklagt werden.

! **ACHTUNG: Haftungsfalle!**

Wenn die strengen Hinterlegungs- und Meldepflichten in England für die Gesellschaft nicht pünktlich und korrekt erfüllt werden, kann das Companies House die Limited aus dem Register löschen. Damit entfällt auch die Haftungsbeschränkung, die Gesellschafter haften in diesem Fall unbeschränkt auch mit ihrem Privatvermögen.

Die englische Rechtsform der Limited sollte nur dann für eine Existenzgründung gewählt werden, wenn der Gründer international erfahren ist und ein international tätiges Unternehmen aufbauen will. Eine vernünftige Ausstattung der Gesellschaft mit Haftungskapital ist auch dann noch notwendig.

Der GmbH-Geschäftsführer

Jede GmbH muss einen Geschäftsführer haben. Er ist ein notwendiges Organ der Gesellschaft mit beschränkter Haftung. Damit kann ein Geschäftsführer, der allein für eine Gesellschaft berufen ist, nur dann abberufen werden, wenn gleichzeitig ein neuer Geschäftsführer berufen wird. Darum sollten immer mindestens zwei Geschäftsführer berufen sein, auch wenn der eine nur als

Sicherheit dient. Er kann aus dem Kreis der Gesellschafter stammen und die Geschäftsführung solange übernehmen, bis ein neuer vertrauensvoller Geschäftsführer gefunden wurde.

Der Geschäftsführer wird durch die Gesellschafterversammlung berufen und erhält einen Dienstvertrag. Da er eine besondere Stellung in der GmbH einnimmt, ist er zwar ein Angestellter der Gesellschaft, für ihn gelten aber viele Schutzrechte (wie z. B. die Arbeitszeitordnung, der Kündigungsschutz oder das Betriebsverfassungsgesetz) nicht.

In einer Ein-Personen-GmbH ist der einzige Gesellschafter auch gleichzeitig Geschäftsführer. Damit ist er Angestellter seiner eigenen Gesellschaft.

Nicht jeder kann Geschäftsführer werden. Er muss sowohl rechtliche als auch satzungsbedingte Voraussetzungen erfüllen:

- Ein Geschäftsführer muss eine voll rechtsfähige natürliche Person sein.
- In den letzten 5 Jahren darf ein Geschäftsführer nicht wegen besonderer Delikte (z. B. Insolvenzverschleppung, Betrug, Untreue) verurteilt worden sein.
- Der Geschäftsführer darf keinem Gewerbe- oder Berufsverbot unterliegen, das mit dem Unternehmensgegenstand der GmbH verbunden ist.

▶ BEISPIEL

Wurde gegenüber einem Pferdezüchter wegen Vorstoßes gegen das Tierschutzgesetz ein Verbot der Tierhaltung ausgesprochen, kann er eine GmbH gründen, die diese Arbeit fortführt. Er selbst darf aber nicht Geschäftsführer werden, weil er einem Berufsverbot unterliegt. Er muss sich einen Geschäftsführer suchen, der keine solchen Beschränkungen hat.

Wenn gesetzliche Voraussetzungen bei der Berufung des Geschäftsführers unerfüllt bleiben, ist die Berufung nichtig. Alle geschäftlichen Handlungen des fehlerhaft berufenen Geschäftsführers sind nichtig. War nur ein Geschäftsführer berufen, kann es zu einer Haftung der Gesellschafter gegenüber Dritten kommen, auch mit dem Privatvermögen.

In der Satzung einer GmbH können bestimmte Regeln für die Geschäftsführerwahl festgehalten werden. Diese Regeln sind rechtlich bindend. Die Satzung einer GmbH kann z. B. festlegen, dass zumindest ein Geschäftsführer aus der Familie eines Gesellschafters stammen muss.

Der Geschäftsführer muss bei seinen Handlungen für die GmbH die „Sorgfalt eines ordentlichen Geschäftsmannes" walten lassen. Tut er das nicht, haftet er für Schäden, die daraus entstehen. Er haftet auch für Fehler seiner Erfüllungsgehilfen, also z. B. der Mitarbeiter und anderer beauftragter Personen. Kann er nachweisen, dass seine Auswahl entsprechend sorgfältig und seine Überwachung ausreichend war, entfällt die Haftung.

Ein GmbH-Geschäftsführer haftet sowohl gegenüber der GmbH, als auch gegenüber den Gesellschaftern und gegenüber Dritten. Das gilt für eine ganze Reihe von Fehlverhalten, z. B.

- Eingehen unangemessener Risiken,

▶ BEISPIEL

Walter Stein ist Geschäftsführer der Wasser GmbH. Er hat liquide Mittel in Höhe von 200.000 € nicht wie üblich als Festgeld angelegt, sondern in hoch riskanten Zertifikaten einer ausländischen Bank. Im Rahmen der Insolvenz der Bank ist das Geld verloren gegangen. Jetzt muss er der GmbH das Geld ersetzen.

- falsche Beratung von Gesellschaftern oder Beiräten,
- nicht ausreichende Überwachung von Mitarbeitern,
- Insolvenzantrag verfrüht gestellt,
- Insolvenzantrag verspätet gestellt,
- Angaben in einem Verkaufsprospekt falsch,
- Aufnahme neuer Kredite trotz Überschuldung der GmbH,
- Produkthaftungsfälle, die eine Körperverletzung verursacht haben, nicht verhindert,
- Verstöße gegen das Umwelthaftungsgesetz nicht verhindert.

Das ist nur eine kleine Auswahl von Haftungsgründen. Viele Gesetze (Datenschutz, Umwelthaftung, Produkthaftung etc.) nehmen den verantwortlichen Geschäftsführer direkt in die Haftung. Ansprüche der Gesellschafter gegen die Geschäftsführer werden immer häufiger. Die Haftung geht bis in das Privatvermögen des Geschäftsführers. Er haftet auch für Geschäftsführerkollegen, wenn die Zuständigkeitsverteilung nicht schriftlich erfolgt ist und der Überwachungspflicht nicht ausreichend nachgekommen wurde. Beweispflichtig ist der Geschäftsführer.

TIPP

Um die Risiken des Geschäftsführers zu minimieren, kann die Gesellschaft eine Versicherung abschließen. Diese D&O-Versicherung zahlt im Falle eines Fehlverhaltens von Geschäftsführern und anderen Managern. Sie verursacht allerdings einen hohen Verwaltungsaufwand und hohe Kosten.

Weitere Kapitalgesellschaften

Neben der GmbH gibt es eine weitere Kapitalgesellschaft in deutscher Rechtsform, die Aktiengesellschaft (AG). Trotz der Schaffung einer Rechtsform mit dem Namen „Kleine Aktiengesellschaft" sind die Hürden für kleine Unternehmen wirtschaftlich kaum zu überwinden. Deshalb ist die AG als Rechtsform bei Existenzgründern nur selten zu finden.

- Die Aktiengesellschaft gibt zur Kapitalbeschaffung Anteilsscheine, die Aktien heraus. Aktien sind in der Regel frei handelbar und können weit gestreut sein. Die Aktien einer Gesellschaft müssen nicht an der Börse gehandelt werden. Aktien der Kleinen AG werden sogar grundsätzlich nicht an einer Börse notiert. Der Handel kann auch auf anderer Ebene erfolgen.
- Die Aktionäre haben starke Rechte zur Information über die Lage des Unternehmens.
- Der Vorstand, der von der Aktionärsversammlung berufen wird, führt die Geschäfte der AG (vergleichbar mit einem Geschäftsführer).
- Zusätzlich hat die AG ein weiteres Organ: den Aufsichtsrat. Dieser soll die Arbeit des Vorstandes kontrollieren und unterstützen. Er gibt einen Bericht über seine Arbeit in der Aktionärsversammlung.

- Das Mindestkapital beträgt selbst bei einer Kleinen AG 50.000 €.
- Der Vorteil einer AG liegt in der einfacheren Kapitalbeschaffung. Die Aktien können weit gestreut werden und geben auch kleinen Anlegern die Möglichkeit, sich unternehmerisch zu engagieren.

Eine Mischform zwischen Personen- und Kapitalgesellschaft ist die GmbH und Co. KG. Dabei handelt es sich um eine Kommanditgesellschaft, deren Komplementär eine GmbH ist. Der Vollhafter der KG haftet also nur beschränkt. Das macht die Rechtsform zumindest hinsichtlich des Gesichtspunkts der Haftung zu einer Kapitalgesellschaft.

Die Geschäftsführung der GmbH und Co. KG, die in einer reinen Kommanditgesellschaft von den Komplementären erledigt wird, wird hier von den Geschäftsführern der GmbH, die als Vollhafter agiert, wahrgenommen. Trotz begrenzter Haftung können die Kommanditisten mit ihren Kapitalanteilen am Unternehmen beteiligt werden. Bei Existenzgründungen findet sich die GmbH & Co. KG nur selten.

4.2.5 Der Name des Unternehmens

Das neue Kind des Existenzgründers braucht einen Namen, denn Unternehmen sind auch Persönlichkeiten. Besonders die juristischen Personen müssen eindeutig und schnell identifiziert werden können. Der Name des Unternehmens kann nicht frei gewählt werden, er muss mehreren Ansprüchen genügen:

- Der Unternehmensname muss so beschaffen sein, dass der Kunde ihn möglichst nicht vergisst und weiter mit der Leistung des Unternehmens in Verbindung bringt. Die richtige Lösung für diesen Anspruch zu finden, ist nicht ganz einfach. Es gibt Marketingexperten, die sich nur mit der Entwicklung von Unternehmensnamen beschäftigen.
- Der Aufbau eines Images kostet Zeit und Geld. Damit kein anderer die Früchte Ihrer Arbeit ernten kann, sind Unternehmensnamen geschützt. Neue Unternehmen müssen bei der Wahl des Namens darauf achten, diesen Schutz anderer nicht zu verletzen, und gleichzeitig für sich selbst einen neuen Schutz aufbauen.

- Nicht zuletzt müssen die Namen der Unternehmen rechtlichen Forderungen genügen. Je nach Rechtsform kann und muss der Name nach besonderen Vorschriften gewählt werden.

▶ **BEISPIEL**

Wie schwer es ist, einen Namen für ein Unternehmen zu finden, der nicht gegen Schutzrechte und Gesetze verstößt, zeigt die zunehmende Zahl von Fantasienamen selbst für große Unternehmen. So nennt sich die frühere Ruhrkohle AG jetzt Evonic, der Karstadt-Konzern hatte seine Muttergesellschaft in Arcandor umbenannt.

Rechtliche Vorschriften für die Namensgestaltung gibt es für jede der unterschiedlichen Rechtsformen. Diese Vorschriften sollte der Existenzgründer kennen, bevor er sich Gedanken über den Namen seines Unternehmens macht. Dann kann er bereits von Anfang an die richtige Wahl treffen.

Kleingewerbetreibende
Kleingewerbetreibende sind Einzelunternehmer, die nicht im Handelsregister eingetragen sind. Sie sind stark mit dem Unternehmer verbunden, was auch der Name zeigen muss.

- Der Name eines solchen Unternehmens muss den bürgerlichen Namen des Unternehmers beinhalten, und zwar sowohl die Vor- als auch den Zunamen.
- Mindestens ein Vorname muss ausgeschrieben werden.
- Zusätze mit Tätigkeitsangaben oder Fantasiebezeichnungen sind möglich. Ohne den Namen des Unternehmens dürfen diese jedoch nur in der Werbung verwendet werden.
- Zusätze zum Namen dürfen nicht irreführend sein. So darf z. B. nicht der Ortsname hinzugefügt werden, weil sonst der Eindruck entsteht, das Unternehmen sei in der Branche das einzige am Ort.

▶ **BEISPIEL**

Nadine Mercy will sich mit einer Änderungsschneiderei selbstständig machen. Sie möchte ihr Geschäft „Die flotte Nadel" nennen. Das darf Sie, solange der volle Name lautet: Nadine Mercy „Die flotte Nadel". In der Werbung darf sie Ihr Geschäft nur „Die flotte Nadel" nennen, auf Briefbögen, in Verträgen usw. muss sie jedoch den vollen Namen angeben.

Freiberufler

Allein arbeitende Freiberufler müssen ebenfalls ihren persönlichen Namen im Unternehmensnamen führen. Es reicht allerdings der Nachname. Zusätze sind wie beim gewerblichen Einzelunternehmen möglich.

► **BEISPIELE**

Beispiele dafür, wie einzelne Freiberufler ihr Unternehmen nennen können, sind:

- Karola Hennen, Rechtsanwältin
- Schöne Künste Weberding
- Physiotherapie am Markt, Karl Lämmermann

Die GbR

Die GbR ist praktisch ein Zusammenschluss mehrere Einzelunternehmen und wird nicht ins Handelsregister eingetragen. Das zeigt sich auch in den Vorschriften zum Namen der Gesellschaft.

- Der offizielle Name einer GbR enthält die Vor- und Zunamen mit mindestens einem ausgeschriebenen Vornamen aller Gesellschafter. Da alle Gesellschafter vollständig haften, soll der Geschäftspartner diese auch im Namen der Gesellschaft erkennen können.
- Zusätze, wie sie oben bereits beschrieben wurden, sind erlaubt.
- Die Rechtsform muss durch Hinzufügen der Rechtsformbezeichnung (auch als Abkürzung GbR) erkennbar sein.

► **BEISPIELE**

Der korrekte Namen einer GbR könnte demnach wie folgt lauten:

- Johann Meier, Ursula Meier, Immobilienverwaltung GbR
- Paul Paulsen, Karl Carlsen, Otto Ottosen GbR
- Veranstaltungsservice Mario Winter und Klara Sommer GbR

Partnerschaftsgesellschaft (PartG)

Die Partnerschaftsgesellschaft als GbR der Freien Berufe unterliegt ähnlichen Vorschriften wie die GbR.

- Die Vor- und Zunamen aller Partner müssen angegeben werden.
- Ein Zusatz ist möglich, wenn die obigen Bedingungen eingehalten werden.
- Der Zusatz PartG macht deutlich, welche Rechtsform gewählt wurde.

Die Partnerschaftsgesellschaft wird im Namen oft mit dem Zusatz „Partner", „Partnerschaft" o. Ä. versehen. Diese Ausdrücke sind für die Rechtsform PartG reserviert. Eine GbR, eine GmbH oder eine andere Gesellschaft darf diese Zusätze nicht verwenden.

▶ **BEISPIELE**

Partnerschaftsgesellschaften könnten sich folgendermaßen nennen:
- Ärztehaus Dr. Karl Abraham, Dr. Werner Werners PartG
- Klaus Winter, Karl Sommer Partner Rechtsanwälte PartG
- Planbau PartG Rainer Zell, Olga Frist, Architekten

Alle im Handelsregister eingetragenen Unternehmen

Für alle anderen Unternehmen gibt es gemeinsame, teilweise weniger restriktive Vorschriften für die Namensgebung:

- Es besteht eine freie Namenswahl. Die Angabe des Namens einer natürlichen Person ist nicht notwendig.
- Fantasienamen sind erlaubt.
- Die Rechtsform muss aus dem Namen eindeutig ersichtlich sein. Im GmbH-Typ der haftungsbeschränkten Gesellschaft darf das Wort „haftungsbeschränkt" auf keinen Fall abgekürzt werden. In allen anderen Fällen können auch übliche Abkürzungen gewählt werden.

Während ein Einzelunternehmen den gleiche Namen wie ein Mitbewerber vor Ort haben kann (dann nämlich, wenn beide Unternehmer gleich heißen), darf das bei den Namen für Unternehmen, die ins Handelsregister eingetragen werden müssen, nicht geschehen. Für den Bezirk des Handelsregisters muss die Einmaligkeit und Unverwechselbarkeit des Unternehmensnamen gegeben sein. Das wird bei der Anmeldung zum Register geprüft.

▶ **BEISPIELE**

Hier verschiedene Beispiele für unterschiedliche Rechtsformen. Der im Handelsregister eingetragene Einzelunternehmer muss sein Unternehmen entsprechend kennzeichnen:

- Werner Meier e. K. (für eingetragener Kaufmann)
- Werner Meier eingetr. Kfm.
- Ursula Meier eingetr. Kfr.

Die anderen Rechtsformen müssen ihre rechtliche Stellung ebenfalls im Namen führen:

- Baustoffhandel GmbH
- Großburg OHG
- History AG
- Maschinenbaugesellschaft mbH
- Werner und Söhne KG
- Mondflug GmbH & Co. KG

Der Schutz des Namens

In vielen Branchen wirkt der Name eines Unternehmens wie eine Marke. Auch um die Kunden und andere Geschäftspartner vor Verwechselungen zu schützen, unterliegt der Unternehmensname besonderen Vorschriften.

! **ACHTUNG**

Wird ein Einzelunternehmen nur nach seinem Inhaber benannt, also nur der Name des Unternehmers angeführt, gelten die Schutzbestimmungen nicht. Unter seinem eigenen Namen kann jeder am Geschäftsleben teilnehmen.

Ein Unternehmensname muss im Ort oder in der Gemeinde unverwechselbar sein. Das gilt auch für überregional tätige Unternehmen im eigenen Tätigkeitsbereich. Allerdings können in neuen Tätigkeitsbereichen bereits alteingesessene Unternehmen mit dem gleichen oder einem ähnlichen Namen existieren. Bei der Eintragung ins Handelsregister wird diese Voraussetzung geprüft. Der Namensschutz gilt immer nur soweit, wie der Name bekannt ist.

Diese Vorschrift führt zu einem Ergebnis, das für viele Unternehmen unbefriedigend ist. Mögliche Regionen, in denen später das Geschäft aufgenommen werden soll, sind nicht geschützt. Auch werden häufig gleiche oder ähnliche Namen in unterschiedlichen Branchen nicht beanstandet. Wenn Sie einen guten Schutz haben wollen, müssen Sie aktiv werden.

Der Name von Unternehmen kann als Marke beim Deutschen Patent- und Markenamt eingetragen werden. Das Amt prüft sehr genau, ob gleiche oder ähnliche Namen bereits existieren. Der Vorgang ist zeit- und kostenintensiv. Der geschützte Name muss im Schutzgebiet auch genutzt werden, damit die durch die Anmeldung erworbenen Rechte nicht verloren gehen.

Übersicht Rechtsformen

ARBEITSHILFE
ONLINE

Für eine sichere Wahl der optimalen Rechtsform sind genaue Überlegungen notwendig. Der Expertenrat von Rechtsanwälten oder Steuerberatern sollte herangezogen werden. Die wichtigsten Kriterien sind in der folgenden Übersicht zusammengefasst, die Sie auch bei den Arbeitshilfen online finden.

Übersicht Rechtsformen

	Einzel-unternehmen	Gesellschaft bürgerlichen Rechts	Partnerschafts-gesellschaft	Offene Handels-gesellschaft	Kommandit-gesellschaft
Abkürzung	keine	GbR	PartG	OHG	KG
Personen- oder Kapitalgesell-schaft	keine	Personengesellschaft	Personengesellschaft	Personengesellschaft	Personengesellschaft
Anzahl Gründer	genau 1	mindestens 2	mindestens 2	mindestens 2	mindestens 2
Haftung	unbegrenz	tunbegrenzt	unbegrenzt für eigene Fehler, begrenzt für Fehler der Partner	unbegrenzt	unbegrenzt für Komplemntäre, begrenzt für Kommanditisten
Geschäfts-führung	Unternehmer	alle Gesellschafter	alle Partneralle	Gesellschafter	Komplementäre
Eintrag in Handelsregister	nein, wenn unterhalb bestimtmer Größen	Nein	Partnerschaftregister	Ja	Ja
Formalitäten	wenig	kaum	kaum	wenig	wenig
Image	gut	gut	gut	gut	gut
Unternehmens-name	Vor- und Zuname des Unternehmers	Vor- und Zuname der Gesellschafter + Rechtsform	Vor- und Zuname der Partner + Rechtsform	Fantasiename + Rechtsform	Fantasiename + Rechtsform
	Gesellschaft mit beschränkter Haftung	Unternehmerge-sellschaft (haf-tungsbeschränkt)	Limited	Aktiengesellschaft	
Abkürzung	GmbH	UG (haftungsbeschränkt)	Ltd.	AG	
Personen- oder Kapitalgesell-schaft	Kapitalgesellschaft	Kapitalgesellschaft	Kapitalgesellschaft	Kapitalgesellschaft	
Anzahl Gründer	1 oder mehrere	1 oder mehrere	1 oder mehrere	mindestens 2	
Haftung	begrenzt	begrenzt	begrenzt	begrenzt	
Geschäfts-führung	Geschäftsführer	Geschäftsführer	Director	Vorstand	
Eintrag in Handelsregister	Ja	Ja	onglisches Gesellschaftsregister	Ja	
Formalitäten	viele	viele	komplex	komplex	
Image	akzeptiert	noch neu	schlecht	akzeptiert	
Unternehmens-name	Fantasiename + Rechtsform	Fantasiename + Rechtsform mit "haftungsbeschränkt"	Fantasiename + Rechtsform	Fantasiename + Rechtsform	

Abb. 2: Übersicht Rechtsformen

5 Der Gründungsstart

Nun ist es endlich soweit. Nach gründlicher Überlegung und Prüfung, Klärung der Finanzen, Wahl der Rechtsform und des Namens des Unternehmens geht es los. Durch die Anmeldung des Unternehmens schafft der Existenzgründer Fakten und geht Verpflichtungen ein. Das erste Geld wird ausgegeben, um die Unternehmenseinrichtung zu kaufen, und eventuell werden Mitarbeiter eingestellt.

Der große Tag im Leben des Gründers kommt schneller als gedacht: die Eröffnung. Doch danach ist es noch ein langer Weg bis zum regelmäßigen Geschäftsbetrieb.

> **TIPP**
>
> Stellen Sie jetzt einen detaillierten Zeitplan für die Gründung auf und achten Sie darauf, dass Sie die vorgegebenen Termine einhalten. So vergessen Sie nichts, können auf Verzögerungen rechtzeitig reagieren und vermeiden unnötigen Zeitdruck.

5.1 Anmeldungen und Genehmigungen

Je nach Geschäftsinhalt sind unterschiedliche Anmeldungen und Genehmigungen erforderlich. Einige Tätigkeiten verlangen bestimmte Ausbildungen und Prüfungen. Im Normalfall sollten diese Voraussetzungen schon zu Beginn der Gründungsphase abgeschlossen sein. Was notwendig ist und ob die Anforderungen erfüllt sind, muss der Existenzgründer frühzeitig prüfen, sonst kann es zu bösen Überraschungen kommen.

> **BEISPIEL**
>
> Claudia Roth hat drei Jahre und viel Geld in ihre Ausbildung zur Heilpraktikerin investiert. Direkt nach der bestandenen Prüfung hat Frau Roth Praxisräume angemietet und zum Teil auch eingerichtet. Erst dann hat sie

Kontakt zu dem für sie zuständigen Gesundheitsamt aufgenommen, um ihr Vorhaben anzuzeigen.

Dort hat man ihr die Genehmigung verweigert. Die Zahl der im Ort ansässigen Heilpraktiker sei bereits zu hoch. Außerdem würden die Lage und die Ausrichtung der geplanten Praxis nicht den Vorschriften entsprechen. Da Frau Roth aus familiären Gründen nicht in eine andere Stadt umziehen und dort als Heilpraktikerin tätig werden konnte, war nicht nur der überflüssige Mietvertrag eine Belastung, auch die investierte Zeit war verloren. Der rechtzeitige Kontakt zur zuständigen Stelle hätte ihr Kosten und Ärger erspart.

In Personengesellschaften müssen die notwendigen fachlichen und rechtlichen Voraussetzungen von jedem Vollhafter erfüllt werden. In einer OHG beispielsweise müssen alle Gesellschafter ein Gewerbe anmelden und die entsprechenden Anforderungen erfüllen. Für eine PartG gilt ebenfalls: Alle Partner müssen die notwendige Ausbildung haben und das auch nachweisen können.

5.1.1 Die fachlichen Voraussetzungen

Bei schätzungsweise 35 % aller Unternehmensgründungen muss eine Ausbildung, Prüfung oder Erlaubnis vorhanden sein. Die folgende Aufzählung ist bei weitem nicht vollständig und der Gründer sollte sich selbst informieren.

TIPP

Für Handwerker ist die Handwerkskammer, für andere Gewerbetreibende die Industrie- und Handelskammer der richtige Ansprechpartner für eine umfangreiche individuelle Information. Freiberufler sollten sich an die Berufsverbände wenden, die in der Regel die besten Auskünfte zu den notwendigen Voraussetzungen erteilen.

Meisterbrief

Im Rahmen der „Agenda 2010" wurde für viele Handwerksberufe der Meisterzwang aufgehoben. Nur noch ca. 41 Handwerksberufe verlangen als Nachweis der fachlichen Fähigkeit den Meisterbrief. In weiteren 50 Handwerksberufen reicht eine zehnjährige Tätigkeit mit mindestens fünf Jahren in verantwortungsvoller Position.

1	Maurer und Betonbauer	22	Büchsenmacher
2	Ofen- und Luftheizungsbauer	23	Klempner
3	Zimmerer	24	Installateur und Heizungsbauer
4	Dachdecker	25	Elektrotechniker
5	Straßenbauer	26	Elektromaschinenbauer
6	Wärme-, Kälte- u. Schallschutzisolierer	27	Tischler
		28	Boots- und Schiffbauer
7	Brunnenbauer	29	Seiler
8	Steinmetzen und Steinbildhauer	30	Bäcker
9	Stuckateure	31	Konditoren
10	Maler und Lackierer	32	Fleischer
11	Gerüstbauer	33	Augenoptiker
12	Schornsteinfeger	34	Hörgeräteakustiker
13	Metallbauer	35	Orthopädietechniker
14	Chirurgiemechaniker	36	Orthopädieschuhmacher
15	Karosserie- und Fahrzeugbauer	37	Zahntechniker
16	Feinwerkmechaniker	38	Friseure
17	Zweiradmechaniker	39	Glaser
18	Kälteanlagenbauer	40	Glasbläser und Glasapparatebauer
19	Informationstechniker	41	Vulkaniseure u. Reifenmechaniker
20	Kraftfahrzeugtechniker		
21	Landmaschinenmechaniker		

Abb. 1: Liste der Handwerksberufe mit Meisterzwang

Ausbildung in Heilberufen

Für die selbstständige Ausübung eines Heilberufes (sei es als Arzt, Zahnarzt, Heilpraktiker oder Physiotherapeut) setzt der Gesetzgeber den erfolgreichen Abschluss einer bestimmten Ausbildung voraus. Diesen Abschluss muss der Existenzgründer nachweisen können.

Ausbildung für Freie Berufe

Auch für andere Freie Berufe gilt ein Ausbildungsnachweis. Betroffen sind u. a. Rechtsanwälte, Steuerberater oder Architekten. Das gilt ausdrücklich nicht für Künstler oder Journalisten.

Gaststättenkonzessionen

Wer in Deutschland eine Gaststätte, eine Bar oder ein Restaurant betreiben will, benötigt eine Konzession. Die Konzession erhält man nach einer Schulung und Prüfung der persönlichen Zuverlässigkeit von der Gewerbeaufsicht seiner Gemeinde.

Gesundheitspass

Personen, die mit Lebensmitteln und Speisen umgehen, brauchen eine Unbedenklichkeitsbescheinigung der Gesundheitsbehörden. Das gilt selbstverständlich auch für Unternehmer.

Sachkundeprüfung

Für bestimmte Einzelhandelstätigkeiten ist ein Sachkundenachweis zum Schutz der Kunden notwendig. Das gilt z. B. für den Handel mit Waffen, Arzneimitteln oder Drogerieartikeln.

Erlaubnisschein

Einige Gewerbe erfordern einen Erlaubnisschein, bei dessen Ausstellung die persönliche und fachliche Eignung überprüft wird. Dazu gehören Immobilienmakler, Finanzmakler und Taxiunternehmer.

! **ACHTUNG**

In der Praxis wird oft unterschätzt, welche fachlichen Voraussetzungen erfüllt sein müssen. Beginnen Sie so früh wie möglich mit der Beschaffung der nötigen Zeugnisse und Erlaubnisscheine. Immer wieder stellen Existenzgründer kurz vor der Eröffnung eines Unternehmens fest, dass sie eine oder mehrere Anforderung nicht erfüllen. Auch Zeugnisse, die lediglich neu ausgestellt werden müssen, kosten wertvolle Zeit.

5.1.2 Die rechtlichen Voraussetzungen

Damit kein Unternehmen den behördlichen Überwachungen entgehen kann, muss bei jeder Gründung eine offizielle Anmeldung erfolgen. Für die meisten Vorhaben reicht eine Gewerbeanmeldung aus.

! ACHTUNG

Bei der Gründung einer Gesellschaft sollten die Anmeldung und die Gründung des Unternehmens zeitnah stattfinden. Im Falle einer Kapitalgesellschaft muss die Gründung der Gesellschaft sogar vor der Gewerbeanmeldung beantragt worden sein. Denn hier handelt die juristische Person: die Gesellschaft.

Die Gewerbeanmeldung

Eine Gewerbeanmeldung ist für alle neu gegründeten Unternehmen Pflicht. Ausnahmen sind die Freien Berufe und die Land- und Forstwirtschaft. Die Gewerbeanmeldung erfolgt in der kommunalen Verwaltung (z. B. Ordnungs- oder Gewerbeamt), wo das Unternehmen seinen Sitz hat. Hat Ihr Unternehmen noch keinen Standort, müssen Sie es unter Ihrer Privatadresse anmelden. Später (nach Bezug der Unternehmensräume) erfolgt dann eine Ummeldung.

Die Kosten für eine Gewerbeanmeldung variieren und können — je nach Gemeinde — bis zu 60 € betragen. Der Vorgang selbst ist in den meisten Fällen schnell erledigt. Der Gewerbeschein wird in der Regel innerhalb von drei Tagen ausgestellt.

Notwendige Unterlagen für eine Gewerbeanmeldung:

- gültige Ausweispapiere (Personalausweis, Reisepass),
- eventuell notwendige Erlaubnisse oder Genehmigungen,
- eventuell notwendiger Nachweis einer abgelegten Prüfung bzw. einer durchlaufenen Ausbildung,
- für Handwerker die Handwerkskarte (von der Handwerkskammer),
- für handwerksähnliche Betriebe die Gewerbekarte (von der Handwerkskammer),
- für Existenzgründer, die keine EU-Bürger sind, die Aufenthaltserlaubnis.

Durch die Gewerbeanmeldung kennt die Stadt das neue Unternehmen. Es gibt aber noch eine Vielzahl weiterer Stellen, die (aufgrund rechtlicher Gegebenheiten) über die Existenz des Unternehmens informiert werden müssen. Mit der Gewerbeanmeldung werden automatisch weitere Anmeldungen voll-

zogen. Dabei werden die folgenden Behörden und Ämter von der Anmelde-
stelle über die Gründung informiert:

- das Finanzamt, das sich bald darauf beim Unternehmen melden wird,
- die Berufsgenossenschaft, die für Unternehmer und Beschäftigte eine
  Versicherungsfunktion übernimmt,
- die Industrie- und Handelskammer (wenn es sich um eine gewerbliche
  Gründung handelt),

! **ACHTUNG**

Da bei der Gewerbeanmeldung von Handwerkern bereits Unterlagen der
Handwerkskammer (Handwerkskarte, Gewerbekarte) vorgelegt werden
müssen, wird die Handwerkskammer nicht mehr eigens von der Anmel-
destelle informiert.

- das Handelsregister (falls es sich um ein eingetragenes Unternehmen handelt),
- das statistische Landesamt, das nicht nur Neugründungen erfasst, sondern
  auch Datenerhebungen in bestehenden Unternehmen durchführen kann,
- die Gewerbeaufsicht, die für Sicherheit und Hygiene zuständig ist.

Auch bei einer Gewerbeummeldung werden die entsprechenden Stellen informiert. Änderungen der Adresse oder gewerblichen Tätigkeit müssen umgehend in der Gewerbeanmeldung berücksichtigt werden. Das gilt besonders
für die Beendigung der gewerblichen Tätigkeit.

Die Anmeldung beim Finanzamt
Alle Unternehmen, die ein Gewerbe anmelden, werden automatisch beim Finanzamt gemeldet. Freiberufler und Landwirte melden kein Gewerbe an. Sie müssen
sich deshalb selbst beim Finanzamt melden und eine Steuernummer beantragen.

Anmeldung bei der Agentur für Arbeit
Sind in dem jungen Unternehmen Mitarbeiter beschäftigt, muss der Gründer
bei der Agentur für Arbeit eine Betriebsnummer beantragen. Das geht in der
Regel auch telefonisch und sehr unbürokratisch. Ein Besuch der Agentur ist
nicht notwendig.

Besonderheiten bei Heilberufen

Für die Selbstständigkeit in Heilberufen gelten Sonderregelungen. Ärzte, Heilpraktiker, Hebammen und Existenzgründer in anderen Heilberufen müssen sich beim zuständigen Gesundheitsamt anmelden. Einige Berufe erfordern eine Erlaubnis, andere werden lediglich erfasst.

Wer im Heilberuf mit den gesetzlichen Krankenkassen abrechnen will (und wer will das nicht?), muss einen Vertrag mit den Krankenkassen abschließen. Der Vertrag beinhaltet auch besondere Vorschriften zur Praxisausstattung und Leistungserbringung.

5.1.3 Die persönliche Situation

Die Belastung des Existenzgründers nimmt nun rapide zu. Eventuell muss auf die Hilfe Dritter zurückgegriffen werden.

Das Arbeitsverhältnis

Ein noch bestehendes Arbeitsverhältnis sollte rechtzeitig gekündigt werden, damit der Zeitplan für die Gründung und Eröffnung des Unternehmens eingehalten werden kann und damit der Existenzgründer seine Arbeitszeit voll und ganz dem neuen Unternehmen widmen kann. In Absprache mit Ihrem Arbeitgeber können Sie bereits in den Monaten vorher Urlaub ansparen und für die Vorbereitung Ihrer Existenzgründung verwenden. Dadurch haben Sie noch eine Weile Ihr geregeltes Einkommen und sind sozialversichert. Das geht selbstverständlich nur dann, wenn Sie offen mit Ihrem Arbeitgeber über Ihre Pläne sprechen und er Ihnen den Urlaub genehmigt.

Soll die Existenzgründung als Nebenerwerb betrieben werden, ist es jetzt an der Zeit, die notwendige Genehmigung des Arbeitgebers einzuholen. Soll die Arbeitszeit im Hauptberuf verkürzt werden, muss der Antrag dafür mindestens drei Monate vor Beginn der Teilzeitphase dem Arbeitgeber zugestellt werden.

Die notwendige Zeit

Nicht nur die berufliche Tätigkeit, sondern auch das private Umfeld erfordert — gerade in der Gründungsphase — ein cleveres Zeitmanagement. Für alle außerberuflichen Aktivitäten (Familie, Freunde, Vereine etc.) steht nun weniger Zeit zur Verfügung.

1. Es muss genau kalkuliert werden, wie viel Zeit die Gründung beansprucht. Dabei müssen Reserven berücksichtigt werden. Gerade die Wochen direkt vor der Eröffnung sind erfahrungsgemäß sehr zeitintensiv.
2. Die notwendigen Freiräume müssen geschaffen werden und familiäre Verpflichtungen sollten zumindest temporär anders aufgeteilt werden. Auch Treffen mit Freunden oder beispielsweise Vereinsarbeit werden kürzer ausfallen. Sprechen Sie mit Ihrer Familie und Ihren Freunden. Erklären Sie Ihr Verhalten, damit keine falsche Vorstellung in den Köpfen der Menschen entsteht, die Ihnen wichtig sind.
3. Es sollte eine klare Einteilung in Arbeits- und Freizeit erfolgen, damit eine Routine entsteht, die die zeitliche Belastung planbar macht. Legen Sie vor allem Zeiten für Ihre Familie fest, auf die sich alle verlassen können. Sie können die Zeiten für die Familie so wählen, dass sie Sie bei Ihrem Gründungsvorhaben nur wenig stören, den Familienmitgliedern aber ein größtmögliches Gefühl der Verfügbarkeit geben. Wenn Sie schulpflichtige Kinder haben, können Sie Ihre Familienfreizeit vielleicht so planen, dass Sie dann zu Hause sind, wenn die Kinder von der Schule kommen. Das ist eine gute Zeit für familiäre Kontakte. Über Mittag ist kaum mit geschäftlichen Terminen zu rechnen und Sie können sich von den ersten Stunden des Tages erholen. Mit solchen Überlegungen erleichtern Sie sich die Verteilung Ihrer knappen Freizeit.

Unterstützung

Bereits bei den ersten Überlegungen zur Selbstständigkeit wurde die Frage nach der Unterstützung durch Familie und Freunde gestellt. Zu diesem Zeitpunkt haben sich bereits einige Menschen aus Ihrem Umkreis dazu bereit erklärt, die Existenzgründung nicht nur moralisch, sondern auch durch handfeste Leistungen zu unterstützen. Alle Beteiligten sollten den Zeitplan der Unternehmensgründung kennen und wissen, wann sie gebraucht werden.

Wenn sich Ihre Helfer nicht an ihre Zusagen halten, müssen Sie für die entsprechenden Aufgaben andere Lösungen finden.

Sind für bestimmte Aufgaben externe Dienstleister vorgesehen, sollten sie nun kontaktiert werden. Lassen Sie sich schon bei der Auftragsvergabe einen verbindlichen Termin zusichern.

5.1.4 Das Unternehmen rechtlich gründen

Ein wichtiger Schritt ist die rechtliche Gründung des Unternehmens. Für Einzelunternehmen lässt sich kein direkter Gründungstag festlegen, weil Einzelunternehmen ohne Anmeldung und quasi nebenbei entstehen. Alle anderen Rechtsformen benötigen für die rechtliche Gründung zumindest einen Vertrag. Auch wenn für eine GbR nur ein mündlicher Vertrag notwendig ist, wird meistens ein bestimmter Tag festgelegt, an dem das Unternehmen gegründet werden soll.

> **!** **ACHTUNG**
>
> Bei Kapitalgesellschaften und bei Personengesellschaften mit Teilhaftern gelten zusätzliche Vorschriften für die tatsächliche rechtliche Entstehung der juristischen Person (z. B. die Eintragung in ein Register). Deshalb kann der rechtliche Geburtstag Ihrer Gesellschaft vom gefühlten abweichen. Wer als Gesellschafter bereits handelt, bevor die Gesellschaft nach dem Gesetz besteht, kann unter Umständen für die Geschäfte aus dieser Zeit auch mit seinem Privatvermögen haftbar gemacht werden.

Checkliste für die Gründung einer Gesellschaft

Bei der Gründung einer Gesellschaft mit Vertrag und Eintragung in ein Register (Handelsregister oder Partnerschaftsregister) sind die folgenden Schritte durchzuführen:

1. Sprechen Sie mit Ihren Partnern über die Gesellschaft. Klären Sie die Haftung, ☐
   die Anteile, den Einfluss und die Aufgaben der einzelnen Gesellschafter.

2. Finden Sie einen neutralen Rechtsbeistand, dem alle Gesellschafter vertrauen. ☐

3. Lassen Sie einen Gesellschaftervertrag aufsetzen, der Ihren Vorstellungen ☐
   entspricht.

4 Prüfen Sie den vorgelegten Vertrag für sich und mit Ihren Gesellschaftern. ☐
   Ziehen Sie unter Umständen Ihren eigenen Rechtsbeistand hinzu.

Checkliste für die Gründung einer Gesellschaft

5. Unterschreiben Sie den Vertrag. ☐

6. Erfüllen Sie alle weiteren Voraussetzungen, die für die rechtliche Gründung ☐
   notwendig sind. Der Rechtsbeistand wird Ihnen die notwendigen Dokumente
   vorlegen.

7. Lassen Sie die Gesellschaft von einem Notar beim zuständigen Register ☐
   anmelden.

5.1.5 Die gröbsten Fehler bei der Gründung eines Unternehmens

In der Praxis finden sich ganz zu Anfang einer Existenzgründung immer wieder die gleichen Fehler, die zu Problemen für den zukünftigen Unternehmer führen können. Hier die sechs gröbsten Fehler:

- Der Unternehmensinhalt (also die Beschreibung der Aktivitäten des Unternehmens) wird nicht exakt genug definiert. Bei der Gewerbeanmeldung und im Gesellschaftervertrag finden sich dann Angaben, die wieder geändert werden müssen. Das verursacht Kosten und Ärger.
- Erst bei der Gewerbeanmeldung wird deutlich, dass für die Ausübung der gewünschten Tätigkeit Genehmigungen oder Erlaubnisscheine fehlen. Das führt zu einer Verzögerung des Gründungsprozesses.

▶ **BEISPIEL**

Immer wieder kann das Fehlen einer der vielen nötigen Anforderungen zum Scheitern des gesamten Vorhabens führen. Wenn z. B. die Erlaubnis für die Eröffnung einer Fahrschule nicht erteilt wird, weil der Unternehmer durch erhebliches Fehlverhalten im Straßenverkehr aufgefallen ist, ist das ein Fehler, der nicht korrigiert werden kann.

- Es wird unterschätzt, wie lange der gesamte Gründungsprozess von der Beschaffung der Unterlagen bis hin zur Eintragung ins Handelsregister dauern kann. Dadurch entsteht eventuell ein falscher Zeitplan.
- Die Genehmigungen, Erlaubnisse und andere Gründungsformalitäten verursachen Kosten. Für Gesellschaften, die durch einen Notar eingetragen

werden müssen, ist dieser Betrag durchaus bemerkenswert. Diese Kosten werden oft übersehen und strapazieren das Budget des Existenzgründers.

- Die Genehmigung wird überraschend nur beschränkt oder unter Auflagen erteilt. Sie ist z. B. auf ein bestimmtes Ladenlokal beschränkt oder verlangt Investitionen in Lärmschutzmaßnahmen. Das kann den Unternehmer erheblich in der Nutzung der Genehmigung einschränken.
- Überraschend häufig ist der Unternehmensname nicht zulässig. Die Existenzgründer haben sich in solchen Fällen nicht ausreichend über die gesetzlichen Vorschriften zur Namensgebung informiert. Das führt zu Verzögerungen, weil bereits fertiggestellte Unterlagen unter Umständen noch einmal geändert werden müssen.

5.1.6 Weitere Anmeldungen

Es gibt weitere Anmeldungen, die zwar für die Gründung nicht erforderlich sind, aber für die tägliche Arbeit benötigt werden:

- Wer Waren aus dem EU-Ausland importiert oder dorthin verkauft, benötigt eine Umsatzsteueridentnummer. Sie kann im Internet unter www.formulare-bfinv.de beantragt werden.
- Ein Unternehmen benötigt selbstverständlich ein Bankkonto. Auch für Einzelunternehmer empfiehlt es sich, die privaten Konten von den Geschäftskonten zu trennen.

TIPP

Lassen Sie sich bei der Kontoeröffnung sofort die IBAN- und BIC-Nummern Ihres Kontos geben und geben Sie sie auf Ihren Geschäftspapieren an. Sie werden für das SEPA-Verfahren benötigt und spätestens ab 2014 die Kontonummer und die Bankleitzahl ablösen.

- Für jede Krankenkasse, in der ein Mitarbeiter Mitglied ist, muss eine Betriebsnummer existieren. Nur mit dieser Betriebsnummer wird der Beitrag korrekt zugeordnet. Ein Anruf bei der Krankenkasse sollte genügen.
- Auch Unternehmen müssen den Rundfunkbeitrag zahlen. Er ergibt sich aus der Zahl der Betriebsstätten, der Beschäftigten und der Kraftfahr-

zeuge. Die Anmeldung erfolgt beim Beitragsservice von ARD, ZDF und Deutschlandradio (früher „GEZ"; siehe www.rundfunkbeitrag.de).

- Einzelhändler, die Musik in ihrem Ladenlokal abspielen, müsen das bei der GEMA anzeigen und die entsprechenden Beiträge zahlen.
- Ein Unternehmen benötigt eine eigene Telefonnummer. Der Anschluss muss entsprechend beantragt werden.

TIPP

Wenn Sie ein Einzelunternehmen gründen und bereits einen digitalen Anschluss haben, können Sie eine der Nummern für Ihr Geschäft verwenden. Achten Sie darauf, dass die Kosten für das Unternehmen getrennt auf der Rechnung ausgewiesen werden.

Bei den hier aufgelisteten Anmeldungen handelt es sich nur um die wichtigsten. Sie müssen noch viele weitere Stellen von Ihrer selbstständigen Tätigkeit unterrichten (z. B. den Energielieferanten, den Papiermüllentsorger etc.). Welche Stellen das sind, hängt von der Branche ab. Rechnen Sie damit, dass in der ersten Zeit immer wieder unerwartet ähnliche Institutionen kontaktiert werden müssen.

5.2 Die Einrichtung des Unternehmens

Wurden geeignete Geschäftsräume gefunden, müssen sie natürlich auch eingerichtet werden. Je nach Branche und Tätigkeit ist das sehr unterschiedlich:

- Im Einzelhandel werden der Verkaufsraum und das Lager im Mittelpunkt stehen.
- Ein Dienstleister benötigt vor allem eine optimale Büroausstattung.
- In den Heilberufen ist die Einrichtung der Praxen sehr individuell, je nach Ausrichtung des Berufs.
- Ein Freiberufler wie z. B. ein Rechtsanwalt legt den Schwerpunkt auf die Einrichtung des Büros, Eventuell benötigen Sie ein Sekretariat und einen Warteraum.

- Handwerker konzentrieren sich auf die Werkstatt und das Lager.
- Produktionsunternehmen müssen vordringlich die Fertigungshallen, Lager und Büros einrichten.

Alle gemeinsam benötigen Verwaltungsbüros, falls diese nicht direkt mit den eigentlichen Räumen zur Verfügung gestellt werden können. Auch Informationstechnik muss heute jedes Unternehmen haben sowie meist auch Fahrzeuge.

5.2.1 Die Geschäftsräume

Die Einrichtung der Geschäftsräume ist meistens eine unbeliebte und zeitintensive Aufgabe. Planen Sie diese Tätigkeiten rechtzeitig und führen Sie eine Liste über die benötigten Dinge wie Mobiliar, Maschinen oder Fahrzeuge. Sollten Sie Mitarbeiter haben, so ziehen Sie diese hinzu. Die Checkliste am Ende dieses Kapitels kann als Hilfestellung dienen. Trotz sehr unterschiedlicher Ansprüche an die Ausstattung von Büros, Verkaufsräumen oder Lager gelten für alle Existenzgründungen:

- Luxuriöse Ausstattung verursacht hohe Kosten.
- Minderwertige Ausstattung kann interne Abläufe verlangsamen.
- Unansehnliche Ausstattung kann zu Irritationen bei den Kunden führen.

Die Ausstattung der Geschäftsräume kann an den folgenden Parametern gemessen werden:

- Die Gesamtgröße der Geschäftsräume bestimmt den Preis, der für Miete oder Kauf gezahlt werden muss. Die Anzahl der Quadratmeter sagt aber nur wenig über die eigentliche Nutzbarkeit aus.
- Ein weiterer wichtiger Faktor ist die Aufteilung der Räumlichkeiten: Wie groß ist die Nutzfläche und wie verteilt sie sich auf Büros, Verkaufsflache, Produktionsfläche oder Sanitärräume?
- Wie ist die Versorgung mit Tageslicht? Wo und wie muss für zusätzliche Beleuchtung gesorgt werden?
- Wie hoch ist die maximale Belastung? Für Produktionsbetriebe mit hohen Anschlusswerten muss das besonders genau geprüft werden.

- Die Beschaffenheit und der Zustand der Böden, Decken und Wände muss überprüft werden.
- Die Frage nach vorhandener Verkabelung für Kommunikation und IT ist für beinahe alle Branchen von enormer Wichtigkeit.

Vor allem junge Unternehmen mit knappen finanziellen Mitteln verzichten auf Komfort und Qualität in den Geschäftsräumen. Das kann zu Problemen führen, wenn regelmäßiger Kundenkontakt besteht, denn Kunden müssen sich gut aufgehoben fühlen und verzeihen eine lieblose Einrichtung nicht. Preiswert aussehende Ausstattungen (z.B. Böden, Decken, Wände und Licht) können sehr teuer werden, wenn man nicht von vornherein darauf achtet, dass die verwendeten Materialien pflegeleicht sind.

Besonders der Einzelhandel sollte Wert auf eine ansprechende Qualität in den Verkaufsräumen legen. Je nach Zielgruppe und Verkaufsstrategie ist eine besondere Wahl zu treffen:

> **BEISPIELE**
>
> Für einen Fabrikverkauf, müssen die Verkaufsräume auch die Verkaufsstrategie zum Kunden transportieren. Betonfußboden und nicht verputzte Wände sind eine Möglichkeit. Grundsätzlich sollte die gesamte Ausstattung etwas Provisorisches haben.
>
> Einzelhändler mit preiswerten Angeboten sind am ehesten in Geschäftsräumen mit einfacher Ausstattung erfolgreich, Einzelhändler mit Luxusartikeln müssen den Kunden auch eine teure Ausstattung bieten.

5.2.2 Das Inventar

Das benötigte Inventar ist natürlich je nach Art des Geschäfts sehr unterschiedlich und beinhaltet nicht die Maschinen, die von Fertigungsunternehmen eingesetzt werden.

Geschäftstyp	Schwerpunkte der Einrichtung
Einzelhandel	• Verkaufseinrichtungen (Regale, Ständer, Warenträger etc.) • Kassen • Lagereinrichtung
Dienstleister	• Büromöbel • Besprechungszimmer
Heilberufe	• Anmeldung • Warteraum • Behandlungszimmer • Laboreinrichtung • Büromöbel
Freiberufler	• Büromöbel • Besprechungszimmer • Warteraum
Handwerker	• Lagereinrichtung • Werkstatteinrichtung
Produktionsunter-nehmen	• Büromöbel • Sozialräume • Hilfsmittel in Produktionshalle

Eine Liste für benötigtes Inventar ist naturgemäß sehr umfangreich und je nach Branche unterschiedlich. Hier nur eine kleine Auswahl, die angepasst und ergänzt werden kann:

- Schreibtische
- Stühle
- Schränke
- Besprechungstische
- Verkaufstheke
- Regale
- Beleuchtung
- Büroausstattung (Schreibgeräte, Locher, Hefter etc.)
- Telefone
- Telefaxe

- Liegen
- Behandlungsgeräte
- Kassen
- Werkzeuge (nicht für Handwerker)
- Kaffeemaschine
- Wasserkocher
- Bilder
- …
- …
- …

> **! ACHTUNG**
>
> Achten Sie bei der Beschaffung dieser Gegenstände bereits auf Ihren Unternehmensauftritt. Corporate Identity (CI) verlangt, dass alle Belange des Unternehmens der Wiedererkennung dienen müssen. Das bezieht sich auch auf Design und Farbe der Einrichtungsgegenstände.

5.2.3 Die Unterlagen

Die Außenwirkung des Unternehmens wird auch durch die Unterlagen bestimmt, die das Unternehmen repräsentieren (Briefköpfe, Visitenkarten, Stempel etc.). Den besten Werbeeffekt erzielen Sie, wenn diese Unterlagen zur Eröffnung fertig sind. Drucksachen für kleine Unternehmen wie Briefumschläge, Visitenkarten oder Flyer können kostengünstig über Anbieter im Internet erstellt werden. Kenntnisse über die Bedienung des Internets und grafischer Programme sind notwendig. Wer über diese Fähigkeiten nicht verfügt, ist bei einer traditionellen Druckerei, die Ihnen bei der Gestaltung hilft, besser aufgehoben.

Briefbögen: Briefe können auf normalem Papier gedruckt werden. Es müssen jedoch einige Informationen auf dem Briefbogen ersichtlich sein, die den Inhalt rechtsgültig machen: vollständiger Firmenname und Anschrift, Handelsregisternummer (falls vorhanden), Geschäftsführer. Sinnvoll ist es auch, Steuernummer und Bankverbindung aufzudrucken.

> **● TIPP**
>
> Sie können den Briefbogen auch von Ihrem Computerdrucker gleichzeitig mit dem Brieftext drucken lassen. Das spart zunächst Geld. Beachten Sie jedoch die Qualität des Druckergebnisses. Wenn Sie damit zufrieden sind, müssen Sie noch die Druckkosten betrachten, die vor allem durch hochwertige Farbdrucker verursacht werden können.

- **Formulare:** Für viele Geschäftsvorgänge werden Formulare benötigt (Lieferscheine, Rechnungsformulare, Quittungen, Warenausgabenscheine etc.). Auch diese müssen das Logo des Unternehmens aufweisen.
- **Visitenkarten:** In der Geschäftswelt ist es üblich, Visitenkarten auszutauschen, damit alle erforderlichen Daten auf einen Blick verfügbar sind. Es macht einen professionellen Eindruck, wenn Visitenkarten verwendet werden.
- **Prospekte:** Um das Angebot des Unternehmens bekannt zu machen, eignen sich diverse Prospekte, die besonders in der Startphase einen hohen Stellenwert haben.
- **Kataloge:** Manche Unternehmen verkaufen ihre Produkte über den Katalog. Dieser muss professionell gestaltet und aktuell sein. Bereits zur Eröffnung sollte er für die Kunden bereit liegen.

! ACHTUNG

Achten Sie unbedingt auf das CI Ihres Unternehmens. Bei Geschäftspapieren und Verkaufsunterlagen ist die einheitliche Gestaltung von Logo, Farben, Schrift und sonstigen Elementen ein unabdingbares Muss.

5.2.4 Die Informationstechnik

Die Informationstechnologie beeinflusst viele Aspekte unseres Lebens. Das gilt nicht nur für die Freizeit, sondern auch für die Arbeitswelt. Kaum eine Existenzgründung kommt ohne Computer aus. Lediglich Kleinstunternehmer, die alle Verwaltungsaufgaben vom Steuerberater machen lassen, können vielleicht darauf verzichten. Doch wie schreiben die Kleinstunternehmer ihre Briefe?

Es lohnt sich also, bereits bei der Gründung des Unternehmens die Anschaffung von Informationstechnik zu planen. Der Einsatzbereich reicht von der einfachen Korrespondenz bis zu komplexen Anwendungen und Systemen. Grundsätzlich gibt es fast keinen Bereich mehr, der ohne IT-Unterstützung funktioniert:

Kommunikation	Für die Kommunikation ist die Informationstechnologie ein absolutes Muss. E-Mail als schneller Informationsaustausch ist für Unternehmen nicht mehr wegzudenken.
Büroarbeiten	Mit modernen Office-Anwendungen auf einem PC können Texte schnell und problemlos erstellt, Rechenaufgaben komfortabel erledigt und Präsentationen ansprechend gestaltet werden.

Bereits bei der Vorbereitung der Existenzgründung werden Sie Office-Programme einsetzen. Die Unterlagen für das Bankengespräch werden mithilfe einer Textverarbeitung erstellt und die Berechnungen mit einer Tabellenkalkulation durchgeführt. Auch die Präsentationen, die Sie Geldgebern, Lieferanten oder Kunden zeigen, sind mit dem PC erzeugt worden.

Verwaltung	Die Verwaltung profitiert von einer Vielzahl von IT-Anwendungen wie z. B. Warenwirtschaft, Auftragsbearbeitung mit Fakturierung, Buchhaltung oder Einkauf.
Verkauf	Die Steuerung des Außendienstes und die Verwaltung der Kundeninformationen können mit wesentlich größerer Effizienz erledigt werden, wenn sie mit PC-Unterstützung geschieht.
Produktion	Das absolute Optimum ist erreicht, wenn die Produktionsplanung mit Fertigungslosgrößen und -reihenfolgen von PPS-Anwendungen durchgeführt wird.

Vergessen Sie bei der Kalkulation der IT-Kosten nicht, dass der erfolgreiche IT-Einsatz mehr als nur eine Komponente hat: Hardware, Software, Systemadministration, Schulung und Support. Jede dieser Komponenten verursacht Kosten. An dieser Stelle folgen einige Beispiele für typische IT-Anwendungen in der Praxis für die wichtigsten Unternehmenstypen. Diese Bereiche müssen auch bei einer Existenzgründung auf mögliche IT-Unterstützung geprüft werden:

- **Einzelhandel**
  - Warenwirtschaftssysteme für die Bestandüberwachung
  - Kassensysteme für die Verkaufsüberwachung
  - Kommunikationssysteme für den Informationsaustausch mit den Lieferanten und Kunden

---

Die digitale Kommunikation mit Lieferanten beschleunigt das Verfahren ganz erheblich. So können Sie heute in einer Buchhandlung ein Buch bestellen, dessen Verfügbarkeit sofort geprüft wird und das am nächsten Tag zur Abholung bereit liegt. Noch schneller sind Apotheken, die mehrfach täglich beliefert werden. Das macht nur Sinn, wenn auch die Information entsprechend schnell ausgetauscht werden kann.

- **Dienstleister**
  - Tabellenkalkulation für Berechnungen und Statistiken
  - Präsentationssoftware für die professionelle Darstellung von Ideen, Kampagnen, Maßnahmen etc.
  - Software für die Fakturierung der erbrachten Leistungen

- **Heilberufe**
  - Patientenverwaltung für eine sichere Informationsorganisation
  - Software für die Abrechnung der komplexen Leistungen
  - Gesundheitskarte als kommende Datenintegration
  - Nutzung als Informationsmedium bei medizinischen Diensten und Pharmaherstellern

- **Freie Berufe**
  - Beschaffung von Informationen (z. B. Urteile für Rechtsanwälte, Termine für Steuerberater etc.)
  - Textverarbeitung
  - Abrechnungssysteme

- **Handwerker**
  - Abrechnungssysteme für die Fakturierung der Leistungen
  - Angebotserstellung durch Office-Produkte oder spezielle Programme wie z. B. 3D-Präsentationen
  - Organizer für die Terminplanung
  - Lagerwirtschaft für die Überwachung von Lagerbeständen und Bestellungen

- **Produktionsunternehmen**
  - Warenwirtschaft für die Steuerung der Waren- und Materialflüsse
  - Einkauf
  - Produktionssteuerung

- **alle Unternehmen**
  - Buchhaltung
  - Officeprogramme
  - Kommunikation
  - Mitarbeiterverwaltung
  - Professionelle Hilfe

Die Informationstechnologie ist sehr hilfreich bei vielen Tätigkeiten und kann erhebliche Kosten einsparen. Sie ist aber auch teuer und komplex. Fehler bei der Nutzung können zu großen Problemen und hohen Kosten führen. Darum ist Beratung an dieser Stelle unbedingt notwendig. Vor allem dann, wenn es keine Alternative für das junge Unternehmen gibt. So wird z. B. in der Automobilzuliefererindustrie von den Kunden erwartet, dass sie über funktionierende und offene Warenwirtschaftssysteme verfügen.

!	**ACHTUNG**

IT birgt auch neue Risiken. So muss der Unternehmer bei der Verarbeitung personenbezogener Daten, z. B. in einem Internetshop, alle Belange des Datenschutzes beachten. Tut er das nicht, haftet er persönlich.

5.2.5 Maschinen und Fahrzeuge

Alle für die Existenzgründung notwendigen Maschinen und Fahrzeuge müssen rechtzeitig bestellt werden.

Die Maschinen
Produktionsunternehmen, aber auch Handwerker und manche Dienstleister, benötigen zur Erledigung ihrer Aufgabe Maschinen. Welche Maschinen

das sind und mit welchen Funktionen sie ausgestattet sein müssen, hängt noch mehr von der Branche und vom Unternehmen selbst ab als andere Entscheidungen z. B. die Raumgestaltung. Ausschlaggebend sind die Produkte und Fertigungsverfahren, die im Unternehmen hergestellt bzw. angewendet werden sollen. Die Wahl der richtigen Maschine ist auch immer eine Frage der finanziellen Mittel. Dabei wird die Gesamtwirtschaftlichkeit der Maschine vergessen. Kämpfen Sie um höhere Finanzierungszusagen, auch wenn der Vorteil erst mittelfristig eintritt.

Die wichtigsten Kriterien bei der Auswahl von Fertigungsmaschinen sind:

- **Funktionen:** Die Maschine muss eine bestimmte Aufgabe erfüllen, also ein Produkt oder ein Teil davon herstellen oder die Bearbeitung von Material und Gegenständen ermöglichen. Dazu bietet die Maschine verschiedene Funktionen. Je mehr Funktionen vorhanden sind, je höher der Komfort der Bedienung, desto größer ist die Investition. Hier gilt es, exakt die Maschine zu finden, die für die aktuellen Ansprüche zum Zeitpunkt der Gründung und für die darüber hinaus absehbare Zeit optimal ist.

TIPP

Gerade in der Startphase sind viele Spezialmaschinen des jungen Unternehmens noch nicht ausgelastet. Flexible Fertigungszentren können dem abhelfen, weil sie mehrere Funktionen haben und dadurch mehrere Maschinen ersetzen. Sobald sich Engpässe gebildet haben, lohnt sich die Anschaffung von Spezialmaschinen.

- **Wirtschaftlichkeit:** Manche Betriebe müssen direkt nach der Gründung auf verschiedene Maschinen zugreifen können, damit das Geschäft laufen kann. Es geht also nicht mehr darum, ob sie gekauft werden, sondern darum, welche Maschine die richtige ist. Nicht allein der Kaufpreis, sondern auch die Wirtschaftlichkeit muss über einen längeren Zeitraum betrachtet werden.

- Alle Kosten für die Maschinen müssen über die Lebensdauer der Maschine berechnet werden.
- Dazu gehören auch die Wartungs- und die Reparaturkosten.
- Gleichzeitig ist der Verbrauch von Hilfsmaterialien wie Energie, Schmieröl oder Werkzeugen zu berücksichtigen.

  Achten Sie darauf, dass die Maschine Ihre Produkte in der Qualität herstellt, die zu Ihrer Kalkulation passt. Materialverschwendung und mindere Qualität erhöhen Ihre Kosten und schmälern den Gewinn.

▶ **BEISPIEL**

In der neu gegründeten Galvin GmbH sollen mit einer Maschine Metallteile chemisch behandelt werden. Zur Auswahl stehen zwei Modelle mit einer Lebensdauer von jeweils fünf Jahren. In diesem Zeitraum sollen 75.000 Stück des Produktes verkauft werden. Die Materialkosten betragen 5 € pro Stück. Die Angebote zeigen die folgenden Daten:

	Einheit	Maschine A	Maschine B
Anschaffungskosten	€	50.000	80.000
Differenz	€	30.000	
Lebensdauer	Jahre	5	5
Wartungskosten	pro Jahr	2.000	1.500
Reparaturen	in 5 Jahren	10.000	8.000
Energiekosten	€/Std.	5,00	3,50
Schwund	%	5,0	3,0
Bearbeitungsdauer	h/Stück	0,5	0,5

Bei der ersten Übersicht scheint die Differenz von 30.000 € nicht gerechtfertigt. Die Wirtschaftlichkeitsberechnung kommt zu einem anderen Ergebnis:

	Beschreibung	Maschine A	Maschine B
notwendige Produktionsmenge	75.000 Stück Gutmenge : (1 — Schwund)	78.948 Stück	77.320 Stück
Schwund	notw. Produktionsmenge — Gutmenge	3.948 Stück	2.320 Stück
Materialkosten für Schwund	Schwund x 5,00 €	19.740 €	11.600 €
Wartung	Wartung pro Jahr x 5	10.000 €	7.500 €
Reparaturen		10.000 €	8.000 €
Energiekosten	Produktionsmenge x 0,5 Stunden x Energiekosten pro Stunde	197.370 €	135.310 €
Gesamtkosten	für 5 Jahre ohne Abschreibung	237.110 €	162.430 €
Differenz	B — A	— 74.7000 €	

Den Mehrkosten von 30.000 € im Anschaffungspreis stehen geringere Kosten in Höhe von 74.700 € gegenüber. Es ist also sinnvoll, die teurere Maschine B zu kaufen. Das hat die Wirtschaftlichkeitsberechnung ergeben.

- **Finanzierungsmöglichkeiten:** Für junge Unternehmen ist die Finanzierung von teuren Maschinen eine gewaltige Aufgabe. Wenn kein eigenes Geld dafür zur Verfügung steht, müssen Fremde die Finanzierung übernehmen. Um das zu vereinfachen, gibt es bei der Anschaffung der Maschinen zwei Möglichkeiten:
  - Sehr kostspielige Maschinen können oft über den Lieferanten oder mit dessen Hilfe finanziert werden, dadurch entsteht aber eine gewisse Abhängigkeit und Sie müssen prüfen, ob das wünschenswert ist.
  - Banken werden eine Maschine nur dann zumindest teilweise finanzieren, wenn sie diese als Sicherheit übereignet bekommen. Der Wert der Sicherheit misst sich an einem möglichen Verwertungserlös. Stan-

dardmaschinen können wesentlich einfacher verwertet werden als Spezialanfertigungen. Darum sollte bei dieser Art der Finanzierung auf die Auswahl möglichst einfach zu verwertender Maschinen geachtet werden.

TIPP

Handwerker und Produktionsbetriebe benötigen oft viele Maschinen mit einer hohen Investitionssumme. Diese kann gesenkt werden, wenn anstelle neuer Maschinen gebrauchte gekauft werden. Besonders die meist nur geringe Auslastung in der Startphase lässt auch die Nutzung schon älterer Sägen, Kantmaschinen, Pressen usw. sinnvoll erscheinen. Der Gebrauchtmaschinenmarkt hat sein Angebot in den letzten Jahren stark erweitert.

Die Fahrzeuge

Fast alle Unternehmen benötigen ein Fahrzeug. Selbst stationäre Einzelhändler fahren zum Großmarkt oder zu Messen und Lieferanten. Das kann zwar mit dem privaten Pkw geschehen, steuerlich kann es aber auch sinnvoll sein, dies mit einem Fahrzeug zu tun, das mit dem Betriebsvermögen angeschafft wurde.

Technische Fahrzeuge wie Lkw und Transporter oder Fahrzeuge für den innerbetrieblichen Transport können sowohl von der Leistungsfähigkeit als auch von der Finanzierung her wie Maschinen betrachtet werden. Bei der Beschaffung von Pkw spielen steuerliche Gesichtspunkte nur dann eine Rolle, wenn es um den Pkw des Unternehmers geht.

TIPP

Fahrzeuge bieten eine zusätzliche Finanzierungsalternative: Leasing ist hier wesentlich einfacher als bei maschinellen Anlagen. Fahrzeuge sind in der Regel standardisiert und sehr gut verwertbar. Darum nehmen Banken und Leasinggesellschaften diese gerne als Sicherheiten.

Bei Einzelunternehmern spielt die Zuordnung des Pkw zum Privat- oder zum Betriebsvermögen eine wichtige Rolle. Zum Betriebsvermögen kann ein Fahrzeug dann gehören (Wahlrecht des Unternehmers), wenn die betriebliche Nutzung mehr als 50 % der Gesamtnutzung ausmacht. Die Finanzämter verlangen keine dauernde Prüfung dieser Grenze. Wenn Sie für einen Zeitraum von drei Monaten festhalten, welche Kilometer Sie dienstlich mit dem Fahrzeug zurückgelegt haben, können Sie das Ergebnis auf die Gesamtzeit hochrechnen. Das erleichtert die Verwaltungsarbeit erheblich.

- **Der Pkw gehört zum Privatvermögen:** Wenn der Pkw zum Privatvermögen des Unternehmers gehört, dann sind auch alle Ausgaben für das Fahrzeug von den Anschaffungskosten bis zum Treibstoff vom Privatvermögen des Unternehmers zu zahlen. Steuerlich haben diese Zahlungen keine Auswirkung, da sie privat veranlasst sind.
  Wird das Fahrzeug dennoch für betrieblich bedingte Fahrten benutzt, kann der Unternehmer die dadurch entstehenden Kosten dem Unternehmen berechnen, meist mit einer Pauschale von 0,30 € pro gefahrenem Kilometer. Diese Kosten mindern den steuerlichen Gewinn.
- **Der Pkw gehört zum Betriebsvermögen:** Gehört der Pkw zum Betriebsvermögen, sind alle Kosten steuerlich wirksam vom Gewinn des Unternehmens abzuziehen. Das gilt auch für die Umsatzsteuer, die sowohl im Kaufpreis des Pkw als auch in allen anderen Kosten enthalten ist. Diese wird sofort, im Veranlagungszeitraum des Kaufes, erstattet. Der Kaufpreis selbst geht über die Abschreibung in die Kosten des Unternehmens ein.
  Wird der Pkw auch privat vom Unternehmer genutzt, muss dieser den Vorteil daraus versteuern. Die Höhe des zusätzlichen fiktiven Einkommens (= geldwerter Vorteil) kann auf zwei Wegen festgestellt werden:
  - Der Unternehmer führt ein Fahrtenbuch, in dem jede Fahrt mit dem Pkw exakt verzeichnet wird. Bei dienstlichen Fahrten ist der Grund für die Fahrt und das besuchte Ziel anzugeben. Anhand des Fahrtenbuchs wird der Anteil der Privatkilometer ermittelt und mit dem entsprechenden Anteil der Kosten belastet, den der Unternehmer privat versteuern muss.
    Das Finanzamt stellt an die Qualität der Daten im Fahrtenbuch sehr hohe Ansprüche. Wer diese nicht erfüllt, verliert den Vorteil und muss eventuell Steuern nachzahlen. In der Praxis kann das Führen eines Fahrtenbuchs sehr aufwändig sein und manche Unternehmer scheitern daran.

– Der geldwerte Vorteil für die private Nutzung des Firmenfahrzeuges wird mit einer Pauschale berechnet und als Einkommen versteuert. Dazu wird 1 % des Neuwagenlistenpreises inkl. der Mehrwertsteuer als monatlich zu versteuernder Wert berechnet. Dieser ist nicht verhandelbar. Außerdem kommen für jeden Kilometer der Entfernung zwischen Wohnort und Arbeitsplatz 0,03% des Listenpreises hinzu. Neben der Steuer müssen für den geldwerten Vorteil auch Sozialabgaben gezahlt werden, wenn das Einkommen noch unter den Bemessungsgrenzen liegt.

▶ BEISPIEL

Der junge Unternehmensberater Jürgen Möllers hat für sein neues Unternehmen einen gebrauchten BMW 320 tdi gekauft. Für den fünf Jahre alten Wagen hat er noch 15.600 € inkl. der Mehrwertsteuer gezahlt. Da er mehr als 50 % der Kilometer betrieblich bedingt fährt, ordnet er den Pkw seinem Betriebsvermögen zu. Damit erhält er die Mehrwertsteuer in Höhe von 2.491 € vom Finanzamt zurück und kann alle Kosten betrieblich geltend machen.

Für seine Privatnutzung muss er den nach der Pauschalregelung errechneten geldwerten Vorteil versteuern. Herr Möllers wohnt zwölf Kilometer von seinem Büro entfernt. Es ergibt sich die folgende Rechnung:

Kaufpreis	15.600,00 €
Listenpreis	37.800,00 €
1-%-Regelung	378,00 €
Entfernung Wohnort Arbeitsplatz	12 Kilometer
Geldwerter Vorteil Heimfahrten	12 x 0,03 % = 0,36 % = 136,08 €
Summe Geldwerter Vorteil	514,08 €
19 % Mehrwertsteuer	97,68 €

Herr Möller muss also jeden Monat 514,08 € als zusätzliches Einkommen versteuern. Die 1-%-Regelung greift auch dann auf den Neuwagenlistenpreis zu, wenn der Pkw gebraucht gekauft wurde.

Gleichgültig wie der geldwerte Vorteile errechnet wurde, das Unternehmen muss darauf noch Mehrwertsteuer von zur Zeit 19 % an das Finanzamt abführen. Ob es diese Steuer vom Nutzer des Pkw verlangt, bleibt dem Unternehmen überlassen.

! ACHTUNG

Achten Sie penibel auf die Einhaltung der rechtlichen Vorschriften bei der Berechnung des geldwerten Vorteils. Sie werden spätestens bei der Lohnsteuerprüfung durch das Finanzamt um Vorlage der Unterlagen gebeten, da die private Nutzung von Firmenfahrzeugen durch den Unternehmer immer ein Thema bei der Lohnsteuerprüfung ist.

5.2.6 Die Betriebsmittel

Viele Unternehmen benötigen für die Erledigung ihrer Aufgabe Vorräte an Rohstoffen, Fertigungsmaterialien und Fertigprodukten. Nur wenn keine Produkte verkauft werden oder der Kunde auf die Beschaffung oder Fertigung der Waren wartet, kann darauf verzichtet werden.

Damit die Existenzgründung vom ersten Tag an richtig funktionieren kann, muss der Gründer für die Verfügbarkeit dieser Betriebsmittel bis zum Tag der Eröffnung sorgen. Typische Betriebsmittel, die auch junge Unternehmen benötigten, sind:

- **Im Einzelhandel:** Der stationäre Einzelhandel präsentiert seinen Kunden die Waren im Verkaufsraum. Die dort vorhandenen Produkte müssen ebenso beschafft werden wie die Ware, die auf Lager liegt. Der Einzelhändler muss die Lieferzeit seiner Lieferanten einkalkulieren, damit er auch während dieser Zeit Umsatz generieren kann. Für Einzelhändler, die keinen sofortigen Verkauf tätigen, müssen meist Muster vorhanden sein (z. B. im Möbelhaus). Versandhändler können sich allein auf den Lagerbestand konzentrieren.
- **Im Großhandel:** Wenn Verkaufsräume vorhanden sind, werden dort die Produkte präsentiert. Auf jeden Fall wird ein Lagerbestand der Verkaufsprodukte notwendig sein.

- **Beim Handwerker:** Auch der Handwerker benötigt Material, um die Arbeiten durchzuführen, und ein gewisser Bestand sollte zum Unternehmensstart vorrätig sein.

TIPP

Handwerker können oft auf einen exzellent organisierten Großhandel zurückgreifen, der, manchmal sogar mehrmals am Tag, schnell und zuverlässig liefert, Dadurch kann der eigene Lagerbestand gering gehalten werden. Die Finanzierung ist leichter und es entsteht kein Risiko für Schwund oder Verderb im Lager.

- **Im Produktionsunternehmen:** Das Produktionsunternehmen benötigt einen Bestand an fertiger Ware, wenn es seine Kunden sofort beliefern will. Gleichzeitig müssen Rohstoffe und Materialien vorhanden sein, damit nachproduziert werden kann. Die Feststellung, welche Produkte und welche Rohstoffe beschafft werden müssen, ist eine anspruchsvolle Planungsaufgabe.

Checkliste für die Beschaffung von Betriebsmitteln

Die Finanzierung von Betriebsmitteln durch Dritte ist nur schwer durchzusetzen. Daher ist eine möglichst exakte Vorhersage des Bedarfs in den ersten Wochen und Monaten unumgänglich, um auch die richtigen Vorräte zu beschaffen. Viele Dinge müssen berücksichtigt werden:

1. Zunächst muss der Bedarf festgestellt werden.

2. Für die einzelnen Produkte muss die Lieferzeit festgestellt werden, damit rechtzeitig vor der Eröffnung geordert werden kann.

3. Wenn Bedarf und Terminierung bekannt sind, muss die Finanzierung geklärt werden. Für eine Erstausstattung bieten Lieferanten in vielen Fällen Sonderkonditionen. Verlängerte Zahlungsziele oder Valuta sind üblich, da der Lieferant einen neuen Kunden gewinnen will.

4. Bestellungen sollten rechtzeitig erfolgen und die Liefertermine verbindlich sein.

5.2.7 Checkliste Einrichtung des Unternehmens

Damit in der hektischen Vorbereitungsphase nichts vergessen wird, hier eine Checkliste für die Einrichtung des Geschäftes. Sie finden diese Checkliste auch zum Download bei den Arbeitshilfen online, und sie kann natürlich individuell angepasst werden.

Checkliste Einrichtung	
Die Geschäftsräume	
▪ Gesamtgröße in qm	☐
▪ Anzahl der Räume	☐
▪ Aufteilung der Räume	☐
▪ Anzahl, Art und Zustand der sanitären Einrichtungen	☐
▪ Tageslicht	☐
▪ künstliches Licht	☐
▪ Stromversorgung	☐
▪ Heizung	☐
▪ Boden, Art und Zustand	☐
▪ Wände, Art und Zustand	☐
▪ Decken, Art und Zustand	☐
▪ Eingangstür, Art und Zustand	☐
▪ Innentüren, Art und Zustand	☐
▪ Fenster, Art und Zustand	☐
▪ Schaufenster in Laufmeter	☐
▪ Verkabelung für Kommunikation und IT	☐
▪ Klimaanlage	☐
▪ …	☐

Checkliste Einrichtung

Das Inventar

- Schreibtische, Art und Anzahl ☐
- Stühle, Art und Anzahl ☐
- Schränke, Art und Anzahl ☐
- Regale, Art und Anzahl ☐
- Leuchten, Art und Anzahl ☐
- Telefonversorgung ☐
- Kasse ☐
- Verkaufstische, Art und Anzahl ☐
- Verkaufsständer, Art und Anzahl ☐
- Verkaufsregale, Art und Anzahl ☐
- Verkaufstresen, Art und Anzahl ☐
- Lagereinrichtung, Art und Umfang ☐
- Behandlungsliegen, Art und Anzahl ☐
- Behandlungsgeräte, je nach Praxis, Art und Anzahl ☐
- Werkzeuge, Art und Anzahl ☐
- … ☐

Die Dokumente

- Briefpapier ☐
- Formulare ☐
- Visitenkarten ☐
- Prospekte ☐
- Kataloge ☐
- … ☐

Checkliste Einrichtung	

Die Informationstechnologie

- Bedarfsanalyse ☐
- PC, Art und Anzahl ☐
- Drucker, Art und Anzahl ☐
- Scanner, Art und Anzahl ☐
- Server, Art und Anzahl ☐
- Verkabelung, Art und Umfang ☐
- Betriebssysteme, Art und Anzahl der Lizenzen ☐
- Office-Programme, Art und Anzahl der Lizenzen ☐
- Fachsoftware, Art und Anzahl der Lizenzen ☐
- Schulung, Umfang ☐
- Dienstleistung, Art und Umfang ☐
- Support, Art und Umfang ☐
- … ☐

Maschinen und Fahrzeuge

- Bedarfsanalyse ☐
- Funktionen, Art und Umfang ☐
- Wirtschaftlichkeitsberechnung ☐
- Finanzierung ☐
- Lkw, Art und Anzahl ☐
- Pkw, Art und Anzahl ☐
- Innerbetriebliche Transportmittel, Art und Anzahl ☐
- Selbstgenutzter Pkw in Privat- oder Betriebsvermögen ☐
- … ☐

Checkliste Einrichtung	
Die Betriebsmittel	
▪ Bedarfsanalyse	☐
▪ Material, Art und Umfang	☐
▪ Fertigwaren, Art und Umfang	☐
▪ Hilfsmaterial, Art und Umfang	☐
▪ Finanzierung	☐
▪ Lieferzeit feststellen	☐
▪ Bestellen	☐
▪ …	☐

5.3   Das Führen der Bücher

Alle Aktivitäten im Unternehmen münden früher oder später in Geldströme. Geld wird durch die entstehenden Kosten verbraucht, Geld wird durch die Verkäufe verdient. Diese Geldströme müssen aufgezeichnet werden, um den Erfolg des Unternehmens zu dokumentieren:

- ▪ Jeder Unternehmer benötigt Informationen über die Auswirkungen alles Handelns in seinem Unternehmen. Nur so kann er den Erfolg messen.
- ▪ Die Geldgeber wollen über den wirtschaftlichen Erfolg des Unternehmens informiert werden. Da es sich bei den Banken und den Gesellschaftern oft nicht um Fachleute auf dem Gebiet des jungen Unternehmens handelt, erkennen sie den Erfolg nicht sofort. Der Erfolg wird in Euro umgerechnet und in der Bilanz und der Gewinn- und Verlustrechnung angezeigt.
- ▪ Der Staat will am Erfolg und an anderen Transaktionen des Unternehmens beteiligt werden. Um die Steuern wie Ertrag-, Umsatz- oder Gewerbesteuer richtig berechnen zu können, ist die Aufzeichnung aller Bewegungen in Geldeinheiten notwendig.

Um sich selbst und die Gläubiger zu schützen hat der Staat Regeln aufgestellt, nach denen jedes Unternehmen die Geschäftsbücher führen muss.

Diese finden sich im Handelsgesetzbuch (HGB), aber auch in anderen Gesetzen wie z. B. der Steuergesetzgebung. Jedes neue Unternehmen muss diese Regeln von Anfang an befolgen.

TIPP

Sie sollten alle Aufwendungen, die schon vor der Unternehmensgründung anfallen, entsprechend den Regeln aufzeichnen. Sie können auch die Kosten der Existenzgründung nutzen, um z. B. Ihre Steuerschuld zu reduzieren. Außerdem erhalten Sie jederzeit einen Überblick über das bereits ausgegebene Geld.

5.3.1 Die Buchführungspflichten

Fast jedes Unternehmen ist verpflichtet, eine den gesetzlichen Vorschriften entsprechende Buchhaltung zu führen. Darin werden alle Vorgänge mit Geldbewegungen aufgezeichnet. Die Geldströme werden als Buchungen auf jeweils zwei Konten innerhalb eines gewählten Kontenrahmens dargestellt. Die notwendige Vorgehensweise ist rechtlich exakt geregelt; ohne eine entsprechende Ausbildung ist das nicht durchführbar.

Um diese Komplexität nicht jedem kleinen Unternehmen aufzuzwingen, hat der Gesetzgeber für Kleinunternehmen eine Lockerung erlaubt: die Einnahmen-Überschuss-Rechnung. Grundlage dieser Vereinfachung ist die Steuergesetzgebung. Sie gilt unter den folgenden Bedingungen:

- Der Umsatz des Unternehmens darf 500.000 Euro pro Jahr nicht überschreiten.
- Der Gewinn des Unternehmens darf 50.000 Euro pro Jahr nicht überschreiten.

ACHTUNG

Die früher geltende Beschränkung der Vereinfachung auf nicht buchhaltungspflichtige Kaufleute, also der Ausschluss sämtlicher Gesellschaften und eingetragenen Kaufleute von der Befreiung, gilt seit 2010 nicht mehr.

> Noch immer wird fälschlich in vielen auch offiziellen Broschüren und In-
> formationen auf diese Ausnahmen verwiesen. Vor allem im Internet fin-
> den sich Inhalte, die nicht aktuell sind.

Diese Bedingungen erfüllt ein großer Teil der Existenzgründungen, die ihren Erfolg dann mit der vereinfachten Einnahmen-Überschuss-Rechnung ermitteln dürfen. Dabei werden die Geldströme nicht auf verschiedene Konten gebucht. Die Ausgaben werden zu wenigen Kostenblöcken zusammengefasst und den Einnahmen gegenübergestellt. Diese Vorgehensweise ist wesentlich einfacher und verständlicher als die gesetzlichen Vorschriften der Buchführung.

Die Einnahmen-Überschuss-Rechnung arbeitet mit den Zeitpunkten, in denen das Geld bewegt wird, also tatsächlich abfließt bzw. im Unternehmen ankommt. In der eigentlichen Buchführung wird mit den Zeitpunkten gearbeitet, in denen die Verbindlichkeit bzw. die Forderung entsteht. Das hat Auswirkungen auf Steuerzahlungen (z. B. der Umsatzsteuer) und führt zu einem weiteren Vorteil der Einnahmen-Überschuss-Rechnung.

Auch wenn die Einnahmen-Überschuss-Rechnung wesentlich einfacher ist als die eigentliche Buchführung, sollten Sie diese einem Steuerberater überlassen, wenn Sie keine kaufmännischen Vorkenntnisse haben. Das Ausfüllen des Steuerformulars, das Führen des Anlagenverzeichnisses mit der Ermittlung der Abschreibungen ist für Laien zu komplex. Zumindest wird die Rechnung des Beraters niedriger ausfallen, wenn dieser nur eine Einnahmen-Überschuss-Rechnung durchführen muss. Darum lassen Sie sich nicht von Ihrem Steuerberater in eine Buchhaltung drängen, die Sie nicht brauchen.

5.3.2 Buchführung nutzen

Der Aufwand für die Buchführung steht nicht zur Debatte. Die Informationspflichten für den Staat und die Gläubiger des Unternehmens müssen erfüllt werden. Der Existenzgründer kann seine Buchhaltung jedoch so aufstellen, dass er auch einen Nutzen daraus ziehen kann.

- In der Buchhaltung können die Erlöse auf unterschiedliche Erlöskonten gebucht werden, sodass Aussagen über Umsätze nach Kunden- oder Produktgruppen möglich sind (z. B. Erlöse Deutschland, Erlöse EU, Erlöse Rest der Welt).
- Die in der Buchführung notwendige Verbuchung der Kosten nach Kostenarten gibt einen Überblick über die auflaufenden Kosten in den einzelnen Bereichen (Personal, Wareneinsatz, Energie, …).
- Die modernen Buchhaltungssysteme mit IT-Unterstützung ermöglichen auch kurzfristige Abschlüsse, sodass Monats- oder Quartalsergebnisse dem Existenzgründer einen guten Hinweis auf die Geschäftsentwicklung geben.
- Mit der Verbuchung aller Geschäftsvorfälle entsteht eine Übersicht über die offenen Forderungen und die Verbindlichkeiten des jungen Unternehmens. Eine Liquiditätsvorschau wird möglich.

! **ACHTUNG**

Als Geschäftsführer einer GmbH müssen Sie eine Überschuldung Ihrer Gesellschaft rechtzeitig erkennen. Vernachlässigen Sie das fahrlässig, haften Sie im Falle einer Insolvenz auch mit Ihrem Privatvermögen. Nur eine aussagekräftige Buchhaltung kann Ihnen die notwendigen Informationen zur Beurteilung der Überschuldung liefern.

5.3.3 Die Buchhaltung optimal organisieren

Die richtige Organisation der Buchhaltung hängt ab von der Größe des Unternehmens. Grundsätzlich reicht der Spielraum vom Einsatz externer Buchhaltungshelfer bis zur Auslagerung riesiger Buchhaltungsabteilungen z. B. nach Indien. Für Existenzgründungen kommen in der Regel nur solche Optionen in Frage, die sich für kleine Unternehmen eignen.

Gleichgültig, welche Option gewählt wird, ohne IT-Unterstützung ist heute keine Buchführung mehr wirtschaftlich zu erledigen. Nur kleine Gründungen, die ihren Gewinn nach der Einnahmen-Überschuss-Rechnung ermitteln, können mit einfachen Excel-Tabellen über die Runden kommen. Auch externe Helfer verfügen über eine entsprechende IT-Unterstützung. Die Auswahl der richtigen IT-Software ist daher eine wichtige Aufgabe für den Existenzgründer.

Zunächst muss der Existenzgründer entscheiden, ob er die Buchhaltung selbst erledigen oder extern vergeben will. Dabei spielen drei Kriterien eine Rolle:

- Ist der Umfang der zu erwartenden Aufgaben so gering, dass sich der Aufbau einer eigenen Buchhaltung nicht lohnt, wird ein externer Partner beauftragt.
- Fehlt dem Existenzgründer jegliches Know-how, sodass auch die Überwachung einer eigenen Buchhaltungsabteilung schwer wird, muss externe Hilfe in Anspruch genommen werden.
- Die eigene Buchhaltung liefert die Ergebnisse schneller als die externe. Ist der Gründer auf schnelle Informationen angewiesen, muss er eine eigene Buchhaltung aufbauen.

Während die externe Buchhaltung in Abhängigkeit vom Arbeitsanfall bezahlt wird (je Buchung), wird mit der eigenen Abteilung ein Fixkostenblock aufgebaut. Was für das junge Unternehmen günstiger ist, muss im Einzelfall entschieden werden.

In der Gründungsphase und darüber hinaus haben Sie als Existenzgründer viel zu tun, um Ihr eigentliches Geschäft zum Laufen zu bringen. Wenn Sie sich nicht auf die Buchführung konzentrieren wollen, ist das durchaus verständlich und sinnvoll. Sie sollten mit Ihrem Steuerberater die Übernahme der Buchhaltung vereinbaren, wenn dieser eine kurzfristige Kündigungsmöglichkeit einräumt. Sie können später die Aufgaben in Ihr Unternehmen verlagern, sobald sich herausstellt, dass eine eigene Buchhaltung für Sie günstiger ist.

Als externe Helfer für die Buchführung bietet sich der Steuerberater an, der die Gründung auch in der Anfangsphase intensiv betreut. Es gibt jedoch auch Spezialisten, die sich als Buchhaltungshelfer auf die Erledigung der Buchhaltung für Dritte spezialisiert haben. Diese arbeiten in manchen Fällen auch als Selbstständige in den Geschäftsräumen des Kunden.

Soll die Buchführung intern erledigt werden, bestimmt der Umfang der Aufgaben, ob es sich um eine Voll- oder eine Teilzeitstelle handelt. Die meisten Existenzgründungen werden mit einer Teilzeitaufgabe beginnen können.

TIPP

Wenn Sie mehr Aufgaben haben, als eine Teilzeitstelle erledigen kann, denken Sie über zwei Teilzeitbeschäftigte nach. Sie verteilen das Know-how Ihrer Buchhaltung auf zwei Köpfe und reduzieren die Gefahr des Verlustes. Außerdem sind Vertretungen und Arbeitsspitzen besser abzudecken.

Die folgenden Punkte sollten Sie mit Ihrem Steuerberater oder Ihrer betriebswirtschaftlichen Hilfe besprechen:

Checkliste Entscheidungen zur Buchhaltung	
Inhalt	Ergebnis
Prüfen, ob Buchhaltungspflicht besteht oder ob Einnahmen-Überschuss-Rechnung ausreicht.	
Entscheidung, ob Buchhaltung intern oder extern erledigt wird.	
Bei intern: Entscheidung, ob Teilzeitstelle ausreicht.	
Bei extern: Entscheidung, wer die Buchhaltung extern erledigt.	

5.4 Die Mitarbeiter

Die meisten Existenzgründungen beginnen mit einer Person — dem Unternehmer. Die Notwendigkeit, Mitarbeiter einzustellen und deren Fähigkeiten zu nutzen, wird nicht gesehen oder verdrängt. Auch Kleinunternehmen können Personal benötigen, Gründungen großer Unternehmen gehen in der Regel mit vielen Einstellungen einher.

Welche Gründe sprechen für die Beschäftigung von Mitarbeitern?

- Selbst in kleinen Unternehmen muss der Unternehmer hin und wieder vertreten werden. Er kann krank sein oder einen Lieferantenbesuch machen müssen. Außerdem muss auch ein Existenzgründer hin und wieder etwas Freizeit haben, die manchmal auch in die normale Arbeitszeit fällt.

> ▶ **BEISPIEL**
>
> Im Einzelhandel kann es sich das neue Geschäft nicht leisten, unerwartet zu schließen. Die Kunden verlassen sich auf die normalen Öffnungszeiten. Wenn dann die eigene Tochter heiratet, sollte auch der Vater daran teilnehmen können. Für sein Geschäft benötigt er einen Stellvertreter.

- Das Arbeitsaufkommen kann zeitweilig so hoch sein, dass es von einer Person nicht bewältigt werden kann und Unterstützung gebraucht wird, wie zum Beispiel im Weihnachtsgeschäft oder bei anderen saisonalen Ereignissen. Auch besonders große Aufträge, die schnell erledigt werden müssen, können zu Personalmangel führen.
- Zur Erbringung der Unternehmensleistung sind umfangreiche Fähigkeiten notwendig. Wenn der Existenzgründer nicht über alle notwendigen Fähigkeiten verfügt, muss er diese einkaufen. Das geht nicht immer über externe Dienstleister. Wenn z. B. der Gründer ein reiner Techniker ist, muss er für den Verkauf einen Mitarbeiter einstellen.
- Es gibt Unternehmen, die nur mit einem bestimmten Volumen überlebensfähig sind. Ist dieses zu groß, um von einer Person erledigt zu werden, müssen Mitarbeiter eingestellt werden. Diese Situation findet sich sehr oft in neu gegründeten Produktionsunternehmen.

Mitarbeiter kosten viel Geld und sie können dem Unternehmen auch schaden, wenn sie schlecht oder zu langsam arbeiten. Daher ist es eine wichtige Entscheidung ob und welche Mitarbeiter eingestellt werden.

Checkliste für die Vorgehensweise bei der Mitarbeiterbeschäftigung

1. Zunächst müssen das Arbeitsaufkommen und der Personalbedarf exakt bestimmt werden.

2. Steht der Bedarf fest, werden die offenen Stellen adäquat besetzt.

Checkliste für die Vorgehensweise bei der Mitarbeiterbeschäftigung
3. Um den Bedarf so genau wie möglich abzudecken, müssen alle möglichen Beschäftigungsformen genutzt werden.
4. Die Mitarbeiter müssen dazu gebracht werden, möglichst gute Leistungen für das Unternehmen zu bringen.
5. Die Mitarbeiter müssen selbstverständlich auch bezahlt werden.

Mitarbeiter stellen immer ein Risiko dar. In Deutschland gibt es starke Arbeitnehmerschutzgesetze, die die Handlungsfähigkeit des Arbeitgebers selbst bei schlechter Leistung des Arbeitnehmers stark einschränken. Das betrifft die meisten Existenzgründungen allerdings gar nicht. Viele der gesetzlichen Regelungen haben eine Mindestzahl von Angestellten als Voraussetzung. So gilt der Kündigungsschutz für Mitarbeiter erst in Unternehmen mit mehr als zehn Mitarbeitern.

Mitarbeiter können krank werden und haben dann einen Anspruch auf Lohnfortzahlung. Dieses Risiko ist für Kleinunternehmen reduziert. Mit den Krankenkassenbeiträgen zahlt das Unternehmen eine Umlage. Wird Lohnfortzahlung fällig, zahlt die Kasse aus diesen Umlagen einen Teil an den Arbeitgeber zurück.

5.4.1 Wo können Ihnen Mitarbeiter helfen?

Mitarbeiter verursachen Kosten, Kosten schmälern den Gewinn. Darum ist es notwendig, Mitarbeiter nur dort einzusetzen, wo es wirtschaftlich möglich und notwendig ist. Voraussetzung ist eine exakte Bedarfsermittlung, die aufgrund der Unternehmensdaten mögliche Einsatzgebiete identifiziert.

In der Praxis wird immer wieder die Aufgabe auf eine vorhandene Person zugeschnitten. Das ist nur selten optimal für das Unternehmen. Sie sollten also nicht für eine bestimmte Person eine Aufgabe suchen, (z. B. die beste Freundin der Existenzgründerin), sondern zunächst die Aufgabe definieren und dann den richtigen Mitarbeiter suchen.

Der Bedarf an Mitarbeitern entsteht an vielen Stellen im Unternehmen und aus den unterschiedlichsten Gründen:

- **Zu viel Arbeit:** Das Arbeitsaufkommen ist bei vielen Existenzgründungen bereits von Anfang an so geplant, dass es der Gründer alleine nicht bewältigen kann und deshalb müssen schon bei der Gründung Mitarbeiter im Geschäft sein.

▶ BEISPIELE

Im Einzelhandel sind Geschäfte wirschaftlich erst dann sinnvoll, wenn ein Mindestumsatz erzielt wird. Abhängig davon sind auch die Größe der Verkaufsfläche und die Anzahl der benötigten Mitarbeiter.
Fertigungsbetriebe mit angepeilten mehreren Hunderttausend Umsatz können diesen nur mithilfe von Mitarbeitern erwirtschaften.
Ein Friseurgeschäft benötigt ebenfalls einen Mindestumsatz, damit Miete, Energie und andere fixe Kosten bezahlt werden können. Um die dafür nötige Anzahl von Kunden bedienen zu können, wird Personal eingestellt.

In diesen Fällen verrichten der Gründer und seine Mitarbeiter die gleiche Art von Arbeit. Alle Mitarbeiter im Einzelhandel verkaufen und auch beim Handwerk führen Geselle und Meister in der Regel die gleichen Tätigkeiten durch.

- **Ergänzende Fähigkeiten:** Anders ist die Situation, wenn der Existenzgründer nicht alle Fähigkeiten mitbringt, um die Arbeit vollständig alleine zu erledigen. Dann kann er die benötigten Fähigkeiten von Dienstleistern einkaufen oder Mitarbeiter einstellen.

▶ BEISPIEL

Uwe Herd hat ein Computer- und Softwarehaus eröffnet. Er bietet seinen Kunden eine rundum Versorgung im IT-Bereich. Uwe Herd ist ein Softwarespezialist mit jahrelanger Erfahrung in der Nutzung von Anwenderprogrammen und Datenbanken. Leider fehlt ihm jegliche Kenntnis über die Technik von Computernetzwerken. Da diese jedoch von seinen Kunden verlangt wird, muss er das nötige Know-how einkaufen. Die Möglichkeit, bei Bedarf einen anderen Unternehmer zu beauftragen, hat er verworfen. Es besteht die Gefahr, dass dieser seine Kunden abwirbt. Er wird mit einem Angestellten beginnen, der über die notwendigen Fähigkeiten verfügt.

Nicht nur berufsnahe Fähigkeiten, die dem Existenzgründer fehlen, auch fehlende Verwaltungskenntnisse oder Verkaufsfähigkeiten müssen ersetzt werden. Ist das Volumen groß genug, kann ein eigener Mitarbeiter preiswerter sein als der Einkauf entsprechender Dienstleistungen.

Wenn das Volumen der Gründung nicht groß genug ist, die Kenntnisse jedoch nicht von einem Dienstleister bezogen werden können oder sollen, dann muss die Planung des Gründungsvorhabens geändert werden. Das neue Unternehmen muss entsprechend anders strukturiert werden. Durch die Überprüfung der Geschäftsidee und des Businessplans wird sehr schnell deutlich, ob das Vorhaben dann noch wirtschaftlich und realistisch ist.

- **Entlastung des Unternehmers:** Nicht nur die Existenzgründung selbst, auch die unternehmerische Tätigkeit ist belastend für den Gründer. Es gibt zu Beginn nur wenige Bereiche, in denen der Unternehmer selbst bestimmen kann, wann und wie viel er arbeitet.

> ▶ **BEISPIELE**

Im Einzelhandel müssen bestimmte Öffnungszeiten eingehalten werden. Steht der Kunde vor verschlossenen Türen, wird er sich das merken und sich ein anderes Geschäft suchen.

Handwerker müssen für ihre Kunden erreichbar sein, um in Notfällen schnell eine Lösung zu finden. Ist der Dachdecker nach einem Sturm für seine Kunden nicht erreichbar, macht der Mitbewerber das Geschäft und kann viele Stammkunden abwerben.

Im Heilberuf muss der Unternehmer für seine Patienten erreichbar sein, um ihnen ein Gefühl der Sicherheit zu geben. Außerdem verlangen die Krankenkassen, dass die Praxen ihrer Partner für eine Mindestzeit geöffnet haben.

Der Unternehmer kann also nicht davon ausgehen, dass er die Öffnungszeiten nach seinem Gutdünken gestalten kann. Auch Krankheit, Messebesuche oder Lieferantengespräche können eine Vertretung erforderlich machen, die den Gründer ohne qualitative Abstriche ersetzt.

- **Wachsendes Unternehmen:** Der Businessplan prognostiziert die Entwicklung des neuen Unternehmens für die nächsten Jahre. Wachstum bedeutet auch immer, dass das Arbeitsaufkommen steigt. Spätestens jetzt muss über zusätzliches Personal nachgedacht werden. Je früher die Mitarbeiter in der Startphase involviert werden, desto besser sind ihre Kenntnisse. Auch die Motivation spielt eine Rolle, wenn ein neues Unternehmen aufgebaut wird.

TIPP

Gleichgültig, warum Sie Mitarbeiter benötigen, versuchen Sie eine Vergleichsrechnung aufzustellen. Wie verändert sich das Geschäftsergebnis, wenn Sie wie viele Mitarbeiter einstellen? Die Kosten steigen, aber auch der Umsatz. Nur wenn der erhöhte Gewinn durch einen Mitarbeiter über den zusätzlichen Kosten liegt, ist die Beschäftigung auch sinnvoll.

Bei der Analyse des Arbeitsaufkommens ist nicht nur die Qualifikation des benötigten Mitarbeiters ausschlaggebend, sondern vor allem auch die Art der Anstellung. Nicht immer ist eine Vollzeitstelle sinnvoll und wirtschaftlich. Stellen Sie fest, welche Tätigkeiten von einem Mitarbeiter übernommen werden können, der eine geringere Qualifikation als der Gründer selbst hat, denn auf diese Weise kann am Gehalt gespart werden.

BEISPIEL

Claudia Roth hat es doch noch geschafft und die Genehmigung zur Eröffnung einer Heilpraktikerpraxis bekommen. Schon bald stellt sie fest, dass sie die anfallenden Aufgaben nicht alleine erledigen kann. Da es sich in der Regel um Tätigkeiten handelt, die keine Qualifikation als Heilpraktikerin benötigen, kann sie hier sparen und eine einfache Bürokraft einstellen.

Die Kosten für die auf Mitarbeiter übertragenen Nebentätigkeiten sind geringer als die Kosten, die eine vollständige Vertretung verursachen würde.

Die Nebentätigkeiten sind weniger anspruchsvoll und werden daher nicht so gut bezahlt.

ARBEITSHILFE
ONLINE

Der ermittelte Bedarf muss exakt definiert und festgehalten werden. Dazu können Sie die folgende Tabelle benutzen. Sie finden diese auch als Datei auf unserem Portal Arbeitshilfen online.

Bedarf an Mitarbeitern

Aufgabe	notwendige Fähigkeiten	Volumen der Arbeit	Verteilung der Arbeit
Patientenverwaltung Terminverwaltung	Ausbildung als Arzthelferin drei Jahre Erfahrung Selbständigkeit Durchsetzungsvermögen	16 Stunden pro Woche	4 Stunden nachmittags Mo, Di, Do, Fr
Praxisreinigung	Sorgfalt Zuverlässigkeit Gesundheit	10 Stunden pro Woche	2 Stunden pro Tag am frühen Morgen

Abb. 2: Beispiel Bedarfsbeschreibung

5.4.2 Beschäftigungsformen flexibel wählen

Junge Unternehmen haben noch keine ausreichende Erfahrung damit, wie viel Arbeit wirklich anfällt und wie diese verteilt werden muss, darum ist gerade in der Anfangsphase erhöhte Flexibilität vonnöten.

Arbeitsvolumen und -verteilung

Die meisten Existenzgründer haben keinen Bedarf an einer Hilfe, die an fünf Tagen pro Woche Vollzeit beschäftigt ist. Die typische Vollzeitbeschäftigung wird erst nach einer gewissen Entwicklung erreicht. Das Arbeitsvolumen in neuen Unternehmen ist wesentlich geringer und nicht exakt planbar, da eine stark schwankende Auftragslage das Arbeitsaufkommen beeinflussen kann.

Selbst wenn das Arbeitsvolumen einigermaßen gleichmäßig ist, muss die Verteilung über den Tag und in der Woche nicht unbedingt den deutschen Beschäftigungszeiten entsprechen. Große Unternehmen mit vielen Mitarbeitern können das gut überbrücken. Wenn ein junges Unternehmen aber Flexibilität benötigt, ist das nur schwer darstellbar.

> ▶ **BEISPIEL**
>
> Die Heilpraktikerin Claudia Roth hat ihre Mitarbeiter beobachtet und befragt. Es gibt zwar vier Stunden am Tag, die für die Patientenbetreuung aufgewendet werden müssen, doch diese Stunden verteilen sich nicht auf den Nachmittag oder den Vormittag. Vielmehr wird die Arbeit morgens von 8:00 bis 10:00 Uhr anfallen und nachmittags von 16:00 bis 18:00 Uhr. Diese Flexibilität ist mit den meisten deutschen Arbeitnehmern nicht zu erreichen.

ARBEITSHILFE
ONLINE
Der Existenzgründer muss bei der Beschäftigung von Mitarbeitern die notwendige Flexibilität erreichen, indem er die geringen Spielräume des deutschen Arbeitsrechtes nutzt. Mit etwas Geschick und Kombinationsgabe ist das durchaus möglich. Muster für verschiedene Arbeitsverträge finden Sie im Internet auf der Seite Arbeitshilfen online.

Zeitarbeitnehmer

Die Arbeitnehmerüberlassung ist eigentlich immer in einer oft sehr emotionalen Diskussion. Doch der Existenzgründer ist Unternehmer und muss die Möglichkeiten dieser Beschäftigungsform nutzen, wenn sie ihm Vorteile bietet und er seine Ziele mit anderen Mitteln nicht erreichen kann.

Zeitarbeitnehmer werden dem Unternehmen für eine gewisse Zeit von einem Dienstleister überlassen. Dessen Unternehmenstätigkeit besteht in der Arbeitnehmerüberlassung an die Kunden. Arbeitgeber ist das Zeitarbeitsunternehmen. Für den Existenzgründer hat die Beschäftigung von Zeitarbeitnehmern keine arbeitsrechtlichen Konsequenzen. Es besteht ein Vertrag mit dem Zeitarbeitsunternehmen. Nur daran muss sich der Gründer des jungen Unternehmens halten. In der Regel werden dort sehr flexible Vereinbarungen getroffen, die eine bedarfsgerechte Beschäftigung der Zeitarbeitnehmer sicherstellen. Für diese Leistung zahlt das Unternehmen an den Vertragspartner und nicht direkt an den Mitarbeiter. Der Preis wird nur fällig für geleistete Arbeitsstunden. Urlaub, Feiertagsbezahlung oder Lohnfortzahlung spielen keine Rolle mehr. Für Mehrarbeit werden Zuschläge fällig. Eventuell muss ein Fahrtkostenzuschuss gezahlt werden.

Die Vorteile der Beschäftigung von Zeitarbeitnehmern für die Existenzgründung sind:

- Es gibt feste Kosten pro Arbeitsstunde. Kosten für nicht geleistete Arbeit (Urlaub, Feiertag, Krankheit) entfallen.
- Die Kosten für die Beschäftigung sind exakt planbar und können in die Kalkulation einfließen.
- Die Zeitarbeitnehmer können entsprechend des Arbeitsaufkommens kurzfristig beschafft und auch wieder abbestellt werden. Arbeitsrechtlich anspruchsvolle Kündigungen entfallen.

! **ACHTUNG**

Auch wenn nicht geleistete Arbeitsstunden bei einem Zeitarbeitnehmerverhältnis nicht gezahlt werden, sind die Kosten dafür in dem Stundenpreis enthalten. Der rechtliche Arbeitgeber muss sie den Arbeitnehmern schließlich gewähren. Doch für den Auftraggeber gibt es absolute Planungssicherheit für die Kosten pro Stunde.

Die Nachteile der Beschäftigung von Zeitarbeitnehmern für die Existenzgründung sind:

- Die Motivation der Zeitarbeitnehmer, die ständig mit einem Arbeitsplatzwechsel rechnen müssen, ist nicht sehr hoch. Sie identifizieren sich nicht mit dem Unternehmen.
- Auch Zeitarbeitnehmer müssen angelernt werden und bringen in dieser Zeit weniger Leistung. Diese Investition geht bei Beendigung der Beschäftigung verloren.
- Die Fluktuation unter den Zeitarbeitnehmern ist recht hoch. Know-how geht verloren.

Gleichgültig, wie der Unternehmer persönlich zu dem Instrument der Arbeitnehmerüberlassung steht: Für flexibel einsetzbare und gut planbare Beschäftigungen sind die Zeitarbeitnehmer optimal geeignet.

Vollzeitmitarbeiter

Vollzeit bedeutet in Deutschland 38 bis 40 Stunden pro Woche, je nach Branche und Tarif, verteilt auf fünf Tage, Montag bis Freitag. Die Wahrscheinlichkeit, dass Schichtarbeit und Wochenendproduktion in einem neu gegründeten Unternehmen sofort notwendig werden, ist sehr gering.

Bei der Vollzeitbeschäftigung müssen umfangreiche gesetzliche und tarifliche Vorschriften beachtet werden. Nicht nur die wöchentliche Arbeitszeit ist festgelegt, es gibt auch Regelungen

- zur maximalen täglichen Arbeitszeit (10 Stunden) mit den entsprechenden Ruhezeiten dazwischen
- zur Entlohnung, da die meisten Branchen tarifgebunden sind
- zu gesetzlichen (Sozialversicherung), tariflichen (Urlaubsentgelt, Urlaubsgeld, Jahressonderzahlung) und freiwilligen (Fahrtkostenerstattung) Sozialleistungen
- zum Kündigungsschutz und zu weiteren Schutzgesetzen.

TIPP

Nochmals der Hinweis darauf, dass die umfangreichen Schutzgesetze für Arbeitnehmer in Kleinbetrieben nicht immer gelten. Es gibt für unterschiedlichen Schutz unterschiedliche Mitarbeiterzahlen, die als Grenze definiert sind.

Hinsichtlich des Arbeitsvolumens, also der täglichen Arbeitszeit, sind die gesetzlichen und tariflichen Regelungen für Vollzeitarbeitnehmer sehr starr. Üblich ist noch immer der Acht-Stunden-Tag (bei 40 Stunden pro Woche). Darüber hinausgehend wird Mehrarbeit geleistet, die mit Zuschlägen sehr teuer wird.

Eine Lösung stellen hier Zeitkonten dar, die in vielen Branchen jetzt auch tariflich zugelassen werden. Dabei wird Mehrarbeit nicht mehr mit Zuschlägen in Geld ausgezahlt. Vielmehr werden die Mehrstunden auf Arbeitszeitkonten gesammelt und vom Mitarbeiter als Freizeit verbraucht. Dadurch bleibt zumindest die Kostenbelastung der Arbeitsstunde gleich.

Ein anderes Problem ist nicht die kurzfristige Mehrarbeit, sondern die langfristige Schwankung des Arbeitsaufkommens im Laufe eines Jahres. Typisches Beispiel dafür sind Unternehmen, die nur Weihnachtsprodukte herstellen. Im Herbst und in der Vorweihnachtszeit ist mehr als genügend Arbeit vorhanden, in anderen Zeiten reicht der Arbeitsanfall nicht, um die vorgeschriebenen Mindestwochenstundenzahl zu erreichen.

Auch hierfür gibt es bereits seit Jahren in vielen Branchen tarifliche Regelungen, die in gewissem Maße eine Veränderung der Wochenarbeitszeit zulassen. Leider sind diese Vereinbarungen, wie auch die Vereinbarungen zu den Arbeitszeitkonten, oft sehr reglementiert und schwierig zu handhaben. Die Ansprüche der Gewerkschaften haben dazu geführt, dass die Schwankungsbreiten nicht ausreichend sind. Dennoch ist es eine Prüfung wert, ob diese Instrumente eine Verbesserung in der individuellen Arbeitssituation bringen können.

Bei allen Regelungen, die die betriebliche Arbeitszeit betreffen, hat der Betriebsrat ein Mitspracherecht. Wenn Sie mehr als fünf Mitarbeiter, die älter als 18 Jahre sind, beschäftigen, müssen Sie auf Wunsch der Mitarbeiter die Wahl eines Betriebsrates tolerieren. Dieser wird dann versuchen, die Interessen der Mitarbeiter an einer möglichst gleichen Arbeitszeitverteilung gegen die Interessen Ihres Unternehmens an eine möglichst flexible Arbeitszeitverteilung durchzusetzen.

ARBEITSHILFE ONLINE — Ein Muster für einen Vertrag finden Sie auf dem Download-Portal zum Buch (Arbeitshilfen online).

Teilzeitbeschäftigung

Bei jungen Unternehmen gibt es oft Tätigkeiten, die nicht ausreichend sind, um einen gesamten Arbeitstag zu füllen. Eine Möglichkeit besteht darin, eine Person zu finden, die mehrere Aufgaben erledigen kann und dann insgesamt auf eine Vollzeitstelle kommt. Die weiter verbreitete Möglichkeit ist die Schaffung von Teilzeitstellen.

Eine Teilzeitbeschäftigung unterliegt den gleichen Bedingungen wie eine Vollzeitbeschäftigung mit einer Ausnahme: die wöchentliche Arbeitszeit, die geringer ist als bei einer vollen Beschäftigung. Das bedingt selbstverständlich auch eine Verringerung des Lohnes, der gezahlt werden muss.

Zunächst ist eine Teilzeitbeschäftigung genauso unflexibel wie eine Vollzeitbeschäftigung, wenn es um die zu leistende Arbeitszeit und deren Verteilung geht. Die Arbeitszeit ist auch im Teilzeitbereich fix. Allerdings gibt es in der Praxis einen größeren Spielraum, um kurzfristig anfallende Mehrarbeit erledigen zu können. Das sollten Sie nutzen.

Die Entwicklung des Unternehmens kann zu einer Problematik führen, die in den Forderungen des Arbeitnehmers liegt. Wächst das Unternehmen in den ersten Jahren, wächst auch das Volumen der zu erledigenden Aufgaben. Die einfache Konsequenz daraus ist, die Arbeitszeit des Teilzeitarbeitsverhältnisses zu erhöhen. Doch will das der Teilzeitarbeitnehmer? Wenn nicht, muss eine andere Lösung geschaffen werden.

Ein weiteres Problem stellt die Qualität der Arbeitnehmer dar, die sich auf eine Teilzeitstelle bewerben. Mit Ausnahme von Personen, in der Mehrzahl noch immer Frauen, die neben Haushalt und Kindererziehung eine Teilzeitbeschäftigung suchen, finden sich nur selten qualifizierte Mitarbeiter für eine solche Beschäftigung. Diese ziehen in der Regel eine Vollzeitstelle vor.

Eine Teilzeitbeschäftigung hat also durchaus auch Nachteile. Es muss als Vorteil berücksichtigt werden, dass eine Teilzeitkraft im Vergleich zu einer Vollzeitkraft mehr leistet. Zwei Halbtagskräfte ergeben also mehr Leistung als eine Vollzeitkraft, auch wenn sie sich bei der Arbeitsübergabe noch abstimmen müssen.

Befristete Arbeitsverhältnisse
Die deutschen Gesetze schützen den Arbeitnehmer vor allem auch gegen eine Kündigung. Um diese Hürde für eine Anstellung zu beseitigen, wurde die Möglichkeit geschaffen, Arbeitsverträge zu befristen. Die befristeten Arbeitsverhältnisse gleichen in ihren Rechten und Pflichten der Vollzeit- oder der Teilzeitbeschäftigung, wobei jedoch das Arbeitsverhältnis ein automatisches Ende beinhaltet. Eine Kündigung ist nicht notwendig.

Befristete Arbeitsverhältnisse helfen den jungen Unternehmen in besonderem Maße, da in diesen die typischen Gründe für eine Befristung sehr häufig anzutreffen sind:

- Wenn das junge Unternehmen Aufträge erhalten hat, aber noch nicht absehbar ist, ob Folgeaufträge in einigen Monaten die Beschäftigung auch weiter sichern, helfen befristete Arbeitsverhältnisse einer Entscheidung zugunsten der Beschäftigung von Mitarbeitern.

▶ BEISPIEL

Die Raubold und Weber GmbH hat einen neuen Auftrag für Edelstahlbauteile gewinnen können, der es zulassen würde, einen weiteren Mitarbeiter einzustellen. Da aber nicht gewiss ist, ob nach den sechs Monaten der Auftragsdauer ein weiterer Auftrag platziert wird, hat Herr Raubold mit Mehrarbeit der vorhandenen Belegschaft gerechnet, obwohl diese in den letzten Monaten bereits stark belastet war.
Um diese Belastung der Stammbelegschaft zu reduzieren und dennoch keine langfristige Verpflichtung einzugehen, wird ein Mitarbeiter befristet für sieben Monate eingestellt.

- Zusätzliche Aufträge können das Arbeitsvolumen temporär erhöhen. Befristungen können genau den gewünschten Zeitraum abdecken.
- Ein typischer Grund für die Befristung von Arbeitsverhältnissen ist die Vertretung von Mitarbeitern, die für eine Weile ausfallen (z. B. Schwangerschaft oder Elternzeit).

Damit die Befristung des Arbeitsverhältnisses rechtlich gültig ist, muss sie vor Beginn der Arbeitsaufnahme schriftlich zwischen Arbeitgeber und Arbeitnehmer vereinbart werden. Für die Verlängerung von befristeten Arbeitsverhältnissen gelten besondere rechtliche Regelungen. Wer diese nicht beachtet, läuft Gefahr, dass aus einem befristeten ein unbefristetes Arbeitsverhältnis wird.

● TIPP

Auch befristete Arbeitsverhältnisse können vor Ablauf der Befristung gekündigt werden. Fristlos, also bedingt durch das Verhalten des Mitarbeiters, ist das immer möglich. Sonst sind die üblichen Fristen einzuhalten und die Kündigung muss begründet werden. Auf diese Möglichkeit muss allerdings im befristeten Arbeitsvertrag hingewiesen werden.

Der Vorteil befristeter Arbeitsverträge für den Arbeitgeber ist die Flexibilität. Diese stellt gleichzeitig für den Arbeitnehmer ein hohes Maß an Unsicherheit dar. Darum wird jeder Arbeitnehmer eine unbefristete Beschäftigung einer befristeten vorziehen. Demnach sind nicht immer ausreichend viele qualifizierte Mitarbeiter dazu bereit, sich auf eine befriste Stelle zu bewerben.

TIPP

Sie können die Befristung eines Arbeitsverhältnisses auch dazu benutzen, die Probezeit zu verlängern. Sie können sich bis kurz vor Ablauf der Befristung entscheiden und dann dem Arbeitnehmer ein unbefristetes Angebot unterbreiten, wenn Sie dies wollen.

Aushilfen/geringfügig Beschäftigte

Aushilfen haben einen besonderen Namen: Minijobber. Für den Minijob gelten seit 1.1.2013 geänderte Bestimmungen: Die Verdienstgrenze für geringfügige Beschäftigung ist von 400 € auf 450 € pro Monat angehoben worden und es besteht grundsätzlich Rentenversicherungspflicht. Geringfügige Beschäftigungen sind Arbeitsverhältnisse, die durch folgende Kriterien rechtlich definiert sind:

- Der Minijobber erhält maximal 450 € pro Monat.
- Der Lohn ist für den Arbeitnehmer frei von Abgaben zur Kranken- und Pflegeversicherung und von Lohnsteuern. Von der Rentenversicherungspflicht kann sich der Arbeitnehmer befreien lassen.
- Der Arbeitgeber zahlt pauschalierte Beiträge zur Sozialversicherung und für die Steuern.

BEISPIEL

Uwe Real beschäftigt in seinem Fertigungsunternehmen auch eine Aushilfskraft, die den Fuhrpark pflegt. Für den abgelaufenen Monat ergibt sich ein Einkommen von 328 €.

Darüber hinaus muss der Arbeitgeber folgende Beträge an die Sozialversicherungen bzw. das Finanzamt zahlen:

- 42,64 € Krankenversicherung (13 %)
- 49,20 € Rentenversicherung (15 %)
- 2,30 € Umlage 1 (0,7%)
- 0,46 € Umlage 2 (0,14 %)
- 6,56 € Pauschalsteuer (2 %)
- 0,13 € Insolvenzumlage (0,04 %)

In Summe sind das 101,29 € oder 30,88 %.

Die 450 € stellen das maximale Einkommen pro Monat dar. Auch wenn Ansprüche auf Urlaubsgeld oder Jahressonderzahlung bestehen, darf dieser Betrag nicht überschritten werden. Die Sonderzahlungen werden rechnerisch auf die Beschäftigungsmonate umgelegt. Das führt in der Praxis immer wieder zu Problemen.

Wenn ein Arbeitnehmer mehrere Minijobs hat, gilt die Obergrenze gemeinsam. Wenn der Arbeitnehmer andere Minijob-Arbeitsverhältnisse verschweigt, wird daraus plötzlich eine sozialversicherungspflichte Beschäftigung. Der Arbeitgeber ist verantwortlich für die Zahlung der Beiträge und wird dafür bisher noch zur Rechenschaft gezogen. Sollten sich die Angaben des Arbeitnehmers als falsch herausstellen, kann der Arbeitgeber die nachzuzahlenden Beträge für den Arbeitnehmeranteil an den Sozialversicherungsbeiträgen grundsätzlich vom Arbeitnehmer zurückfordern.

Der Minijobber hat die gleichen Rechte wie jeder Arbeitnehmer: Arbeitszeit regelungen, Kündigungsschutz, Urlaub- und Feiertagsbezahlung. Das wird in der Praxis nicht immer umgesetzt. Der Einsatz von Aushilfskräften ist wesentlich flexibler als die von Teilzeitkräften, da hier kurzfristig auf höheres Arbeitsaufkommen reagiert werden kann.

Die Verwaltung der Minijobber ist so einfach, dass der Existenzgründer hier kaum Hilfe benötigt. Voraussetzung ist etwas kaufmännisches Verständnis und Erfahrung im Umgang mit dem Internet. Alle notwendigen Arbeiten können über die Minijob-Zentrale im Internet abgewickelt werden (www.minijob-zentrale.de). Die notwendigen Aufgaben sind:

- Information über Aushilfsarbeitsverhältnisse
- Anmeldung der Aushilfskräfte
- Berechnung der Abgaben
- Meldung der Abgaben
- Bezahlung der Abgaben
- Jahresmeldung

! ACHTUNG

Für die Beschäftigung von Aushilfen ist zwingend eine Betriebsnummer der Agentur für Arbeit notwendig. Diese identifiziert den Arbeitgeber in der Minijob-Zentrale.

Beschäftigungsarten kombinieren

Niemand kann den Existenzgründer dazu zwingen, für alle Mitarbeiter die gleiche Beschäftigungsart zu wählen. Die Kombination der vorhandenen Möglichkeiten bietet meist die beste Lösung. So kann eine Stammmannschaft in Voll- und Teilzeit unbefristet angestellt sein. Diese wird ergänzt durch befristete Mitarbeiter, wenn es aufgrund der Auftragslage notwendig ist, und durch Aushilfen, die flexibel eingesetzt werden können. Auch Zeitarbeitnehmer lassen sich integrieren.

Die folgende Übersicht zeigt die wichtigsten Parameter der Beschäftigungsarten:

	regelmäßige Arbeitszeit	langfristige Arbeitsverteilung	Gebundenheit	Motivation
Zeitarbeit	flexibel	flexibel	gering	gering
Vollzeit	starr, teilweise flexibel durch Zeitkonten	starr	hoch	hoch
Teilzeit	starr, teilweise flexibel durch Zeitkonten	starr	hoch	hoch
Befristung	starr, teilweise flexibel durch Zeitkonten	starr	gering	gering
Aushilfen	flexibel	flexibel	gering	gering

5.4.3   Die Kosten der Mitarbeiter

Für die Beschäftigung von Mitarbeitern entstehen Kosten. Zur Höhe der zu zahlenden Beträge gibt es umfangreiche Regelungen, die das Unternehmen zu beachten hat. Der Unternehmer kann das Gehalt bzw. den Lohn nicht frei bestimmen. Außerdem kommen zum Bruttogehalt noch Kosten und Abgaben hinzu.

Das Bruttogehalt, der Bruttolohn
In aller Regel wird mit dem Arbeitnehmer ein monatlich zu zahlender Bruttobetrag bzw. ein Bruttostundenlohn vereinbart. Davon wird die Lohnsteuer abgezogen und der Arbeitnehmeranteil an den Sozialversicherungsbeiträgen. Auch wenn die Lohnsteuer vom Arbeitnehmer geschuldet wird, müssen Sie diese bei der monatlichen Berechnung einbehalten und an das Finanzamt abführen. Der Arbeitgeber ist dafür verantwortlich.

- Der Bruttolohn wird nach unten von tarifvertraglichen Regelungen begrenzt.
- Der gültige Tarifvertrag bestimmt das Gehalt nach unten, der Markt für Mitarbeiter bestimmt das Gehalt nach oben. Wer als Arbeitgeber zu wenig Gehalt bietet, wird langfristig keine guten Mitarbeiter halten können.
- Als Arbeitgeber müssen Sie in Ihrem Unternehmen auch den Grundsatz der Gleichbehandlung berücksichtigen. Das bedeutet, dass für vergleichbare Arbeit auch zumindest ungefähr ein gleicher Lohn zu bezahlen ist. Zu große Abweichungen sind nicht zulässig.
- Zur monatlichen Zahlung kommen in vielen Branchen noch das Urlaubsgeld und eine Jahressonderzahlung (das sogenannte Weihnachtsgeld).

Bezahlte Abwesenheit
Arbeitnehmer werden auch dann bezahlt, wenn sie aus besonderen Gründen abwesend sind. Wenn die Leistung der Arbeitnehmer für die Existenzgründung geplant wird, müssen diese Zeiten berücksichtigt werden.

- An gesetzlichen Feiertagen wird der Lohn bzw. das Gehalt weiter gezahlt.
- Der Arbeitnehmer hat ein Recht auf Urlaub. Die Anzahl der Urlaubstage schwankt je nach Branche und Tarifgebiet zwischen 24 Tagen (gesetzli-

ches Minimum) und 30 Tagen (eventuell zuzüglich Sonderurlaub). Das für diese Urlaubstage bezahlte Gehalt wird als Urlaubsentgelt bezeichnet.

- Für den Fall, dass der Arbeitnehmer krank ist, erhält er eine Lohnfortzahlung für die ersten sechs Wochen.
Die Sechswochenfrist der Lohnfortzahlung ist an das Kalenderjahr und die Erkrankung gebunden. Da Sie als Arbeitgeber nicht über die Krankheit selbst informiert werden, lassen Sie sich von der Krankenkasse des Arbeitsnehmers das Ende der Lohnfortzahlungsfrist bestätigen.
- In den Bundesländern gibt es unterschiedliche Gesetze, die einem Arbeitnehmer mehrere Tage bezahlten Bildungsurlaub zugestehen.

Die Sozialabgaben

Neben dem Bruttogehalt muss sich der Arbeitgeber an den Kosten für die Sozialversicherungen beteiligen. Seit 2009 ist auch der Krankenkassenbeitrag für alle gesetzlich Versicherten einheitlich.

- Der Krankenkassenbeitrag ist festgesetzt worden auf einheitlich 15,5 % vom Bruttoentgelt. Davon trägt der Arbeitnehmer 0,9 % allein, der Rest wird geteilt. Daher bleiben für den Arbeitgeber 7,3 %.
- Für die gesetzliche Rentenversicherung sind 19,6 % jeweils zur Hälfte von Arbeitgeber und Arbeitnehmer zu zahlen. Für 2013 wurden die Rentenversicherungsbeiträge auf 18,9 % des Bruttolohns gesenkt.
- Die gesetzliche Pflegeversicherung wird mit 2,05 % veranschlagt. Für kinderlose Arbeitnehmer und für Beschäftigte in Sachsen gelten andere Werte.
- Die Arbeitslosenversicherung kostet jeweils 1,5 % für Arbeitgeber und Mitarbeiter.
- Allein der Arbeitgeber bezahlt die Umlagekosten für den teilweisen Ersatz von Lohnfortzahlung und Mutterschaftsgeld. Das kostet je nach Tarif und Kasse ca. 2,0 %.
- Auch die Berufsgenossenschaft wird allein von den Arbeitgebern bezahlt. Der Beitrag hängt ab von der Gefahrenklasse der Arbeitsplätze und wird jährlich von der zuständigen Berufsgenossenschaft erhoben. Die Beitragshöhe schwankt sehr stark, für Planungszwecke sollten mindestens 1 % der Lohnsumme veranschlagt werden.

Damit beträgt die Gesamtbelastung des Arbeitgebers mit Sozialversicherungsbeiträgen etwas mehr als 22 % (7,3 % Krankenkasse, 9,45 % Rentenversicherung, 1,025 %, Pflegeversicherung, 1,5 % Arbeitslosenversicherung, 2,0 % Umlagen, 1 % Berufsgenossenschaft). Diese Kosten entstehen zusätzlich zum Bruttoentgelt des Arbeitnehmers.

Die Abrechnung

Für die Verwaltung und monatliche Abrechnung von Mitarbeitern entstehen im Unternehmen laufende Kosten. Das wird besonders deutlich, wenn die Aufgabe extern von einem Steuerberater erledigt wird. Dieser nimmt pro Mitarbeiter und Abrechnung eine bestimmte Gebühr. Auch das Ausstellen von Bescheinigungen, eine alltägliche Aufgabe im Personalbüro, kostet Geld.

5.4.4   Mitarbeiter finden

Existenzgründer unterschätzen oft die Schwierigkeiten, den passenden Mitarbeiter zu finden. Die Anforderungen im Unternehmen bestimmen, welcher Bewerber geeignet ist.

- Die Fähigkeiten und Erfahrungen des Bewerbers müssen mit den benötigten Kenntnissen übereinstimmen.
- Die angebotene Arbeitszeit muss sowohl im Umfang (Vollzeit, Teilzeit) als auch in der Verteilung der Arbeit über den Tag, die Woche oder das Jahr dem entsprechen, was der Bewerber leisten kann und will.
- Nicht zuletzt ist es notwendig, dass der Bewerber menschlich zum Unternehmen passt.

Neue Unternehmen, die zum Zeitpunkt der Mitarbeitersuche vielleicht noch gar nicht existieren, haben es als Arbeitgeber sehr schwer. Die Bewerber können den Arbeitsplatz nicht richtig einschätzen und es fehlt an Sicherheit. Auf der anderen Seite bieten Gründungen auch viele Chancen. Durch Engagement können die Mitarbeiter mit dem Unternehmen wachsen.

Suche nach Mitarbeitern

Sobald der Mitarbeiterbedarf geklärt ist, beginnt die aktive Suche. Dabei gibt es unterschiedliche Wege:

- Es sollten persönliche Kontakte genutzt werden, die während der Zeit im Berufsleben entstanden sind. Auf diese Weise kann man sich aufwändige Vorstellungsgespräche sparen, die nur dem Kennenlernen dienen. Außerdem ist die Qualifikation der möglichen Kandidaten bestens bekannt. Beschäftigungen von Mitarbeitern in neu gegründeten Unternehmen, die durch persönliche Kontakte entstehen, bergen allerdings ein gewisses Risiko. Wenn sich herausstellt, dass die Wahl nicht richtig war, wird eine Kündigung oft aus emotionalen Gründen vermieden. Das kann sich ein junges Unternehmen kaum leisten.
- Das typische Suchmedium für Mitarbeiter ist die Zeitungsanzeige im Personalmarkt. Vor allem im lokalen Bereich kann eine Personalanzeige sehr erfolgreich sein. Stellenangebote sind auch ein gutes Mittel, um sich am Standort des neuen Unternehmens zukünftigen Partnern vorzustellen. Nutzen Sie dies, indem Sie in Ihrem Stellenangebot z. B. Ihr Logo verwenden und kurz beschreiben, was das Unternehmen leistet.
- Überregionale Personalsuche im Internet wird immer wichtiger. Es wird dann eine typische Anzeige gestaltet und über Dienstleister im Internet veröffentlicht.
- Mitarbeiter für Produktionsaufgaben, Handwerker und einfache Verwaltungsangestellte können auch über die Agentur für Arbeit gesucht werden. Es muss nicht unbedingt ein Makel sein, arbeitslos zu sein. Der große Vorteil liegt in der schnellen Verfügbarkeit. Unter bestimmten Umständen können vor der Beschäftigung arbeitslose Mitarbeiter durch die Agentur für Arbeit gefördert werden. Als Existenzgründer können Sie so nicht nur preiswerte Arbeitnehmer erhalten, sondern auch notwendiges Knowhow einkaufen.
- Hochwertige Spitzenpositionen können auch durch Headhunter besetzt werden. Es ist allerdings fraglich, ob diese teure Lösung für Existenzgründer praktikabel ist.

> **! ACHTUNG**
>
> Das Internet bietet vielfältige Möglichkeiten, sich über einen Bewerber zu informieren. Das geplante Gesetz zur Regelung des Beschäftigtendaten- schutzes sieht daher vor, dass bei der Bewerberbewertung Informationen aus sozialen Netzwerken wie Facebook nicht benutzt werden dürfen. Hier steht nach Ansicht der Politik der private Zusammenhang im Vor- dergrund. Sie werden schadenersatzpflichtig, wenn Ihnen ein Bewerber nachweist, dass Sie ihm den Job aufgrund von Informationen aus solchen Quellen nicht gegeben haben.

Das Vorstellungsgespräch

Die meisten Arbeitsverträge werden nach zwei Vorstellungsgesprächen und der Einschätzung aufgrund der Bewerbungsunterlagen abgeschlossen.

Das Vorstellungsgespräch hat grob gesagt vier Aufgaben:

1. Es dient dem gegenseitigen Kennenlernen. Ob der Bewerber die Chance, Informationen über das Unternehmen zu erhalten, nutzt, kann der Un- ternehmer nicht beeinflussen. Der Bewerber dagegen wird oft nach dem ersten persönlichen Eindruck (Auftreten, Kleidung, Selbstsicherheit, etc.) beurteilt.
2. Der zukünftige Arbeitgeber versucht, im Vorstellungsgespräch die fachli- chen Fähigkeiten des Bewerbers zu prüfen. Dazu dienen selbstverständ- lich auch die Zeugnisse und der Lebenslauf. Die dort gemachten Angaben müssen durch Antworten und Ausführungen des Bewerbers überprüft werden.
3. Gerade für junge Unternehmen ist das Entwicklungspotenzial des Bewer- bers wichtig. Das wachsende Unternehmen benötigt Mitarbeiter, die sich in vielen Bereichen weiterentwickeln können. Beurteilt wird dies anhand der Ziele des Bewerbers, am bisherigen Werdegang (zielstrebig oder nicht) und dem Eindruck, den der Bewerber im Gespräch hinterlässt.
4. Nicht zuletzt wird das Engagement des möglichen Mitarbeiters getestet. Kennt er die Branche? Hat er sich informiert? Ist der Bewerber belastbar? Hat er verborgene Talente?

TIPP

Fragen Sie den Bewerber nach seinem Hobby. Oft kommt Unerwartetes zu Tage, z. B. das Organisationstalent eines Vereinsvorsitzenden oder die Belastbarkeit eines freiwilligen Feuerwehrmannes. Diese Eigenschaften und Fähigkeiten können Sie auch im Beruf nutzen.

Der Vertrag

Hat der Existenzgründer einen passenden Mitarbeiter gefunden, müssen die Beziehungen in einem schriftlichen Vertrag festgehalten werden. Dieser sollte mindestens die folgenden Punkte enthalten:

- eine Beschreibung der Tätigkeit,
- eine eventuelle Befristung des Vertrages,
- den Startermin für die Beschäftigung,
- eine vereinbarte Probezeit,
- das vereinbarte Gehalt oder die Einstufung in eine Entlohnungsklasse,
- die Kündigungsfristen.

ACHTUNG

Schließen Sie einen Beschäftigungsvertrag immer nur schriftlich ab. Es gelten grundsätzlich auch mündlich vereinbarte Verträge oder Verträge, die durch Duldung und laufende Übung geschlossen werden. Als Arbeitgeber müssen Sie Absprachen immer beweisen. Das können Sie nur mit Zeugen oder, besser, mithilfe eines schriftlichen Vertrages.

Das Antidiskriminierungsgesetz (AGG)

Das AGG schützt alle Personen vor einer ungerechtfertigten Benachteiligung aufgrund Geschlecht, Alter, Religion, Nationalität, Behinderung usw. Besonders bei der Besetzung freier Stellen wird ein hohes Risiko gesehen, gegen das Antidiskriminierungsgesetz (AGG) zu verstoßen.

Das kann z. B. dann der Fall sein, wenn ein Bewerber aufgrund seines Alters abgelehnt wird. Er kann dann den Arbeitgeber verklagen und einen Schadenersatz von mehreren Monatsgehältern verlangen. Hier einige Tipps, um den Fallen des AGG zu entgehen:

- Halten Sie Stellenausschreibungen möglichst neutral. Geben Sie immer beide Geschlechterformen an (z. B. Verkäufer/in oder Zusatz m/w).
- Vermeiden Sie Aussagen wie: Junger Lagerarbeiter gesucht oder Deutschkenntnisse notwendig.
- Geben Sie bei einer Absage keine Begründung oder nur eine allgemeine, nichtssagende Floskel an, auch wenn es Ihnen schwer fällt.

▶ **BEISPIEL**

Leider müssen wir Ihnen mitteilen, dass wir Sie bei der Stellenbesetzung trotz Ihrer Qualifikationen nicht berücksichtigen konnten. Wir konnten einen Bewerber/eine Bewerberin finden, der/die unserem Anforderungsprofil noch besser entspricht als Sie es tun.

- Lassen Sie sich nicht am Telefon zu einer detaillierten Begründung für eine Ablehnung überreden oder geben sie diese nur sehr überlegt.
- Führen Sie Gespräche mit den Bewerbern nie allein, damit Sie für Ihre Aussagen Zeugen haben.
- Dokumentieren Sie den Auswahlprozess, auch die Gründe für die Ablehnungen, intern.

5.4.5 Mitarbeiter führen

Die meisten Existenzgründer verfügen nicht über Führungserfahrung. Damit die Kosten für das Personal gut angelegt sind, müssen die Mitarbeiter die optimale Leistung bringen. Verantwortlich dafür ist nicht allein der Arbeitnehmer, auch der Vorgesetzte muss als Führungskraft dazu beitragen. An dieser Stelle können nur einige globale Hinweise zur Mitarbeiterführung gegeben werden. Wenn Sie in Ihrer Existenzgründung auf Mitarbeiter angewiesen sind, müssen Sie sich zur Führungskraft entwickeln. Dazu dient einmal das natürliche Talent vieler Unternehmer, zum anderen werden Seminare für Mitarbeiterführung auch für Existenzgründer angeboten.

Damit ein Mensch die von ihm erwartete Leistung bringen kann, muss klar sein, was von ihm erwartet wird. Daher sind die Aufgaben der Mitarbeiter in jedem Unternehmen exakt zu beschreiben und festzuhalten. Obwohl das Beschreiben der Aufgaben gerade in neu gegründeten Unternehmen sehr schwer fällt, muss es erledigt werden. Tun Sie das gemeinsam mit dem Mitarbeiter, dann können Sie sofort dessen Erfahrung nutzen.

Damit die Erledigung der Aufgaben möglichst optimal ausfällt, müssen mit dem Mitarbeiter Ziele vereinbart werden. Diese müssen realistisch und messbar sein und einen Zeitbezug haben, damit der Mitarbeiter sie annimmt. Auch hier gilt, dass Ziele nicht diktiert sondern vereinbart werden.

Der Vorgesetzte muss seine Mitarbeiter motivieren, ihre Kraft in die zugeteilte Aufgabe zu investieren. Das geschieht zum einen über Geld, z. B. durch eine Erfolgsbeteiligung. Zum anderen besteht gerade in jungen, wachsenden Unternehmen die Möglichkeit, die Stellung des Mitarbeiters seiner Leistung und den wachsenden Aufgaben anzupassen. Diese Option muss den betroffenen Mitarbeitern immer wieder aufgezeigt werden.

In regelmäßigen Abständen ist die Leistung jedes Mitarbeiters zu prüfen. Grundlage dafür sind die vereinbarten Ziele, die Aufgabenbeschreibung und die Beobachtung des Vorgesetzten. Das Ergebnis der Prüfung wird mit dem Mitarbeiter im Gespräch diskutiert. Eventuell sind Maßnahmen zu vereinbaren, die eine Veränderung einer negativen Situation herbeiführen können. Diese Maßnahmen können sowohl den Mitarbeiter als auch das Unternehmen betreffen. Der Mitarbeiter kann seine Arbeitsweise ändern, das Unternehmen z. B. Abläufe anpassen und Hilfsmittel zur Verfügung stellen.

Gerade in noch jungen Unternehmen ist es unumgänglich, auch unangenehme personelle Entscheidungen zu treffen und durchzusetzen. Das umfasst vor allem die Trennung von Mitarbeitern, deren Leistungen oder Verhalten nicht in das gegründete Unternehmen passen. Je länger Sie mit einer unangenehmen Entscheidung warten, desto größer wird die Auswirkung für Ihr Unternehmen, aber auch für den Mitarbeiter. Sie müssen u. U. höhere rechtliche Hürden überwinden, um eine Kündigung durchzusetzen. Der Mitarbeiter wird auf einer anderen Position sicherlich zufriedener sein als mit einem unzufriedenen Chef. Wenn der Mitarbeiter ausreichend Gelegenheit hatte, die geforderte Leistung zu bringen, und dies nicht will oder kann, muss eine Kündigung auch im Interesse des Unternehmens und anderer Mitarbeiter ausgesprochen werden.

5.5   Die Versicherungen

Eine wichtige Aufgabe in der Gründungsphase, die vor der eigentlichen Eröffnung erledigt sein muss, ist die richtige Versicherung von Unternehmen und Unternehmer. Die Versicherung des Unternehmens wird in der Praxis oft vergessen. Dann entsteht kurz vor der Eröffnung, wenn der Gründer bereits zeitlich sehr belastet ist, ein hoher Zeitdruck, der zu falschen, überteuerten und fehlerhaften Versicherungen führt. Das muss durch eine frühzeitige Erledigung vermieden werden.

5.5.1   Das Unternehmen versichern

Das Unternehmen und dessen Vermögensteile können Schaden erleiden, z. B. durch Diebstahl oder Feuer. Das kann bei fehlender Versicherung die Existenzgrundlage zerstören. Gleichzeitig kann das Unternehmen selbst einen Schaden verursachen, z. B. durch den Verkauf defekter Produkte, für deren Schäden es haften muss. Eine ausreichende Versicherung gegen diese Risiken ist notwendig.

Versicherung gegen Katastrophenschäden
Auch ein Unternehmen ist nicht gegen Feuer-, Wasser- oder Sturmschäden gefeit. Diese Katastrophen sind nicht vorhersehbar. Eine entsprechende Versicherung kann aber die Schäden durch solche Katastrophen ersetzen.

Einbruchdiebstahlversicherung

Auch Unternehmen werden von Dieben heimgesucht, die auf der Suche nach Bargeld oder leicht verkäuflichen Wertgegenständen oft mehr Zerstörung anrichten als die gestohlenen Dinge Wert sind. Die Einbruchdiebstahlversicherung ersetzt solche Schäden.

TIPP

Immer wieder werden aus den Unternehmensräumen IT-Geräte gestohlen und damit oft wertvolle Datenbestände. Sprechen Sie dies mit Ihrem Versicherer ab, damit auch der Verlust der Daten im Schadensfall bezahlt wird. Um das Geschäft nicht zu gefährden, sollten Sie wichtige Datenbestände immer in einer Sicherungskopie außerhalb der Geschäftsräume, z. B. im Banktresor, aufbewahren.

Elektronikversicherung

Die Datenverarbeitung mit Hardware, Software und Daten wird immer wichtiger. Gleichzeitig steigt die Gefährdung z. B. durch Computerviren. Die Elektronikversicherung ersetzt die Kosten, die zur Wiederherstellung der EDV-Unterstützung nach einem Schaden im IT-System aufgewendet werden müssen.

Maschinenversicherung

Wer teure Fertigungsmaschinen einsetzt, sollte diese gegen Schäden durch Fehlbedienung und Unachtsamkeit versichern.

Betriebs-Unterbrechungsversicherung (BU-Versicherung)

Die bisher beschriebenen Versicherungen decken die direkten Schäden aus den dazugehörigen Risiken ab. Sollte das zu einem Produktionsausfall führen, weil z. B. das Feuer die Fertigungshallen zerstört hat, werden die trotzdem anfallenden Kosten wie Löhne, Mieten usw. durch die BU-Versicherung abgedeckt.

ACHTUNG

Eine BU-Versicherung ist nicht nur teuer, der Versicherer verlangt auch komplexe Angaben und Meldungen bei Abschluss der Versicherung und im laufenden Geschäft. Diese Kosten müssen in die Risikobetrachtung einfließen, bevor eine BU-Versicherung abgeschlossen wird.

Haftpflichtversicherungen

Das Unternehmen muss für Schäden, die durch seine Handlung entstanden sind, haften. Für allgemeine Schadensfälle, z. B. der Sturz eines Kunden im Einzelhandelsgeschäft aufgrund eines nassen Bodens, kommt die Betriebshaftpflichtversicherung auf. Für Freiberufler, die aufgrund eines Berufsfehlers einen Schaden ausgleichen müssen (z. B. Beratungsfehler eines Steuerberaters), gibt es die Berufs-Haftpflichtversicherung.

Für Firmenfahrzeuge muss selbstverständlich eine Kfz-Haftpflichtversicherung abgeschlossen werden. Für Verunreinigungen von Boden, Wasser und Luft kommt die Umwelthaftpflichtversicherung auf. Für Produktionsunternehmen und Importeure ist die Produkthaftpflichtversicherung notwendig, die für Schäden Dritter haftet, die durch fehlerhafte Produkte entstehen.

Die Berufs-Haftpflichtversicherungen für einige Berufsbilder (z. B. Ärzte, Steuerberater, Rechtsanwälte) ist gesetzlich vorgeschrieben, die Kfz-Haftpflichtversicherung auch. Obwohl die anderen Haftpflichtversicherungen rechtlich nicht zwingend sind, verstößt ein Unternehmer gegen seine existenziellen Pflichten, für die Sicherheit seines Unternehmens zu sorgen, wenn er eine solche Versicherung nicht abschließt.

Vertrauensschadenversicherung

Die Vertrauensschadenversicherung ersetzt Schäden, die durch Betrug, Unterschlagung oder ähnliche Delikte entstehen, auch wenn der Täter ein Mitarbeiter ist.

Vermögensschadenversicherung für Betriebsleiter

Diese Versicherung ersetzt Schäden, die durch ein Fehlverhalten eines GmbH-Geschäftsführers oder AG-Vorstandes entstanden sind und für die dieser persönlich haftet. Sie schützt den betroffenen Personenkreis vor der persönlichen Haftung. Gleichzeitig wird sichergestellt, dass das Unternehmen den Schaden auch erstattet bekommt. Persönliche Haftung greift nur soweit, wie Vermögen vorhanden ist. Eine solche Versicherung wird immer öfter vorausgesetzt, wenn gute Geschäftsführer oder Vorstände für das Unternehmen gewonnen werden sollen.

Betriebsrechtsschutzversicherung

Vor allem für kleine Unternehmen ist eine Betriebsrechtsschutzversicherung sinnvoll, um auch die finanzielle Rückendeckung für komplexe Rechtsstreitigkeiten zu haben.

TIPP

Sie können bei Versicherungen durch zwei Maßnahmen erhebliche Kosten sparen:

1. Sprechen Sie mit Ihrem Versicherer Vorsorgemaßnahmen ab, um die Prämie zu senken (z. B. Feuermeldeanlagen, Datensicherung).
2. Prüfen Sie, wie viel Prämie Sie bei einer Selbstbeteiligung sparen können (z. B. 300 € pro Rechtsschutzfall).

5.5.2 Unternehmer absichern

Ebenso wichtig wie die Absicherung des Unternehmens ist die des Existenzgründers. Als Unternehmer ist er nicht mehr durch das soziale Netz eines Arbeitnehmers geschützt. Diese Sicherung muss er selbst übernehmen. Selbstverständlich bleiben die üblichen privaten Versicherungen wie die Haftpflichtversicherung, die Rechtsschutz- und die Hausratversicherung. Besondere Beachtung verdienen die Sozialversicherungen.

TIPP

Versicherer schließen oft die privaten Risiken der Haftpflicht und des Rechtsschutzes in die meist wesentlich größeren Risiken des Unternehmens kostenlos ein. Dadurch kann der Unternehmer Versicherungsgebühren im privaten Bereich sparen.

Die Krankenversicherung

Sehr wichtig für die private Situation des Existenzgründers ist die Krankenversicherung. Solange er als Angestellter ein Gehalt bezieht, und dieses unter der Bemessungsgrenze liegt, ist er pflichtversichert in der gesetzlichen Krankenversicherung. Sobald er nur noch selbstständig tätig ist, entfällt diese.

TIPP

Die gesetzlichen Krankenkassen haben eine dreimonatige Nachversicherungspflicht. Damit können Sie auch in der Gründungsphase, in der Sie kein Einkommen erzielen, deren Leistungen in Anspruch nehmen. Erkundigen Sie sich aber unbedingt vorher bei Ihrer zuständigen Krankenkasse.

Wer vor der Selbstständigkeit in einer gesetzlichen Krankenkasse versichert war, kann auch als Selbstständiger in der Kasse freiwillig versichert bleiben. Alternativ dazu gibt es die Möglichkeit, sich bei einer privaten Krankenkasse zu versichern. Dieser Schritt muss aber gut überlegt sein, weil der Weg zurück mit wenigen Ausnahmen nicht möglich ist.

Die Berufsunfähigkeitsversicherung

Die Versicherung gegen eine Berufsunfähigkeit trifft nicht nur die Existenzgründer, sondern alle Bundesbürger, da der Staat seine Unterstützung eingestellt hat. Ein Unternehmer sollte diese Versicherung besonders intensiv prüfen, da ihn eine Erkrankung oder ein Unfall mit der Folge einer Berufsunfähigkeit besonders hart treffen würde.

Die Lebensversicherung

Der Existenzgründer wird seine Familie für den Fall seines Todes absichern wollen. Die Praxis zeigt, dass in der Gründung oft hohe finanzielle Risiken vorhanden sind, die auf die Familie zurückfallen, wenn der Unternehmer plötzlich nicht mehr da ist. Darum ist eine Risikolebensversicherung zu empfehlen, bis das Unternehmensvermögen so groß ist, dass aus einem plötzlichen Tod des Unternehmers keine Risiken mehr für die Familie selbst entstehen. Eine Kapitallebensversicherung ist nicht zu empfehlen, wie alle Finanzexperten derzeit aussagen. Das Geld dafür kann besser ins eigene Unternehmen oder in eine private Altersvorsorge investiert werden.

Die Altersvorsorge

Ein wichtiges Kapitel in der Absicherung des Unternehmers ist die Altersvorsorge. Mit der Selbstständigkeit verliert der Unternehmer auch den Einschluss in die gesetzliche Rentenversicherung. Diese bietet zwar auch für den Angestellten heute keine Rundum-Sicherheit mehr, der Unternehmer muss aber noch viel mehr selbst tun, um im Alter angemessen leben zu können. Mit der Selbstständigkeit verlieren Sie nicht bereits erworbene Ansprüche in der gesetzlichen Rentenversicherung. Prüfen Sie jedoch, ob Sie die Mindestzeiten bereits erfüllt haben. Falls nicht und falls nur noch wenige Monate fehlen, lohnt es sich, die bereits eingezahlten Beiträge zu retten und durch freiwillige Beiträge zu ergänzen, um die Mindestanforderungen zu erfüllen.

Für einige Selbstständige wie Handwerker, Hebammen, Künstler usw. gibt es eine gesetzliche Pflicht zur Rentenversicherung. Das kann die gesetzlichen Rentenversicherung sein oder eine eigene Rentenkasse (z. B. Künstlersozialkasse). Andere Berufsgruppen wie Ärzte, Steuerberater und Rechtsanwälte werden über die berufsständischen Versorgungswerke abgesichert. Die Beiträge dazu sind in die Finanzplanung einzubeziehen.

Für viele Selbstständige, die nicht rentenversicherungspflichtig sind, ist das aufgebaute Unternehmen ein wichtiger Teil der Altersvorsorge, der leider im Wert oft überschätzt wird. Niemand kann vorhersagen, welchen Wert das Unternehmen hat, wenn der Unternehmer sich zur Ruhe setzen will. Oft finden sich keine Käufer und der Wert ist fast Null. Darum muss ein Unternehmer sich immer eine unabhängige Altersversorgung aufbauen.

Übrig bleiben zur vollständigen oder teilweisen Absicherung der Altersvorsorge die üblichen privaten Geldanlagen. Das Fondsparen, der Kauf von Mietshäusern oder die Rürup-Rentenverträge sind einige von vielen individuelle Möglichkeiten. Welche zum Unternehmer passt, klärt sich in einem Gespräch mit einem unabhängigen Finanzberater.

! **ACHTUNG**

Während der Gründungsphase sind die finanziellen Mittel in der Regel sehr knapp. Darum wird an allem gespart, was nicht unbedingt notwendig ist. Dazu gehört leider viel zu oft die Altersvorsorge. Diese muss so schnell wie möglich nachgeholt werden, damit die frühen Beiträge zur Altersvorsorge die Belastung in späteren Jahren reduzieren können.

5.6   Die Eröffnung

Die offizielle Eröffnung ist ein großer Tag für das Unternehmen und für den Gründer. Natürlich ist der Gesamterfolg des Unternehmens nicht von diesem Tag abhängig, aber ein guter Start erleichtert die erste Zeit als selbstständiger Unternehmer.

Die Eröffnung ist wichtig:

- für das Unternehmen, weil es an diesem Tag vorgestellt und der Öffentlichkeit bekannt gemacht wird.
- für den Unternehmer, weil er sein erstes Ziel erreicht hat und dafür Anerkennung verdient.
- für die Kunden, weil sie wichtige Informationen über das Angebot und die Leistungen des Unternehmens erhalten.
- für die Familie und Freunde des Gründers, weil sie für gewisse Entbehrung und Unterstützung nun endlich entschädigt werden.

Eine detaillierte Vorbereitung und Planung der Eröffnung des neuen Unternehmens ist daher ganz wichtig, auch um den optimalen Nutzen daraus zu ziehen. Eine wichtige Rolle spielt dabei die Eröffnungswerbung.

5.6.1   Die Eröffnungsplanung

In der Gründungsphase hat der zukünftige Unternehmer eine Menge zu tun, damit sein Unternehmen auch richtig starten kann. Jetzt muss er sich auch noch um die Eröffnung selbst kümmern. Um alles zu schaffen, ist eine frühzeitige und detaillierte Planung der Eröffnung besonders wichtig. So werden Überraschungen und Mehrarbeit vermieden.

1. Termin festlegen

Die erste Aufgabe ist es, den Termin für die offizielle Eröffnung festzulegen. Dieser hängt stark von dem Zeitpunkt ab, zu dem das Unternehmen mit der Arbeit beginnen kann. Es gibt jedoch auch andere Parameter für die Terminbestimmung.

▶ **BEISPIELE**

Es gibt Unternehmensinhalte, die eine Eröffnung bei voller Arbeitsfähigkeit des Unternehmens verlangen. So muss ein Einzelhandelsgeschäft am ersten Tag des Verkaufs eröffnen, ein Dienstleister mit dem ersten Tag seiner Arbeitsfähigkeit auch das Unternehmen eröffnen.

Fertigungsunternehmen, Handwerker und andere Unternehmen können dagegen die offizielle Eröffnung durchaus einige Zeit nach der Aufnahme der eigentlichen Arbeit durchführen.

- Bei der Terminsuche ist darauf zu achten, dass die Interessen der Gäste berücksichtigt werden. So sollten Unternehmen, deren Kunden aus der Industrie kommen, die Eröffnung an einem Wochentag durchführen. Bei Privatkunden bietet sich der Freitag oder der Samstag an.
- Gleichzeitig muss die allgemeine Beanspruchung der potenziellen Gäste einfließen. So ist es generell schlecht, eine Eröffnung in der Urlaubszeit oder über Weihnachten vorzunehmen. Viele Gäste werden nicht verfügbar sein oder andere Interessen haben.

▶ **BEISPIEL**

Als die Raubold und Weber GmbH das Geschäft offiziell eröffnen wollte, stellten die Geschäftsführer fest, dass am gewählten Termin eine große Messe der Branche fast alle potenziellen Gäste beanspruchte. Kurzerhand wurde die Unternehmenseröffnung auf die Messe verlegt. Ein Ausstellungsstand wurde gemietet, die Gäste besonders eingeladen. Die Aktion war ein voller Erfolg. Fast alle potenziellen Kunden und wichtigen Lieferanten waren gekommen. Zusätzlich konnte die Presse über außergewöhnliche Messeaktivitäten berichten. Die wirklich wichtigen und interessierten Partner wurden persönlich zum Besuch des Unternehmens eingeladen.

- Auch die Dauer der Eröffnungsaktivitäten und die Tageszeit für offizielle Aktionen werden festgelegt.

2. Inhalte bestimmen

Je nach Branche, Unternehmensinhalt und Größe der Gründung hat die offizielle Eröffnung unterschiedliche Inhalte.

- Ein offizieller Empfang geladener Gäste gehört dazu.
- Entscheidungen über die Verpflegung der Gäste (Getränke, Snacks, Menus etc.) müssen getroffen werden.
- Soll es ein Programm zur Unterhaltung der Gäste geben (Musik, Theater, Clowns etc.)?
- Im Einzelhandel und für ausgesuchte Kunden anderer Unternehmenstypen kann es Sonderangebote geben, die auch über den Tag der Eröffnung hinaus noch eine längere Zeit Kunden anlocken.
- Das Unternehmen kann seine Arbeit in besonderen Aktionen vorführen. Handwerker und Fertigungsbetriebe können an einem „Tag der offenen Tür" ihre Arbeitsweise demonstrieren.

3. Gäste auswählen und einladen

Viele Existenzgründer laden am Tag der Eröffnung auch unbenannte Gäste ein. So wird ein Einzelhandelsgeschäft alle potenziellen Kunden willkommen heißen, Handwerker präsentieren sich allen Interessierten. Zu solchen Veranstaltungen wird die Zielgruppe über typische Werbewege eingeladen.

- Persönliche Einladungen werden auch von diesen Unternehmen für besondere Gäste ausgesprochen:
- wichtige Kunden
- wichtige Lieferanten
- Banken
- Vermieter
- Nachbarn
- Handwerker, die bei der Einrichtung beteiligt waren
- Familie des Gründers
- Freunde des Gründers
- Presse (siehe auch am Ende des Kapitels)

TIPP

Bitten Sie bei der schriftlichen Einladung um eine Rückmeldung bis zu einem gewissen Termin, damit Sie das Ereignis besser planen können. Dadurch erhalten Sie auch die Möglichkeit, noch persönlich Einfluss zu nehmen. Wichtige Gäste informieren Sie vorab über die schriftliche Einladung.

4. Verpflegung planen

Die Gäste einer Unternehmenseröffnung erwarten einen gewissen Service. Das kann von einfachen Getränken und Gebäck bis zu einem anspruchsvollen Menu (z. B. bei einer Restauranteröffnung) reichen. Zunächst muss der Gründer entscheiden, ob die Versorgung durch ihn selbst oder durch externe Helfer erledigt werden soll.

- Wird die Versorgung selbst, also durch den Gründer, dessen Mitarbeiter oder andere privaten Helfer erledigt, muss eine Einkaufsliste erstellt werden. Außerdem ist die Zeit für die notwendige Vorbereitung einzuplanen.
- Wird ein externer Lieferant beauftragt, muss die Verpflegung ausgewählt und rechtzeitig bestellt werden.

Beachten Sie bei dieser Planung die verfügbaren Räumlichkeiten. Reichen die Geschäftsräume aus oder muss zusätzlicher Platz geschaffen werden (z. B. durch ein Zelt)? Diese Fragen scheinen zwar zweitrangig, müssen aber rechtzeitig beantwortet werden. Nur so ist sichergestellt, dass die Bestellung rechtzeitig und ohne zusätzlichen Aufwand erledigt werden kann.

5. Programm und Aktionen vorbereiten

Auf der Eröffnung will das Publikum unterhalten werden. Oft wird eine Attraktion benötigt, um die Menschen anzuziehen. Grundsätzlich gibt es zwei Möglichkeiten der Unterhaltung, die auch kombiniert werden können.

- Die Unterhaltung besteht aus einem Programm mit Künstlern und Darstellern, die Musik, Theater, Kleinkunst oder ähnliches darbieten. Dazu müssen die Entertainer ausgesucht und gebucht werden.

- Den Gästen werden bei der Eröffnung Aktionen gezeigt, die das typische Arbeiten des Unternehmens darstellen. Vor allem Handwerker können dort den Kunden einige Fertigkeiten vorführen. Auch Präsentationen von verwandten Techniken (z. B. Glasgravur in einem Glaseinzelhandel) ziehen die Zuschauer an.
- Das Programm darf nicht überfrachtet werden. Außerdem entstehen dadurch Kosten. Wenn viele Schaulustige erwartet werden, bietet sich immer eine Attraktion an, die Kinder beschäftigt und Eltern Zeit gibt, sich mit dem Unternehmen zu beschäftigen.

6. Sonderangebote schaffen

Vor allem für den Einzelhandel sind Sonderangebote ein wichtiges Mittel, um Kunden anzuziehen. Bei der Eröffnung bietet sich die Chance, zeitlich befristet Preisnachlässe zu gewähren.

- Für die Sonderangebote müssen die passenden Produkte und Leistungen ausgesucht werden. Dabei sollten Sie das typische Angebot es Unternehmens repräsentieren und eine gute Qualität haben.
- Der Sonderangebotspreis muss kalkuliert werden. Er muss unter dem üblichen Marktpreis liegen, sollte aber dennoch einen kleinen Gewinn ermöglichen.
- Das Angebot muss zeitlich begrenzt werden. Im Einzelhandel bietet sich ein Woche an, andere Unternehmen können auch mit kürzeren Laufzeiten Kunden gewinnen.

7. Helfer einplanen

Die Eröffnung des neuen Unternehmens ist nicht nur in der Planung aufwändig, auch am Tag selbst fällt viel Arbeit an. Diese Arbeit müssen Helfer übernehmen, der junge Unternehmer widmet sich an diesem Tag seinen Gästen.

- Mitarbeiter, z. B. Verkäufer im Einzelhandel oder Gesellen beim Handwerker, müssen an diesem Tag zusätzliche Aufgaben übernehmen.
- Es kann sinnvoll sein, für den Tag zusätzliche Kräfte einzustellen. Da diese meist weder das Unternehmen noch die Branche kennen, müssen sie

Aufgaben ohne Unternehmensbezug übernehmen. Sie können die Gäste empfangen, Sicherheitsaufgaben durchführen oder, typisch für solche Gelegenheiten, den Service übernehmen.

8. Persönlich vorbereiten

Auch der Unternehmer selbst muss sich für die Eröffnungsfeier vorbereiten. Er spielt eine wichtige Rolle und muss daraus einen Vorteil für sein Unternehmen ziehen.

- Das Auftreten des Gründers ist frühzeitig zu klären und auf ein gepflegtes Erscheinungsbild sollte selbstverständlich geachtet werden.
- Unter Umständen muss der Gründer eine Rede halten, die professionell vorbereitet werden sollte.
- Wichtige Gäste kommen, um das Erreichte zu begutachten. Eine persönliche Atmosphäre entsteht, wenn die Menschen vom Unternehmer mit ihrem Namen angeredet werden. Diese sollte der Gründer lernen.

TIPP

Nehmen Sie sich die Zeit für die persönliche Vorbereitung. Geschichten von der Arbeit am neuen Geschäft bis zur letzten Minute sind zwar unterhaltsam, ein optimales Ergebnis liefert diese Vorgehensweise sicher nicht. Erfolgreicher sind Unternehmenseröffnungen, die in Ruhe optimal vorbereitet werden können.

9. Ablauf planen

Neben den Aktivitäten zur Eröffnung, muss auch der Ablauf am Tag der Eröffnung geplant werden. Wann beginnt die Veranstaltung? Wann beginnen die einzelnen Aktionen? Wann kommen die ersten Gäste? All das muss beachtet werden.

Mit wichtigen Gästen sollten feste Zeiten vereinbart werden, damit sich der Unternehmer auch ausreichend mit ihnen befassen kann. Vor allem die Pressevertreter sollten, wenn möglich, einen genauen Termin bekommen.

5.6.2   Eröffnung optimal nutzen

Eine selbstverständliche Handlung des Unternehmers ist es, aus allen sich anbietenden Gelegenheiten Vorteile für sein Unternehmen zu ziehen. Das gilt in ganz besonderem Maße für die Eröffnung. Welchen Nutzen kann der Existenzgründer aus der Unternehmenseröffnung ziehen?

Information potenzieller Kunden
Zu aller erst wird die Eröffnungsveranstaltung dazu genutzt, die potenziellen Kunden zu informieren. Das Unternehmen ist noch neu und vollständig unbekannt. Die Leistungsfähigkeit muss noch bewiesen werden. Das Angebot an Produkten und Leistungen muss vorgestellt werden. Die Eröffnung ist eine sehr geeignete Veranstaltung, um neue Kunden zu gewinnen.

- Das Unternehmen präsentiert sich selbst und seine Produkte während der Eröffnungszeit. Der Unternehmer zeigt, was er aufgebaut hat und erklärt seine Visionen. Ein „Tag der offenen Tür" eignet sich für Produktionsunternehmen und Handwerker. Einzelhändler zeigen ihre Geschäftsräume. Selbstständige in Heilberufen zeigen den Patienten die Praxis und deren Einrichtung.
  Geben Sie Ihren potenzielle Kunden, Mandanten oder Patienten die Möglichkeit, Ihr Unternehmen wirklich zu sehen. Führen Sie wichtige Gäste persönlich durch die Räumlichkeiten und sprechen Sie von Ihrer Geschäftsidee.
- Der Kunde kann während der Eröffnung das Angebot des Unternehmens kennen lernen. Dazu dienen z. B. Sonderangebote für typische Produkte oder Schnupperangebote für Massagen, Nagelstudios oder andere Dienstleistungen. Selbst Unternehmensberater können im Zusammenhang mit der Vorstellung ihrer Dienstleistung bestimmten Kunden auch günstige Startangebote machen.
- Über die Beschreibung der Leistung und über das reine Zeigen der Produkte hinaus bieten Aktionen den potenziellen Kunden die Möglichkeit, das Unternehmen besser kennenzulernen. Handwerker präsentieren ihr Aufgabengebiet an beispielhaften Tätigkeiten während kleiner Vorführungen. Händler zeigen durch Werksvorführung der wichtigsten Lieferanten ihre Produkte und Anwendungen.

Unterschätzen Sie den Wert solcher Angebote und Aktionen nicht. Vor allem Unternehmen, die mit vielen privaten Kunden Geschäfte machen wollen, profitieren langfristig von den Aktivitäten.

Information wichtiger Lieferanten

Viele Unternehmen sind vor allem in der Startphase abhängig von wenigen Lieferanten. Im Einzelhandel gibt es fruchtbare Zusammenarbeit zwischen Händler und Stammlieferant, die sogar bis zur Bereitstellung von Einrichtungen, Werbematerial und Schulungen geht. Junge Produktionsunternehmen müssen die sichere Belieferung mit wichtigen Bauteilen durch den Lieferanten sicherstellen. Der Lieferant geht in der Regel ein Risiko ein, wenn er neuen Unternehmen seine Produkte und Leistungen zur Verfügung stellt. Er liefert gegen Rechnung, also auf Kredit. Er muss seinen bestehenden Kunden erklären, dass ein zusätzlicher Marktteilnehmer die Produkte und Materialien erhält. Für den Lieferanten ist jeder Neukunde, der gleichzeitig auch ein junges Unternehmen ist, ein Risiko.

Die Unternehmenseröffnung kann dazu benutzt werden, diesen Lieferanten Sicherheit zu geben. Der Unternehmer zeigt, was er aufgebaut hat, und dass er in der Lage ist, das versprochene Geschäft auch zu führen. Das schafft Vertrauen zwischen Unternehmen und den Lieferanten. Die Zusammenarbeit kann beginnen.

TIPP

Junge Unternehmen sind wegen der noch geringen Marktmacht nur selten in der Lage, einen Lieferanten zu Zugeständnissen zu bewegen. In der Praxis hat es sich bewährt, eine enge Zusammenarbeit mit den wichtigsten Lieferanten zu üben und daraus zu lernen.

- Auch der Lieferant will sehen, wie der Unternehmer arbeitet, und verschafft sich nun einen Gesamteindruck über das Unternehmen. Der Unternehmer wird diesem Personenkreis das Unternehmen mit anderer Sichtweise erklären als z. B. seinen Kunden. Hier wird mehr über Technik, Lager und Organisation gesprochen.

- Mit dem Aufbau des Unternehmens und dem Eröffnungstag beweist der Existenzgründer, dass er in der Lage ist, zu organisieren und erfolgreich zu arbeiten.
- Am Tag der Eröffnung treffen sich Kunden und Lieferanten des Unternehmens. Dadurch wird dem Lieferanten klar, welche Absatzchancen ihm der neue Abnehmer bietet.

> **!** **ACHTUNG**
>
> Wenn Sie Händler sind, müssen Sie prüfen, ob Sie Ihre Kunden und Lieferanten zusammenbringen wollen. Oft ist gerade das Wissen um die Bezugsquellen das Kapital des Händlers. Wenn der Kunde nun erfährt, welche Lieferanten die Produkte herstellen oder importieren, könnte er versuchen, direkt zu kaufen. Und Ihr Lieferant könnte u. U. der Versuchung nicht widerstehen. Sie sind dann der Dumme.

Beruhigung der Banken

Die Bank, die eine Existenzgründung finanziert, geht trotz vorhandener Sicherheiten ein gewisses Risiko ein, den Kredit zu verlieren. Um für weitere Geschäfte offen zu sein, muss die Bank beruhigt werden. Eine sinnvoll organisierte Unternehmenseröffnung trägt ganz erheblich dazu bei.

Der Banker oder jeder andere Fremdkapitalgeber sieht, dass namhafte Lieferanten gewonnen wurden. Er erkennt wichtige Kunden und überzeugt sich persönlich davon, was mit dem verliehenen Geld geschaffen wurde. Das vertieft die Zusammenarbeit mit der Bank. Seien Sie sicher, dass auch Ihre Bank von diesem Termin ein Protokoll erstellen wird, in dem die Eindrücke bei der Eröffnung, positive und negative, festgehalten werden. Zu gegebener Zeit kann das den Ausschlag geben für ein erweitertes Engagement der Bank.

Sich der Familie und Freunde beweisen

Trotz aller Zustimmung und Ermunterung wird es in den Familien und im Freundeskreis des Gründers skeptische Menschen geben. Der junge Unternehmer möchte diesen beweisen, dass er erfolgreich sein kann. Die Eröffnung ist der erste Schritt. Darum ist es durchaus legitim, dass der Unternehmer sich seiner Familie und den Freunden präsentiert. Der Tag der Eröffnung, zu dem dieser Personenkreis auch eingeladen wird, eignet sich dazu bestens.

5.6.3 Eröffnungswerbung

Grundsätzliche ist eine Unternehmenseröffnung für jede Öffentlichkeit interessant. Im Einzelhandel, in Heilberufen oder bei Handwerkern ist das Interesse besonders groß, weil der private Kunde immer auf der Suche nach neuen Einkaufsmöglichkeiten ist. Entsprechend groß ist auch das Interesse der lokalen Medien, über solche Ereignisse zu berichten. Vor allem Unternehmen mit stark lokalem Bezug, also Einzelhändler in einer Einkaufszone, ein neuer Mediziner, ein noch nicht am Ort befindliches Handwerksunternehmen können in aller Regel die lokalen Medien für eine Berichterstattung gewinnen.

Presseberichte
Damit das Interesse der Öffentlichkeit für das Unternehmen positiv genutzt werden kann, muss auch die Berichterstattung möglichst positiv ausfallen. Das wird durch eine enge Beziehung zur Presse erreicht, die vor allem dem Bedürfnis des Journalisten nach mundgerechter Information gerecht wird.

TIPP

Die Redakteure in den Tageszeitungen haben einen sehr hohen Arbeitsdruck. Je besser die Information, die sie über das Unternehmen erhalten, bereits zur Veröffentlichung geeignet ist, desto größer ist die Chance, dass auch genau diese Informationen in der Presse erscheinen. Daher ist es sinnvoll, Presseberichte gerade zur Eröffnung professionell erstellen zu lassen und vorab an die Presse zu geben.

Checkliste für den Umgang mit Journalisten

1. Versuchen Sie zu erfahren, welcher Journalist für Ihr Unternehmen und Ihr Arbeitsgebiet zuständig ist.

2. Sprechen Sie persönlich mit diesem Journalisten und laden Sie ihn in einem Gespräch zur Eröffnung ein.

3. Fragen Sie den Pressemann, welche Informationen ihn besonders interessieren und bieten Sie ihm Hintergrundinformationen an.

4. Vereinbaren Sie einen festen Termin, zu dem der Journalist zu Ihnen kommt. Dann können Sie sich die notwendige Zeit freihalten.

Checkliste für den Umgang mit Journalisten

5. Stellen Sie fest, ob von dem Ereignis ein Foto gemacht werden soll und was für die Leser interessant ist.

6. Schicken Sie einige Tage vor dem Termin eine schriftliche Einladung mit Hintergrundinformationen und, falls vorhanden, eine professionell erstellte Presseinformation an den Journalisten.

7. Bestätigen Sie den Termin am Tag vor der Eröffnung nochmals telefonisch, vor allem bei wichtigen Presseorganen wie z. B. einer Fachzeitschrift.

8. Nehmen Sie sich zu dem Termin ausreichend Zeit für den Journalisten. Rechnen Sie auch mit einer zeitlichen Verschiebung.

9. Nehmen Sie nach der Veröffentlichung des Berichtes nochmals Kontakt mit dem Journalisten auf, besonders wenn der Bericht so ausgefallen ist, wie erwünscht. Sie bauen damit die Brücke zur nächsten Zusammenarbeit.

Das Interesse der Öffentlichkeit an der Unternehmenseröffnung muss solange wie möglich wach gehalten werden. Darum ist es optimal, aus einem Ereignis mindestens zwei Presseberichte zu machen. Im ersten Bericht wird das Unternehmen und seine Leistungen beschrieben. Später wird ein Bericht veröffentlicht, der über den Ablauf der Eröffnung informiert.

Welche Zeitung ist die Richtige? Bei der Beantwortung dieser Frage spielt die Zielgruppe eine ausschlaggebende Rolle.

- Unternehmen mit einer Zielgruppe im privaten und lokalen Bereich arbeiten mit der örtlichen Presse zusammen. Typische Beispiele sind der stationäre Einzelhändler, Handwerker und viele Dienstleister. Ansprechpartner sind die lokalen Tageszeitungen und die Anzeigenblätter.
- Unternehmen mit einer bundesweiten Kundenzielgruppe informieren ihre Kunden optimal durch Berichte in der Fachpresse. Es ist wesentlich schwieriger, einen Eröffnungsbericht in der überregionalen Fachpresse zu erreichen als in der lokalen Tageszeitung. Die Ansprüche an die Inhalte sind höher, die Wege für die Journalisten länger. Darum sind in diesem Fall professionell erstellte Presseberichte als Vorlage für die Zeitung noch wichtiger als im Fall der örtlichen Medien.
- Da es für die Eröffnung noch andere Zielgruppen gibt als die potenziellen Kunden, z. B. Lieferanten, Banken oder auch potenzielle Mitarbeiter,

gibt es in jedem Fall einen Grund, neben der Fachpresse auch die örtliche Presse einzuladen.

Anzeigen

Zur Eröffnung können die Kunden auch mit einer Anzeige eingeladen werden. Dabei gilt wieder die bereits bei den Presseberichten beschriebene Aufteilung der Zeitungen. Die lokale Presse erhält dann Anzeigen, wenn die Kundenzielgruppe lokal ist, die Fachpresse dann, wenn es sich um weit verstreute Kunden handelt. Der Zusammenhang zwischen einer Berichterstattung über die Eröffnung im redaktionellen Teil einer Zeitung und dem Schalten einer Anzeige wird zwar immer wieder bestritten. Doch die Bereitschaft eines Redakteurs zu einer Berichtserstattung steigt, wenn das Unternehmen gleichzeitig Anzeigenkunde des Blattes ist.

Inhaltlich unterscheiden sich die Anzeigen in der örtlichen Presse und in dem Fachmedium. In den lokalen Zeitungen wird eindeutig die Eröffnung als Ereignis dargestellt, um möglichst viele Kunden zu animieren, das Ereignis zu besuchen. Die Fachkunden werden kaum auf eine Anzeige hin zu einer weit entfernten Unternehmenseröffnung kommen. Darum sollte hier die Anzeige sachlich die Leistungen beschreiben.

Die persönliche Einladung

Ziel ist es, möglichst viele Menschen zu erreichen, die über den Geschäftsbeginn informiert sein sollten. Insoweit gehört auch die persönliche Einladung zur Eröffnungswerbung.

Wichtige Gäste werden vom Unternehmer persönlich eingeladen. Wichtige Kunden, Lieferanten, Banker usw. werden verärgert sein, wenn sie von der Eröffnung nur aus der Presse erfahren. Auch Gäste, die sich für wichtig halten sollen, können ohne großen Aufwand persönlich eingeladen werden, per Serienbrief.

- Einladung per Brief: In der Einladung per Brief kann der Adressat persönlich angesprochen werden. Die notwendigen Informationen werden gegeben und um Antwort wird gebeten. Neben individuellen Briefen, die aus Zeitgründen nur an die wirklich wichtigen Gäste versandt werden, gibt es Serienbriefe, die dem Empfänger einen individuellen Eindruck vermitteln.

! ACHTUNG

Wenn die Daten eines Serienbriefes nicht stimmen, kehrt sich der Vorteil der Individualität zu einem großen Nachteil. Der Empfänger ist verärgert, wenn die Anrede oder der Name falsch geschrieben sind. Darum ist besonders bei gekauften Adressdaten große Vorsicht geboten.

- **Telefonische Einladung:** Eine telefonische Einladung muss immer persönlich vom Unternehmer erfolgen. Sie ist daher zeitlich sehr aufwändig und wird nur bei wirklich wichtigen Gästen angewendet. Ist der Adressat der Einladung dem Gründer persönlich bekannt, ist eine telefonische Einladung der sicherste Weg, eine Zusage zu erhalten.

● TIPP

Wenn Sie bestimmte Gäste unbedingt auf Ihrer Eröffnung begrüßen wollen, empfiehlt es sich, sowohl brieflich als auch telefonisch einzuladen. Schicken zu zunächst einen Brief und fragen Sie einige Tage später telefonisch nach.

Flyer

Flyer sind Druckwerke, die auf Unternehmen, Angebote und Leistungen oder Ereignisse hinweisen. Für eine Eröffnung im lokalen Bereich ist dieser Werbeträger optimal, da er alle Informationen auf einen Blick bietet.

Checkliste für den Inhalt eines Flyer zur Eröffnung

1. Sind der Unternehmensname und die exakte Anschrift auf dem Flyer gedruckt? ☐
2. Ist ein eindeutiger Ansprechpartner zu erkennen? ☐
3. Wird das Angebot an Produkten und Leistungen richtig und ausreichend beschrieben? ☐
4. Wird auf eventuelle Sonderangebote hingewiesen? ☐
5. Wird die Eröffnung mit Datum, Uhrzeit und Aktionen korrekt angekündigt? ☐

Checkliste für den Inhalt eines Flyer zur Eröffnung

---

6. Passt die Aufmachung und Qualität zum Unternehmen und seinem Angebot? ☐

7. Sind alle Angaben (Beschreibungen, Fotos, Preise) von mindestens zwei Personen gegengelesen worden? ☐

Die fertigen Flyer können den lokalen Zeitungen beigelegt werden. Sie können aber auch durch eine Agentur an die Haushalte verteilt werden. Bewährt hat sich auch die Verteilung in der Nachbarschaft des Unternehmens direkt am Tag der Eröffnung.

Werbung am Geschäft

Bei der Eröffnung von Einzelhandelsgeschäften, Praxen oder einem Dienstleistungsunternehmen in guten Verkaufslagen bietet es sich an, das Geschäft selbst als Werbemedium zu nutzen. Durch große Hinweise in den (Schau-)Fenstern kann bereits lange vor der Eröffnung auf die Entstehung eines neuen Unternehmens hingewiesen werden.

▶ **BEISPIELE**

Während der Umbau- und Einrichtungsphase werden die Fenster verklebt, um die Neugier zu erhöhen. Außerdem wird am Geschäft mit einem Countdown (noch X Tage) auf die Eröffnung hingewiesen.
Die Schaufenster des Einzelhandelsgeschäftes werden mit den Eröffnungsangeboten dekoriert, große Schriftzüge informieren über die Eröffnungswoche.
Bei einer Praxis werden in den Fenstern, die zur Straße gehen, vier Wochen lang Plakate ausgehängt, die auf den neuen Dienstleister hinweisen.

Ideen sind gefragt

Der Unternehmer nutzt die Eröffnung, um möglichst viel positives Aufsehen zu erregen. Dazu sind viele Mittel recht, auch außerhalb des üblichen Werberummels. Das Lokalradio kann berichten, Plakatwände können gemietet und Werbegruppen in die Einkaufsstraßen geschickt werden. Wichtig ist, dass die Aktionen zum Unternehmen passen.

Sorgen Sie bereits bei der Eröffnungswerbung, gleich welcher Art, dafür, dass das Corporate Identity Ihres Unternehmens eingehalten wird. Wählen Sie Farben, Schrift und Logo so, dass sich neue Kunden schnell daran gewöhnen können.

5.7 Der Weg in den Alltag

Der Tag der Eröffnung ist erfolgreich zu Ende gegangen, der Vorbereitungsstress ist vorbei. Sicher gibt es noch einige Vorhaben, die terminlich nicht geklappt haben und die Nachwirkungen der Gründung halten noch an. Doch nun wird es Zeit, den Übergang in den geschäftlichen Alltag zu schaffen.

Die Entwicklung des Unternehmens ist zwar vorgeplant worden, aber die Ergebnisse müssen überprüft werden. Der Existenzgründer muss seine unternehmerische Verantwortung erkennen und wahrnehmen, und dabei möglichst Fehler vermeiden, die sich in der Praxis immer wieder finden.

5.7.1 Planung überwachen

Der Existenzgründer hat zur Vorbereitung seines Unternehmens viel Zeit in die Unternehmens- und Businessplanung gesteckt. Diese Planung stellt die Grundlage für die unternehmerischen Aktivitäten dar und gilt als Informationsbasis für die Fremdkapitalgeber. Doch kommt es auch so, wie es geplant war?

Große und ältere Unternehmen kontrollieren die Einhaltung der Planzahlen durch eine Controllingabteilung. Für junge Unternehmen ist es ausreichend, einige der Steuerungsinstrumente daraus zu übernehmen und damit den Erfolg des Unternehmens zu überwachen.

- Die wichtigsten Kennzahlen für die erfolgreiche Entwicklung des Unternehmens werden definiert. Dazu gehören der Absatz und der Umsatz, die Herstellkosten und andere wichtige Kostenarten und der Gewinn.
- Monatlich werden die Ist-Werte der ausgewählten Parameter ermittelt. Dazu ist eine sinnvoll aufgebaute Buchhaltung ausreichend, wenn die Kontenwahl entsprechend getroffen wurde.
  Sollen Absatz und Umsatz verschiedener Artikelgruppen getrennt überwacht werden, dann können in der Buchhaltung die entsprechenden Daten auf verschiede Erlöskonten gebucht werden. Dadurch erhält der Unternehmer ohne großen Aufwand den notwendigen Überblick.
  Andere Datenquellen sind Verkaufsstatistiken. Im Einzelhandel können an den Kassen detaillierte Listen über den Absatz pro Verkäufer generiert werden. Diese können für schnelle Auswertungen sehr hilfreich sein.
- Der ermittelte Ist-Wert wird mit dem Planwert verglichen. Das setzt selbstverständlich voraus, dass der Planwert auch monatlich vorliegt. Abweichungen zwischen dem Ist und dem Plan werden festgestellt.
  Da kaum ein Wert exakt so eintreffen wird, wie er geplant wurde, kommt es zu einer Vielzahl von Abweichungen. Weiter verfolgt werden nur noch die Abweichungen, die groß genug sind, um einen Einfluss auf das Unternehmensergebnis zu haben. Dazu setzen Sie absolute (Abweichung > 500 €) oder relative (Abweichung > 10 %) Grenzen.
- Die so ermittelten signifikanten Abweichungen müssen analysiert werden, um wirksame Maßnahmen zu ergreifen.
  - Der Grund für die Abweichung wird festgestellt, auch wenn dafür detaillierte Ermittlungen notwendig sind.
  - Der Unternehmer muss entscheiden, ob diese Entwicklung positiv oder negativ für sein Unternehmen ist.
  - Maßnahmen müssen ergriffen werden, um auf die Abweichung zu reagieren.
- Auch die positiven Abweichungen, also z. B. mehr Umsatz oder geringere Personalkosten, müssen untersucht werden. Maßnahmen können dann ergriffen werden, um den positiven Trend zu stützen oder vielleicht sogar auszuweiten.

> **BEISPIEL**

Karin Weg hat ihr Geschenkartikelgeschäft erfolgreich eröffnet und stellt nach einem Monat fest, dass mit 25.000 € Umsatz weit mehr als die geplanten 17.000 € erreicht werden konnte. Sie recherchiert und stellt fest, dass ihre Verkaufspreise durchschnittlich 15 bis 20 % unter denen der Mitbewerber am Ort liegen. Hat sie falsch kalkuliert? Kann sie ihre Kosten mit der kalkulierten Marge decken?

Frau Weg entschließt sich, ihre Kalkulation zu verändern und die Verkaufspreise langsam um ca. 10 % zu erhöhen. Damit ist sie immer noch preisgünstiger als die anderen Anbieter, erhöht aber ihren Rohgewinn und kann so sicherer arbeiten.

- Signifikant negative Abweichungen bringen den Erfolg des jungen Unternehmens in Gefahr. Es muss dringend gehandelt werden, um Umsätze zu erhöhen und Kosten zu senken. Sollten Fremdkapitalgeber beteiligt sein, so müssen diese informiert werden, wenn der negative Trend anhält und nicht umzukehren ist.

> **! ACHTUNG**

Je früher Abweichungen erkannt werden, desto eher und erfolgversprechender können Maßnahmen ergriffen werden. Ist durch fehlenden Umsatz das Kapital bereits aufgebraucht, sind alle Reaktionen zu spät. Darum ist es absolut notwendig, die Controllingaufgaben frühzeitig zu erledigen.

Eine monatliche Berechnung der Kennzahlen und Abweichungen ist für viele junge Unternehmen sehr aufwändig, die Berechnung sollte aber mindestens quartalsweise erfolgen. Wichtige Zahlen wie der Umsatz sollten allerdings monatlich überwacht werden.

5.7.2 Ihre Verantwortung als Unternehmer

Unternehmer zu sein hat viele Vorteile. Unabhängigkeit, Selbstverwirklichung und ein oft angemessenes Gehalt sind die Belohnung für viel Arbeit und Verantwortung. Der Existenzgründer muss sich der Verantwortung als Unternehmer, die unweigerlich nach der Eröffnung auf ihn zukommt, stellen, damit sein Unternehmen auch in Zukunft erfolgreich bleibt.

Die Verantwortung als Unternehmer umfasst eine Menge Arbeit, um den Überblick zu behalten und das Unternehmen auf den erfolgreichen Weg zu führen. Es bedeutet aber auch, unangenehme Entscheidungen zu treffen und umzusetzen. Zu diesen Aufgaben gehören u. a. auch diese:

- Regelmäßig muss die wirtschaftliche Lage des Unternehmens geprüft werden. Das betrifft vordringlich die Liquidität, damit die Gefahr der Zahlungsunfähigkeit gar nicht erst entsteht.

TIPP

Wenn Sie erkennen können, dass Ihr Unternehmen nicht ausreichend liquide Mittel zur Fortführung erwirtschaftet und auch zukünftig nicht erwirtschaften kann, dann müssen Sie rechtzeitig aufhören. Eine Insolvenz kommt zwar später als ein freiwilliges Ende, ist aber wesentlich unangenehmer für das Unternehmen, die Mitarbeiter und den Unternehmer.

- Der Unternehmer muss immer auf der Suche nach neuen Trends und Entwicklungen sein, die er für sein Unternehmen nutzen kann oder die sein Unternehmen bedrohen können. Wird eine solche Entwicklung erkannt, dann muss der Unternehmer handeln und z. B. eine veraltete Warengruppe gegen eine neue austauschen, auch wenn ihm die Produkte ans Herz gewachsen sind.
- Die Mitarbeiter eines Unternehmens bedürfen der engen Führung durch den Arbeitgeber. Nur so kann sichergestellt werden, dass die unternehmerische Vision des Gründers auch umgesetzt und eine Fehlentwicklung

rechtzeitig erkannt wird. Wenn Sie Abweichungen eines Mitarbeiters von Ihren Vorgaben feststellen, prüfen Sie, warum dies geschieht. Wenn das Handeln des Mitarbeiters sinnvoll ist, sollten Sie das erkennen und Ihre Vision oder zumindest den Weg dorthin entsprechend anpassen.

- Notwendige Entlassungen von Mitarbeitern müssen schnell umgesetzt werden. Dabei spielt es keine Rolle, ob dies aufgrund schlechter Leistungen des Mitarbeiters oder verschlechterter Auftragslage geschehen muss. Das Unternehmen geht vor. Viele unerfahrene Unternehmer verwechseln die Verantwortung für ihre Mitarbeiter mit der für eine einzelne Person. Wenn diese Person durch nicht ausreichende Leistungen das Unternehmen belastet und der Unternehmer nicht reagiert, ist das gesamte Unternehmen mit den übrigen Arbeitsplätzen in Gefahr. Auch wenn wegen sinkender Umsätze reagiert werden muss, gefährden zu spät ausgesprochene Kündigungen die Zukunft des Unternehmens.

- Der Unternehmer hat ein Recht auf eine angemessene Bezahlung seiner Leistung. Dafür kann er sich ein Gehalt zahlen bzw. als Einzelunternehmer Gewinne verbrauchen. Damit darf er allerdings den Bestand seines Unternehmens nicht gefährden. Werden die Entnahmen so groß, dass die Liquidität nicht mehr ausreichend ist, muss der Unternehmer zurückstecken.

- Zur unternehmerischen Verantwortung gehört auch die richtige Einteilung der eigenen Kräfte. Gründung und Eröffnung verlangen auch körperlich einen hohen Einsatz. Die Arbeit als Unternehmer wird nicht weniger anstrengend. Dennoch muss sich auch ein Unternehmer erholen und Überanstrengungen vermeiden. Dem Unternehmen ist mit einem kranken Inhaber nicht geholfen.

- Jeder Unternehmer muss die individuellen Alarmsignale kennen und permanent beobachten. Welche das sind, wird sich in den ersten Wochen und Monaten herausstellen. Dazu gehören mit hoher Wahrscheinlichkeit der Umsatz, der Absatz, die Höhe der Forderungen, die Höhe der Verbindlichkeiten, die Kontenstände und Lagerbestände. Wenn sich diese ungünstig entwickeln, muss sofort nach den Ursachen geforscht werden.

5.7.3 Die häufigsten Fehler auf dem Weg in den Unternehmensalltag vermeiden

Nicht jede Existenzgründung ist erfolgreich. Viele scheitern an einer falschen Geschäftsidee und nicht richtig eingeschätzten Märkten. Ein häufiger Grund ist auch eine zu dünne Kapitaldecke. Sie können dem entgehen, wenn es Ihnen gelingt, die häufigsten Fehler auf dem Weg in den Unternehmensalltag zu vermeiden.

1. Versuchen Sie den Schwung und die Euphorie, die durch die Gründung ausgelöst wurden, mit in den geschäftlichen Alltag zu nehmen und halten Sie Ihr Engagement hoch!
   Alle Existenzgründer engagieren sich sehr stark für Ihren Unternehmensplan. Sie kämpfen um Finanzierung, Standorte und Kunden. Die Eröffnung ist erfolgreich. Doch dass damit der Kampf des Unternehmers beendet ist, ist ein Trugschluss. Für die täglichen Herausforderungen und für die erhebliche unternehmerische Verantwortung wird weiter die ganze Kraft des Gründers verlangt. Diese kann er nur dann geben, wenn er motiviert ist. Die Euphorie muss über den Eröffnungstag hinaus gerettet werden. Das Engagement verändert sich, ist aber weiter unabdingbar.

2. Ignorieren Sie die Veränderungen der Märkte nicht, sonst ignorieren die Märkte Sie!
   Die für Ihr Unternehmen wichtigen Märkte verändern sich ständig. Trends entstehen und vergehen, bewährte Produkte werden durch neue ersetzt, das Kaufverhalten verändert sich. Viele noch junge Unternehmen sind der Meinung, den aktuellen Markt zu kennen und ignorieren Marktveränderungen. Wer schnell reagiert und sich entsprechend anpasst, überlebt nicht nur — er kann auch erhebliche Vorteile gegenüber den Mitbewerbern erzielen. Auch neue Unternehmen werden von Marktveränderungen schnell erreicht. Zum einen sind die Untersuchungen, die zur Geschäftsidee geführt haben, schon vor einiger Zeit durchgeführt worden. Zum anderen basieren sie häufig auf der noch älteren Erfahrung des Existenzgründers. Darum muss bereits mit der Eröffnung die Marktbeobachtung beginnen!

3. Setzen Sie Ihre Vorstellungen um, Hindernisse sind zum Überwinden da!
   Vor der Eröffnung des Unternehmens waren die größten Hindernisse die Finanzierung, die Standortsuche oder die rechtzeitige Einrichtung des

Geschäftes. Nach der Eröffnung wird der Widerstand noch größer werden. Jetzt muss das Unternehmen im Markt kämpfen: Mitbewerber, unzufriedene Kunden und unpünktliche Lieferanten stellen eine Herausforderung dar. Diese Hindernisse sind zu überwinden. Leider wird dabei in der Praxis immer wieder die eigentliche Vorstellung des Existenzgründers verwässert, um diesen Hindernissen auszuweichen. Das nimmt nicht nur dem Unternehmer einen Teil der Motivation, sondern gefährdet auch das Geschäftsmodell.

▶ **BEISPIEL**

Herbert Werne hat ein Restaurant eröffnet, in dem sehr gute deutsche Küche angeboten werden soll. Am Ort gibt es bereits ein Restaurant, das seit Jahren dieses Marktsegment bedient. Nach der Eröffnung des neuen Unternehmens reagiert der Mitbewerber mit zahlreichen Aktionen und preisaggressiver Werbung.

Daraufhin zieht sich Herr Werne zurück und stellt sein Angebot auf einfache Speisen im unteren Preisbereich um. Jetzt fühlt sich nicht nur der Unternehmensgründer in der Küche unterfordert. Auch die Einrichtung und Aufmachung des Lokals passen nicht mehr. Das Restaurant musste nach weniger als 12 Monaten schließen. Besser wäre es gewesen, die eigene Vorstellung gegenüber dem Mitbewerber zu behaupten oder es zumindest zu versuchen.

Die Geschäftsidee hat sich als tragfähig erwiesen, sonst wäre es gar nicht zur Eröffnung gekommen. Der Unternehmer muss jetzt Durchhaltevermögen zeigen und die Hindernisse überwinden.

Hier zeigt sich, wer der richtige Unternehmer ist. Man muss erkennen, welche Hindernisse überwunden werden können und wo man andere Lösungen braucht. Erfolgreiche Unternehmen schaffen das intuitiv.

1. Trennen Sie sich von falschen Partnern, bevor das Schicksal Sie trennt!
   Für junge Unternehmen ist vor allem der Steuerberater ein wichtiger Ansprechpartner aber auch Werbeagenturen und Bankberater bestimmen den Erfolg des Unternehmens mit. Stellt sich heraus, dass diese den Ansprüchen nach der Gründung nicht gewachsen sind, müssen Sie sich von falschen Partnern trennen. Das zeigt sich vor allem darin, dass die Partner nicht schnell genug sind, nicht flexibel reagieren und es an Kreativität bei

der Lösung von Problemen fehlen lassen. Auch unangemessene finanzielle Ansprüche der Partner spielen eine Rolle.

5. Informieren Sie Ihre Geldgeber ausreichend, damit diese sich nicht selbst informieren!

Fast jede Existenzgründung hat auch Fremdkapitalgeber. In der Regel sind das Banken, aber auch Freunde und Familienmitglieder des Gründers können darunter sein. Begehen Sie nicht den Fehler und reduzieren Sie diese Partner allein auf die Geldgeberfunktion. Ihr Unternehmen muss das geliehene Kapital früher oder später zurückzahlen. Daher sind Sie auf das Wohlwollen der Geldgeber angewiesen. Geben Sie diesen die notwendige Sicherheit und informieren Sie regelmäßig über die Situation Ihres Unternehmens.

Banken lassen sich ihr Informationsbedürfnis in der Regel im Kreditvertrag bestätigen. Sie sind dann verpflichtet, regelmäßig bestimmte Informationen zu geben. Halten Sie diese Verpflichtung genau ein — Verstöße dagegen können zur Kündigung des Kredites führen. Sie schaffen sich auch bei den Banken einen guten Ruf, wenn Sie mehr als die verlangten Daten liefern.

6. Bilden Sie Rücklagen für schlechte Zeiten — die kommen früher als Sie denken!

Unternehmen unterliegen mehr oder weniger regelmäßigen Zyklen, in denen unterschiedliche Gewinne erwirtschaftet werden. Viele junge Unternehmer begehen den Fehler, in den guten Zeiten so viel Geld zu entnehmen, dass in schlechten Zeiten Liquidität fehlt. Entnehmen Sie neben der angemessenen Entlohnung nur sehr vorsichtig finanzielle Mittel aus dem Unternehmen. Es wäre ein Fehler, vorhandene Mittel nicht für den Abbau von Krediten einzusetzen, um die Situation des Unternehmens zu stärken.

7. Wachsen Sie richtig, damit nicht alles an Ihnen hängt!

Es ist gut, wenn Ihr Engagement mit Wachstum belohnt wird. Einige Gründungen wachsen sehr schnell. Leider begehen viele Gründer den Fehler, dieses Wachstum nicht richtig zu strukturieren. Alles bleibt auf die Person des Unternehmers zugeschnitten, ohne ihn geht dann nichts mehr. Machen Sie sich damit vertraut, dass Sie auch wichtige Aufgaben delegieren müssen, wenn Ihr Unternehmen erfolgreich wachsen soll.

8. Achten Sie auf Kleinigkeiten, Ihre Kunden tun es auch!
   Die meisten Existenzgründer sind Perfektionisten, was ihre Idee angeht. Jede Kleinigkeit wird überlegt getan. Doch leider ändert sich das nach der Eröffnung sehr schnell. Plötzlich wird dann das Firmenfahrzeug lange Zeit nicht gewaschen und das Schaufenster bleibt über Wochen unverändert. Diese Kleinigkeiten fallen Ihren Kunden auf. Machen Sie nicht den Fehler darauf zu warten, dass Sie dies durch den sinkenden Umsatz bemerken. Der Aufwand vor und bei der Eröffnung ist sicherlich zu hoch für einen regelmäßigen Standard. Ein gesundes Mittelmaß muss gefunden werden. Tun Sie dies jedoch ganz bewusst, damit sich nicht unbemerkt Nachlässigkeiten einschleichen, die Ihnen die Kunden übel nehmen.

9. Auch Unangenehmes gehört zur Unternehmertätigkeit, sonst wächst der Ärger nur noch mehr!
   Als Unternehmer müssen Sie aus allem das Beste für Ihr Unternehmen machen. Dabei kann es schon zu unangenehmen Situationen mit Kunden oder Lieferanten kommen. So ist z. B. ein striktes Forderungsmanagement unumgänglich, um schlecht zahlende Kunden sofort zu identifizieren und die Forderungen einzutreiben. Dazu sind auch weniger erfreuliche Gespräche mit den Kunden notwendig. Auch Lieferanten müssen auf ihre Pflichten zur termingerechten und den Vereinbarungen entsprechenden Lieferungen hingewiesen werden. Wer den Fehler macht und diese Gespräche hinausschiebt, schadet seinem Unternehmen.

10. Tauschen Sie sich aus, Sie sind nicht allein in der Unternehmenswelt!
    Es ist ein Fehler anzunehmen, Sie seien allein auf dieser Welt. Suchen Sie sich Menschen in einer ähnlichen Situation, tauschen Sie Ihre Erfahrungen und lernen Sie aus den Fehlern der anderen. Dafür gibt es Gründerstammtische, Unternehmensvereinigungen oder Einzelhandelsverbände. Freiberufler können in ihrer Berufsständevertretung mitarbeiten oder regionale Treffen besuchen.
    Dabei werden Sie auch hin und wieder auf Menschen treffen, die vor der Entscheidung stehen, sich selbstständig zu machen. Diese versuchen, bei solchen Kontakten Informationen zur Beurteilung ihrer eigenen Geschäftsidee zu bekommen. Vielleicht erkennen Sie sich selbst wieder, wie Sie Ihre eigene Idee getestet haben. Als erfolgreicher Existenzgründer können Sie jetzt sicherlich helfen.

Stichwortverzeichnis